初歩から学ぶ パワーエレクトロニクス

POWER ELECTRONICS

Hirohisa Aki
安芸裕久
Hiroshi Yamaguchi
山口 浩
Yuko Hirase
平瀬祐子［著］

講談社

まえがき

パワーエレクトロニクス技術への理解は，現代の技術者にとって必要不可欠である。普段，意識することはないかもしれないが，身の回りにあるほとんどのものはパワーエレクトロニクス技術を利用している。例えば，家電製品でパワーエレクトロニクス技術が使用されていないものは，まず見当たらない。鉄道を見てみても，直流モータと可変抵抗制御の時代から始まって，現在では交流モータとインバータ制御が一般的になり，さらにインバータへの高性能･高効率素子の採用が進むなど，パワーエレクトロニクス技術の発展の恩恵を大きく受けてきた。急速に普及が進められている再生可能エネルギーに関しても，太陽光発電や風力発電ではパワーエレクトロニクス技術による電力変換が用いられる。ハイブリッド車や電気自動車といった車両電動化にも，パワーエレクトロニクス技術が欠かせない。電動車両の走行性能を左右するのはモータと，それを制御するインバータなどの電力変換・制御機器である。

20 世紀初頭に発明された半導体を電力分野へ応用することで生まれたパワーエレクトロニクス技術は，モータの回転数(速度)の制御性能の向上，高効率な電力制御や周波数変換などを可能とし，省エネルギーと利便性の両立を通じて社会へ大きな影響を与え，活発に研究開発が進められてきた。今世紀では，多くの大学でパワーエレクトロニクスに関する講義が開講されており，産業界においてもパワーエレクトロニクスはあらゆる製品に組み込まれている。現代では，電気工学を専門とする学生･技術者のみならず，広く理工系の技術者にとってパワーエレクトロニクスの理解は必要不可欠である。

そこで，本書は電気系の学生だけでなく，広く理工系の学生・技術者がパワーエレクトロニクスを基礎から自分で学んでいくことを想定して執筆された。すなわち，必ずしも電磁気学，電気回路，量子力学，半導体工学などの関連科目を学んでいなくても理解できるように，可能な限りわかりやすい表現を心がけた。一般の教科書では省略されがちな電気に関する基礎知識も省略せずに解説した。

本書のもう一つの特徴は，電力変換回路だけでなくパワー半導体素子の解説と応用技術・製品の紹介を含めていることである。パワーエレクトロニクスの学習では電力を使いやすい形態に変換する回路の理解が重要であり，本書でも詳しく解説した。しかし，回路の理解のためには構成要素であるパワー半導体素子の基礎的な理解が欠かせない。

本書は前半(第 1～5 章)と後半(第 6～10 章)に分けられる。前半は基礎的な事項として，導入，パワー半導体素子および電力変換回路について解説した。後半はパワーエレクトロニクスの応用例について解説した。

「第 1 章　はじめに」では導入としてパワーエレクトロニクスの技術開発と社会への普及の歴史について解説した。「第 2 章　パワー半導体素子」では電力変換回路の構成要素であるトランジスタなどの半導体素子について，半導体の基礎から解説した。第 3 章から第 5 章までは主要電力変換回路である，整流回路，インバータ回路およびチョッパ回路について解説した。パワーエレクトロニクスの基礎として電力変換についての理解がもっとも重要である。半導体のスイッチングにともなう電流経路の変化など，回路の動作をできるだけ詳しく解説したつもりである。理解を助けるための関連事項についての解説も欄外に適宜記載した。第 6 章から第 10 章はパワーエレクトロニクスの応用例として，電源装置，再生可能エネルギーを含む電力系統，産業機器，家電製品，輸送機器などを紹介した。

本書は専門や背景が大きく異なる著者により共同で執筆された。執筆陣は，大学生・大学院生向けのパワーエレクトロニクスに関する講義の経験や，大学・研究所・産業界でのさまざまな研究開発の経験を有しており，それらが本書へ反映されている。第 1～3 章と第 5 章を安芸が，第 4 章を平瀬が，第 6～10 章を山口が担当した。

執筆・校閲に関しては，記述，数式，図表の間違いをできる限りなくすように努力したつもりであるが，万一，誤りを見つけられた場合にはご指摘いただければ幸いである。

先に述べたように，現代の技術者にとってパワーエレクトロニクスに関する基礎的な理解は必須である。最近は電気系以外の技術者から，仕事で必要となったために，独学でパワーエレクトロニクスを学び直しているという話をよく耳にする。技術者を目指す学生の皆さんには，専門にかかわらず，一度はパワーエレクトロニクスを学ぶ機会を持っていただきたい。きっと，将来良かったと思えるはずである。

本書の出版に当たっては，講談社サイエンティフィクの五味研二氏にたいへんお世話になった。五味氏の献身的な協力と激励がなければ未熟な執筆陣による本書は完成しなかった。ここに深く感謝の意を表する。

2022 年 1 月
著者一同

目　次

第1章　はじめに

本章ではパワーエレクトロニクスの導入として，パワーエレクトロニクスとは何かから始め，研究開発の歴史，電力変換と制御およびスイッチング損失についての概要を解説する。パワーエレクトロニクスは第二次世界大戦後に研究が進み，我が国の研究者も大きな貢献をしてきた分野である。これまでの研究開発の歴史は，パワーエレクトロニクス技術に対する期待と要望を反映したものであるともいえる。この技術なくしては電気自動車や新幹線は誕生しなかったであろうし，太陽光発電が社会に普及することもなかったはずである。電力の変換と制御は，パワーエレクトロニクスにおいてもっとも重要であり，特に順変換，直流変換および逆変換についての理解は必須である。電力変換と制御は半導体素子のスイッチングによって実現される。その際に生じるスイッチング損失は，パワーエレクトロニクス機器では避けることができないものであり，その低減は変換効率向上や省エネルギーの観点から主要な課題の1つである。

1.1　パワーエレクトロニクスとは

パワーエレクトロニクス(power electronics)は，主に半導体を用いた電力の変換と制御に関する技術あるいは学問領域である。電気工学において，パワー(power)は electrical power，すなわち「電力」を意味し，エレクトロニクス(electronics)は「電子工学」や「電子機器」を意味する。したがって，パワーエレクトロニクスは，電子工学を応用して電力の制御を行う技術ということになる。米国 Westinghouse 社の William E. Newell によると，パワーエレクトロニクスは電気工学の主要領域である電力工学，電子工学，制御工学の3つの境界領域であり，またそれらを結びつける技術である(図1.1)*1。

パワーエレクトロニクスの応用先は多岐にわたり，取り扱う電流や電圧の範囲もさまざまである。小型のものとしては，スマートフォンの充電器や電化製品の電源があり，大型のものとしては，鉄道車両のモータ(電動機)や風力発電機，さらには電力系統における直流と交流の変換といった規模までがありうる。現代社会でパワーエレクトロニクス技術を利用しない電気機器や電気設備は皆無であるといってよい。

*1　W. E. Newell, "Power Electronics-Emerging from Limbo", *IEEE Transactions on Industry Applications*, **IA-10**, pp. 7–11(1974)

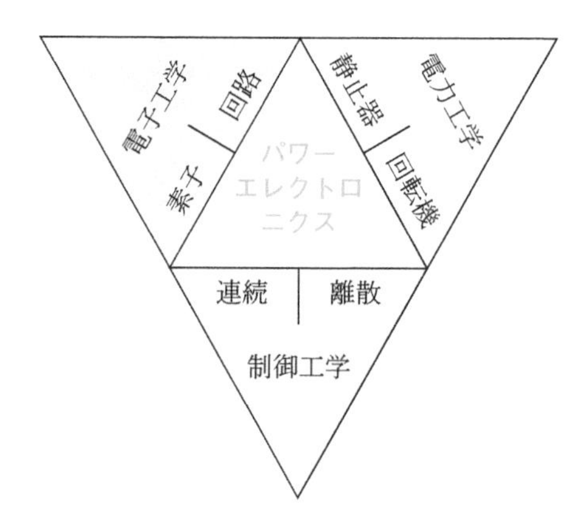

図1.1　パワーエレクトロニクスは電気工学の主要な部分を結びつける
(Interstitial to all of the major disciplines of electrical engineering)

1.2　パワーエレクトロニクスの歴史

パワーエレクトロニクスは，第二次世界大戦後に研究・開発が進められてきた比較的新しい分野である。パワーエレクトロニクスの歴史は，1947年の米国Shockley*2によるトランジスタ(transistor)の開発に始まる。1957年にはサイリスタ(thyrister)が開発され，パワーエレクトロニクスの時代が本格的に始まった。江崎玲於奈博士*3がトンネル効果を発見し，トンネルダイオードを発明したのも同じ時期である。

サイリスタはオンとオフの2つのモードを有し，スイッチング素子(device，デバイス)*4として画期的であったが，自らをオフする能力を有していないため，外部回路によってオフする必要がある。そこで，1970年代に自己遮断能力を有するGTO(gate turn-off thyrister)やGCT(gate commutated turn-off thyrister)などの新しい素子が開発された。それらの素子が一方向にしか電流を流せないのに対し，電流を双方向に流すことのできるトライアックといった派生的な素子も開発された。また，パワーMOSFET*5やIGBT*6といった高速動作可能なパワー半導体(電力用半導体)素子の開発も進められた。

高機能化という観点では，1980年代よりインテリジェントパワーモジュール(intelligent power module, IPM)といった駆動回路や保護回路をIC(integrated circuit，集積回路)チップに実装した製品が登場し，制御についても32ビットマイコン*7が用いられるようになっている。

パワーエレクトロニクスの適用範囲を拡大していくために，高機能化や高速動作への対応と並行して，高耐圧・大電流化に向けた努力も行われてきた。かつては600V程度の耐圧，50A程度の電流であったが，現在では，6.5kV，1.5kAといった素子も使用されるようになってきている。各種パワー半導体素子の出力容量と動作速度(動作周波数)を図1.2にまとめた。図の左側(低周波領域)は直流へ，それ以外は交流へ応用される素子である。電車のモータ駆動には，例えば3.3kV×800A

*2　William Bradford Shockley Jr.(1910～1981)：米国の物理学者。「半導体の研究およびトランジスタ効果の発見」によりJohn BardeenおよびWalter Houser Brattainとともに1956年のノーベル物理学賞を受賞。

*3　江崎玲於奈(1925～)：「半導体内および超伝導体内におけるトンネル現象に関する実験的発見」により1973年のノーベル物理学賞を受賞。元筑波大学学長。

*4　パワーエレクトロニクスに用いられるパワー半導体素子(powerelectronics device)は，しばしば「パワーデバイス」または単に「デバイス」と呼ばれる。

*5　MOSFET：metal-oxide-semiconductor field-effect transistorの略。日本語では金属酸化膜半導体形電界効果トランジスタと表現される。MOSFETの詳細については，第2章2.4.2項を参照。

*6　IGBT：insulated gate bipolar transistorの略。日本語では絶縁ゲートバイポーラトランジスタと表現される。IGBTの詳細については，第2章2.6節を参照。

*7　パワーエレクトロニクス機器には，家電製品などと比較してきわめて高速な制御が要求される。そのため，早くから32ビットマイコンが採用され，専用のプロセッサやチップが開発されてきた。32ビットマイコンは，8ビットや16ビットマイコンと比較して演算速度が大幅に向上できる。パワーエレクトロニクス機器の高性能化には，半導体素子の性能改善だけでなく，制御回路の高速化も必要である。

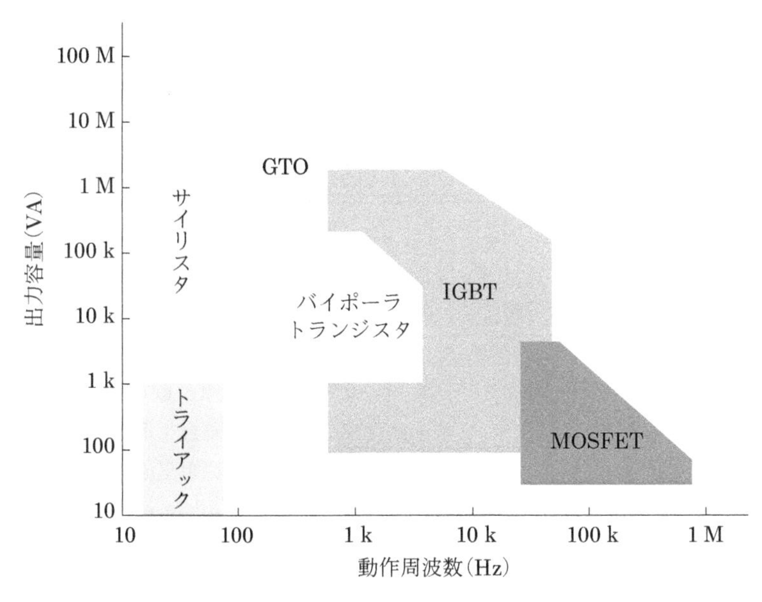

図1.2　各種パワー半導体素子の出力容量と動作周波数領域
［三菱電機株式会社と電子情報技術産業協会(JEITA)の資料より作図］

＝2.64 MVAといった大容量が求められ，IGBTが主に使用される。自動車向けとしては，従来はパワーウインドウなどの電装品向けにMOSFETが用いられ，容量はせいぜい数百VAであったが，電気駆動の車両にはインバータやDC/DCコンバータ(直流/直流変換器)向けに1 kV×200 A＝200 kVAといった容量のIGBTが使用される。

1.3　電力の変換と制御

電力の変換と制御とは，具体的には，直流と交流，電圧，電流，周波数，相数*8を変換したり，一定となるように制御したりすることである。代表的な変換方式を表1.1に示す。直流変換では，チョッパ*9，DC/DCコンバータを用いて直流の電圧を変換し，出力側の電圧を任意の値に制御する。順変換とは，整流装置を用いて交流を直流へ変換するものであり，出力側の電圧を任意の値に制御する。逆変換とは，インバータを用いて直流を交流へ変換するものであり，交流の周波数を任意の値に制御する。交流変換とは，交流の周波数や相数を変換するものである。パワー

*8　電気を交流で送る際には三相と単相の2種類がある。詳細は第3章3.1節を参照。

*9　チョッパ：半導体のスイッチングを用いて，電流のオン/オフを繰り返すことにより，直流を切り刻む(チョップ)ように制御する素子。詳細は第5章を参照。

表1.1　代表的な電力変換方式

		入　力	
		直　流	交　流
出力	直流	直流変換 (チョッパ，DC/DCコンバータ)	順変換 (整流装置)
	交流	逆変換 (インバータ)	交流変換 (周波数変換器，相数変換器，交流電力調整器)

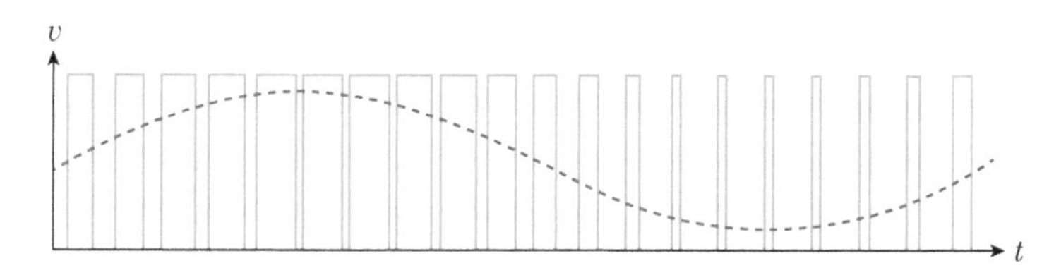

図1.3　**スイッチングによる逆変換の概念**

エレクトロニクスの学習では，各変換方式の理解が重要であり，本書でも後の章で詳しく解説する。

パワーエレクトロニクス技術を用いた電力変換の例として，図1.3にインバータによる直流から交流への変換(逆変換)の概念を示す。半導体素子によりスイッチングすることで，図のように直流を交流の正弦波形に模擬している。正弦波形において，電圧が高いときはスイッチがオンされている時間が長く，電圧が低いときはスイッチがオンされている時間が短い。このような変換方法を**パルス幅変調**(pulse width modulation, PWM)と呼ぶ(詳細は第4章4.4節参照)。

1.4　スイッチング

パワーエレクトロニクスでは，基本的に半導体素子を用いた回路のオン/オフ動作(スイッチング)によって電力の変換・制御を行う。半導体素子をスイッチとして使用(半導体スイッチ)し，数kHz(1秒間に数千回)といった高速で回路を遮断したり導通させたりすることにより，図1.3のように電力の変換を行う。

部屋の照明スイッチなどに用いられる手動スイッチや機械式リレーといった機械式スイッチでは，接点が動いて，互いに接触したり離れたりすることによって回路のオン/オフを行うため，接点の摩耗による寿命(動作回数)や動作速度の制約がある。一方，半導体スイッチは，物理的な接点がないため，長寿命かつ高速動作可能である。

しかし，半導体スイッチには，わずかではあるが，スイッチングにおいて電力損失が生じるという課題がある。半導体素子は若干の電気抵抗を有するため，電気が流れているオン状態において，電力損失が生じる。これを**オン抵抗**(on resistance)と呼ぶ。オンとオフの切り換えの際にも，電流と電圧が徐々に変化していくため，電力損失が生じる。

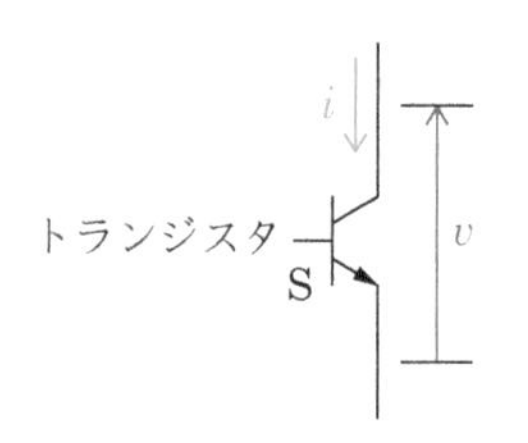

図1.4　**トランジスタを用いたスイッチ**

図1.4に示すようなトランジスタを用いたスイッチを例として，スイッチング時の電力損失を考えてみる。理想的なスイッチでは，スイッチがオンのときはスイッチの両端の電位差は0であり，スイッチがオフのときはスイッチを流れる電流は0となる。しかし，半導体スイッチの場合は，いずれも0とはならない。さらに半導体スイッチでは，電圧と電流の変化にある程度の時間を要する*10。

*10　スイッチング時における電圧と電流の変化に要する時間は，半導体素子の特性に依存する。詳しくは，第2章で解説する。

いま，スイッチがオンのときのスイッチ両端の電位差をv_{on}，電流を

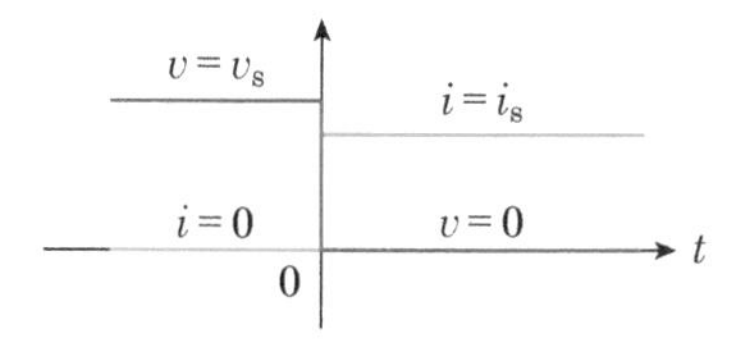

(a) 理想スイッチ（オフ→オン）

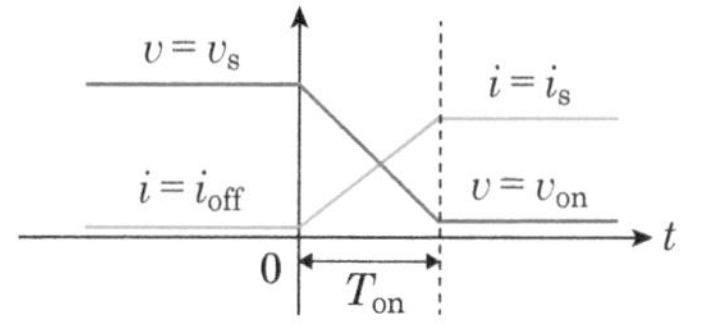

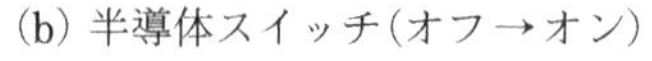

(b) 半導体スイッチ（オフ→オン）

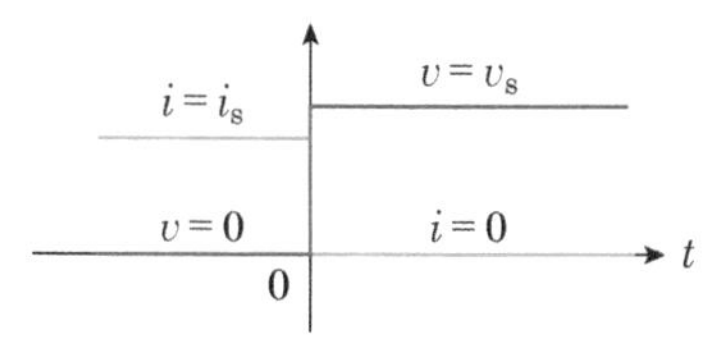

(c) 理想スイッチ（オン→オフ）

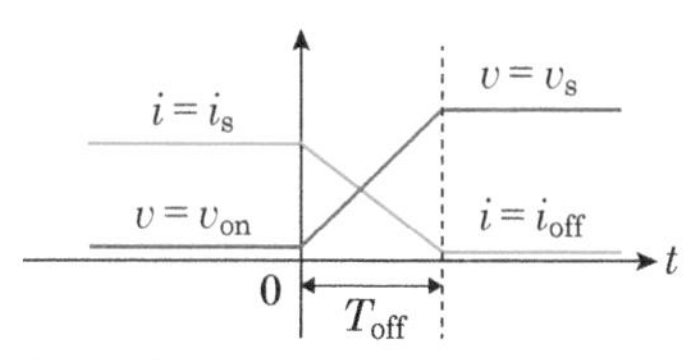

(d) 半導体スイッチ（オン→オフ）

図 1.5　スイッチング時の電圧，電流の変化

i_sとする。また，スイッチがオフのときのスイッチ両端の電位差をv_s，電流をi_{off}とする。スイッチをオンまたはオフにする際の電圧と電流の変化は図 1.5 のようになる。なお，この図では簡単のため，電圧と電流の変化は一定であるとした。

図 1.5 のように電圧と電流が変化する場合，スイッチをオンにするときの電圧と電流の変化は次式のように表される。

$$v(t) = v_s - (v_s - v_{on}) \frac{t}{T_{on}} \tag{1.1}$$

$$i(t) = i_{off} + (i_s - i_{off}) \frac{t}{T_{on}} \tag{1.2}$$

一方，スイッチをオフにするときは

$$v(t) = v_{on} + (v_s - v_{on}) \frac{t}{T_{off}} \tag{1.3}$$

$$i(t) = i_s - (i_s - i_{off}) \frac{t}{T_{off}} \tag{1.4}$$

となる。T_{on}およびT_{off}はスイッチをオンおよびオフにするのにかかる時間である。

ここで，簡単のために$v_{on} = 0$, $i_{off} = 0$とすると，スイッチをオンにするときの電圧と電流の変化は次式のように表される。

$$v(t) = v_s \left(1 - \frac{t}{T_{on}} \right) \tag{1.5}$$

$$i(t) = i_s \frac{t}{T_{on}} \tag{1.6}$$

一般に電力消費pは電流iと電圧vの積となるから，スイッチをオンにするときの電力損失は

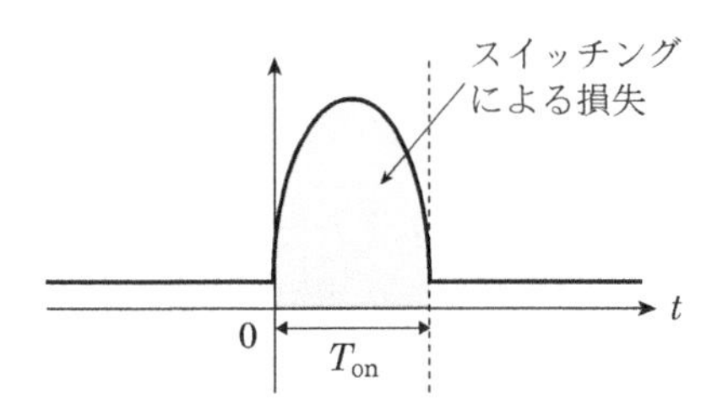

図1.6　スイッチをオンにしたときの電力損失（オン → オフ）

$$\begin{aligned}\int_{t=0}^{T_{on}} p(t)\mathrm{d}t &= \int_{t=0}^{T_{on}} v_s\left(1-\frac{t}{T_{on}}\right)i_s\frac{t}{T_{on}}\mathrm{d}t \\ &= \frac{v_s i_s}{T_{on}}\int_{t=0}^{T_{on}}\left(t-\frac{t^2}{T_{on}}\right)\mathrm{d}t = \frac{v_s i_s}{T_{on}}\left[\frac{t^2}{2}-\frac{t^3}{3T_{on}}\right]_0^{T_{on}} \\ &= \frac{1}{6}v_s i_s T_{on}\end{aligned} \tag{1.7}$$

となる。これは図1.6の青色部分に相当する。この結果から，スイッチングの際の損失は，スイッチング時間に比例することがわかる。すなわち，スイッチングを短時間，つまり高速で行えば損失を低減できる。このことからも，高速スイッチングに対応可能な半導体素子の開発が重要と言える。

❖ 章末問題

1.1　身近なものでパワーエレクトロニクスを使っている例を探してみよう。

1.2　$v_{on}>0$, $i_{off}>0$ とした場合，スイッチをオンにするときのスイッチング損失が以下のように表されることを確認しよう。

$$\int_{t=0}^{T_{on}} p(t)\mathrm{d}t = \frac{1}{6}(v_s i_s + 2v_s i_{off} + 2v_{on} i_s + v_{on} i_{off})T_{on}$$

第2章　パワー半導体素子

パワーエレクトロニクスでは，半導体素子を用いて電力変換と制御を実現する。パワーエレクトロニクスに用いられる半導体はパワー半導体（電力用半導体）と呼ばれる。パワーエレクトロニクスを理解するためには，パワー半導体素子の動作原理や特徴について理解しておくことが重要である。パワーエレクトロニクス機器の性能は使用する素子の性能に大きく依存する。高周波（高速動作への対応）・高耐圧（高電圧・大電流への対応）素子の開発によって，機器性能が向上しただけでなく，パワーエレクトロニクス技術の適用範囲も拡大してきた。

本章では，パワーエレクトロニクスに使用される半導体素子について解説する。まず，半導体について解説し，その後，主要な素子であるダイオード，トランジスタ，サイリスタについて解説する。

2.1　パワーエレクトロニクスに使用される半導体素子

パワーエレクトロニクスに使用される半導体素子として，第1章で紹介したようなさまざまな素子が開発されてきた。そのなかでもパワーエレクトロニクスにおいて基本となるのが，ダイオード，トランジスタ，サイリスタの3つである。これらの動作を理解しておくことが，電力変換と制御の理解には欠かせない。これら3つと似たような機能を有するものや改良されたものも含めて，本章では表2.1に示す素子を紹介する。

表2.1　主な半導体素子

デバイス	機　能	関連・改良素子
ダイオード	電流を一方通行にする。	
トランジスタ	スイッチング／信号増幅を行う。	MOSFET
サイリスタ	スイッチングを行う。オン／オフの2モードをもつ。	GTO，GCT
IGBT	トランジスタとMOSFETを組み合わせたもの。スイッチングを行う。	

2.2　半導体

多くの半導体素子はシリコン(Si, ケイ素)が材料として用いられる。シリコンは原子番号 14 であり，図 2.1 に示すように，原子核の周りを 14 個の電子が円軌道を描いて周回している。

電子が原子核の周りを周回する際の軌道は自由に決められるわけではなく，ある程度決まっている。それらの周回軌道は内側から K, L, M, N と呼ばれる。電子は円軌道上を運動することから，運動エネルギーを有することになり，その大きさは周回軌道の半径で決まる。つまり，電子がとりうるエネルギーはとびとび(離散的)となり，内側の軌道を周回する電子ほどエネルギーが小さい。電子のとりうるエネルギーをエネルギー準位(energy level)という。

各軌道上を周回できる電子の数は決まっており，K 軌道は 2 個，L 軌道は 8 個，M 軌道は 18 個，N 軌道は 32 個である。電子はこの最大数の範囲で内側の軌道から順に埋められていく。シリコンの 14 個の電子の配置は，内側から K 軌道 2 個，L 軌道 8 個，M 軌道 4 個となる。一番外側の軌道を周回する電子を価電子(valance electron)と呼び，一番エネルギーが大きい電子である。シリコンの場合，一番外側の軌道は M 軌道であるので，シリコンは 4 価である。

原子のエネルギーは，構成される電子がどの軌道を周回するかに依存する。内側の周回軌道から埋められていくということは言い換えれば，原子のエネルギーができるだけ小さくなるように軌道が埋められるということになる。

原子の組み合わせである結晶の中の電子のエネルギーは，結晶を構成する原子の中の電子のエネルギーに依存する。結晶の中では原子間の結合により，電子のエネルギーは，ある程度の幅を有する，離散的な**エネルギー帯**(energy band)となる。電子がとりうるエネルギー帯を**許容帯**(allowed band)と呼び，許容帯の間のエネルギー帯を**禁制帯**(または禁止帯，forbidden band)と呼ぶ(図 2.2)。

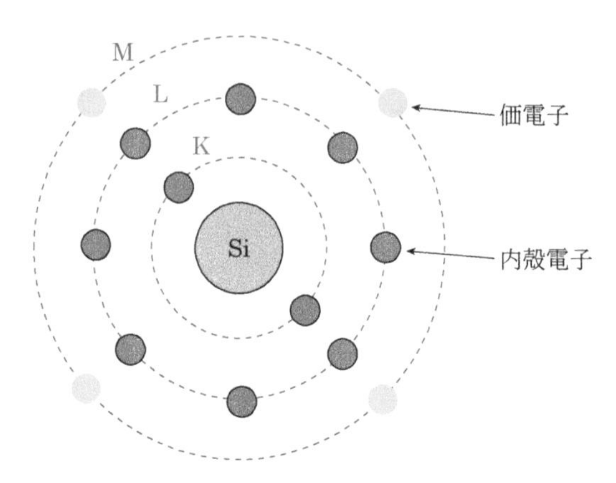

図2.1　シリコン原子の電子軌道

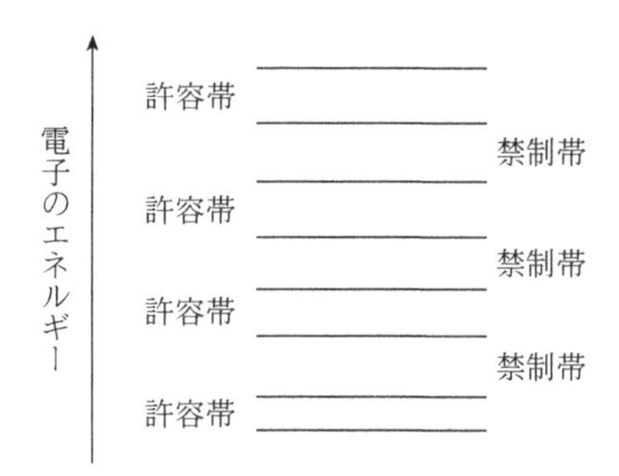

図2.2　結晶のエネルギー帯

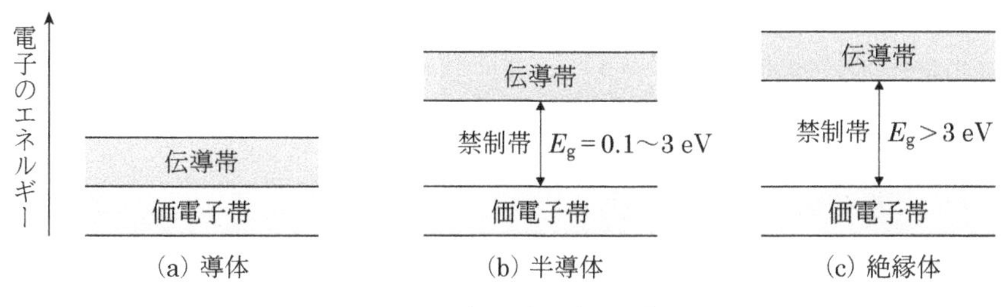

図2.3　エネルギーギャップ

許容帯のうち，価電子によって満たされている，許容帯の中でもっともエネルギーが高いエネルギー帯を**価電子帯**(valence band)と呼ぶ。価電子帯にある電子に光や熱などのエネルギーが外部から与えられると，価電子は価電子帯から禁制帯を飛び越え，価電子によって満たされていない，エネルギーの高い許容帯である**伝導帯**(conduction band)へ移動し，**自由電子**(free electron)となる。価電子帯と伝導帯の間を**エネルギーバンドギャップ**(energy band gap)または単に**エネルギーギャップ**(energy gap)と呼ぶ。

導体，半導体および絶縁体の違いは，このエネルギーギャップの大きさである(図 2.3)。電気の流れとは電子の移動であるから，エネルギーギャップが小さい物質は，価電子が伝導帯へ移動しやすく電気を流しやすい。シリコン結晶のエネルギーギャップは 1.1 eV である。

結晶では，原子どうしは共有結合により固く結ばれている。シリコン結晶における共有結合の様子を図 2.4(a)に示す。図 2.4(b)のようにエネルギーギャップよりも大きなエネルギーが与えられた価電子は，共有結合から解き放たれて自由電子となり，結晶の中を自由に動き回ることができるようになる。価電子が抜けた後には，抜け殻である**正孔**(hole)ができる。自由電子と正孔の対が生成することを**対生成**(pair creation)と呼ぶ。自由電子だけでなく，正孔も電流に寄与する。自由電子と正孔をあわせて**キャリア**(carrier)と呼ぶ。

シリコン結晶では外部からエネルギーを与えない限り自由電子は生まれない。このような半導体を**真性半導体**(intrinsic semiconductor)と呼ぶ。

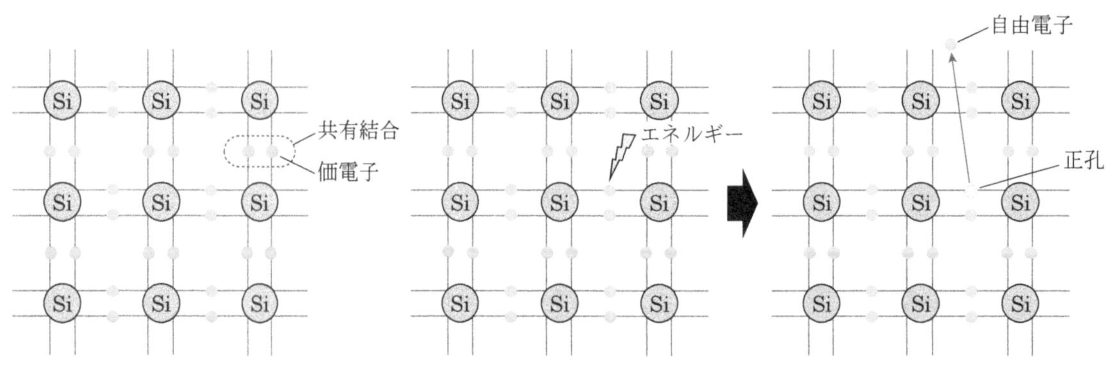

(a) シリコン単結晶における共有結合　　(b) エネルギーの供与による価電子の移動

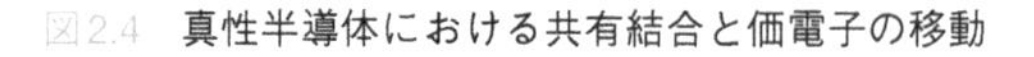

図2.4　真性半導体における共有結合と価電子の移動

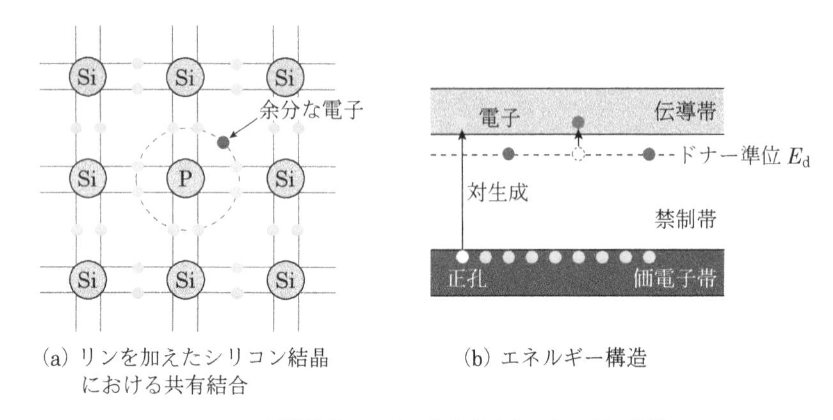

(a) リンを加えたシリコン結晶における共有結合　　(b) エネルギー構造

図2.5　n形半導体における共有結合とエネルギー構造

真性半導体にリン(P)などの5価(価電子が5個)の物質を不純物として加えた半導体を**n形半導体**(n-type semiconductor)と呼ぶ[*1]。図2.5(a)に示すように，リンの価電子のうち4個までは周囲のシリコンの価電子と共有結合により結びついているが，矢印で示した1個は，他のどの価電子とも結合せずに余った状態となっている。

＊1　応用物理学などの分野ではn「型」半導体と呼ばれる。本書では電気学会による「電気専門用語集」に従い，n形半導体とした。

余った電子のエネルギー準位(ドナー準位)は，図2.5(b)の破線で示すように伝導帯の少し下にある。そのため，余った電子はわずかなエネルギーでリン原子の周回軌道から解き放たれ，伝導帯へ移動できる。また，真性半導体と同じく対生成も生じる。

n形半導体では，不純物の注入によって電子が多くなる。n形半導体の「n」は電気的な「負(negative)」に由来する。n形半導体では，不純物が余分な電子を供給することになるため，不純物を**ドナー**(donor)と呼ぶ。

真性半導体にボロン(B, ホウ素)などの3価(価電子が3個)の物質を不純物として加えた半導体を**p形半導体**(p-type semiconductor)と呼ぶ。図2.6(a)に示すように，ボロンの価電子のうち3個までは周囲の

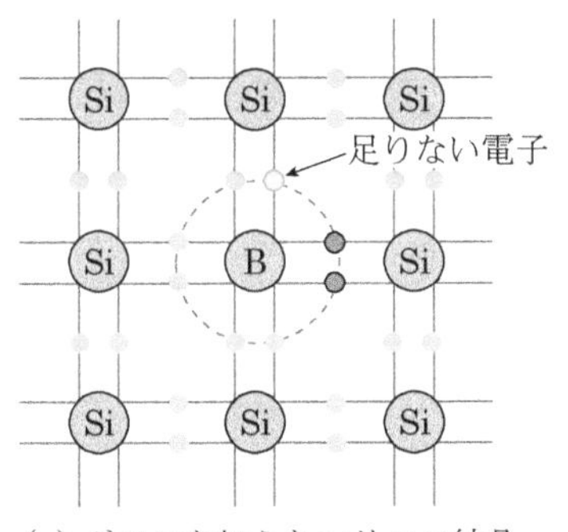

(a) ボロンを加えたシリコン結晶における共有結合

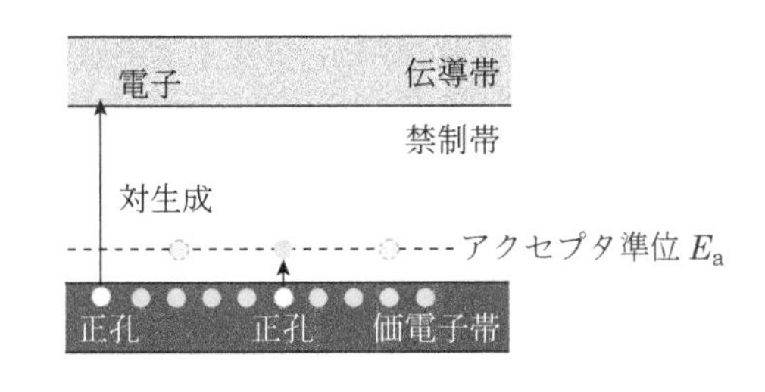

(b) エネルギー構造

図2.6　p形半導体における共有結合とエネルギー構造

シリコンの価電子と共有結合により結びついているが，矢印で示した部分には価電子がなく，空いた状態となっている。

周囲の価電子がエネルギーを受け取って共有結合を離れ，この空いた場所へ移動してくることがある。すると，価電子があった場所に正孔ができる。この正孔のエネルギー準位（アクセプタ準位）は，図 2.6(b)の破線で示すように，価電子帯の少し上にある。そのため，価電子はわずかなエネルギーでボロン原子の周回軌道から解き放たれて，このアクセプタ準位へと移動し，価電子帯には正孔ができる。この場合も，真性半導体と同じく対生成が生じる。

p 形半導体では，不純物の注入によって正孔が多くなる。p 形半導体の「p」は電気的な「正（positive）」に由来する。不純物が余分な正孔（電子を受け入れるもの）を供給することになるため，不純物を**アクセプタ**（acceptor）と呼ぶ。

電流に寄与するキャリアは，n 形半導体では電子，p 形半導体では正孔がほとんどである。これを多数キャリアと呼び，少ないほうのキャリアを少数キャリアと呼ぶ。

2.3　ダイオード

2.3.1　ダイオードとは

p形半導体とn形半導体を接合したものがpn接合ダイオード(p-n junction diode)である。図2.7に構造と記号を示す。もっとも基本的なダイオードの役割は，電流をアノード(anode)からカソード(cathode)*2への一方向のみに流すこと(整流機能)である。単純な役割に思えるが，パワーエレクトロニクスでは多くの回路に用いられる重要な素子である。ここで，アノード側に正電圧，カソード側に負電圧を印加することを**順バイアス**(forward bias)，その逆を**逆バイアス**(reverse bias)と呼ぶ*3。

ダイオードには，ドーピングされる不純物の量によって降伏電圧(後述)を調整し，意図的に逆バイアスを印加して使用するツェナーダイオード(定電圧ダイオード)や，江崎玲於奈博士がノーベル物理学賞を受賞するきっかけとなったトンネルダイオード(エサキダイオード)，発光ダイオード(LED)など多くの種類があるが，本書では割愛する。

*2　カソードの記号として現在はCが用いられるが，かつてはドイツ語表記(Kathode)の頭文字を取ったKもよく用いられた。日本語ではアノードとカソードを，それぞれ陽極と陰極と呼ぶこともある。

*3　逆バイアスの場合には一般的に電流を通さずに阻止することから，逆バイアスのことを「逆阻止状態」と呼ぶこともある。

2.3.2　動作原理

pn接合

p形半導体とn形半導体を接合すると，図2.8のようにn形領域に存在する過剰な電子がp形領域へ移動し，反対にp形領域からn形領域へ過剰な正孔が移動することで，フェルミ準位(Fermi level)*4が一致するようになる。pn接合面付近では多数キャリアが反対側へ移動したことによりキャリアが不足しており，これを**空乏層**(depletion layer)と呼ぶ。空乏層内部のn形領域では，電子が減少したために正にイオン化した原子が増加し，反対のp形領域では負にイオン化した原子が増加している。これにより空乏層では電気二重層が形成され，電位の勾配が生じる*5。これを**内蔵電場**(build-in electric field)と呼び，電位差V_Dを**内蔵電位**(built-in potential)または**拡散電位**(diffusion potential)と呼ぶ*6。シリコンダイオードの場合，内蔵電位は0.6～0.7 Vである。

*4　フェルミ準位：電子などのフェルミ粒子がエネルギーεの状態を占める確率$f(\varepsilon)$は，フェルミ・ディラック分布に従うとされる。

$$f(\varepsilon)=\frac{1}{1+\exp[(\varepsilon-\varepsilon_F)/k_BT]}$$

ここで，k_Bはボルツマン定数，Tは温度である。この式から，フェルミ準位ε_Fより低い状態は，ほとんど粒子で占められ，それを超えると粒子は存在しないことがわかる。つまり，フェルミ準位ε_Fはエネルギー帯に収容されている電子のエネルギーの最大値に相当する。詳しくは，半導体工学や固体物理学に関する書籍などを参照されたい。

*5　別の表現をするならば，空乏層は誘電体となり，静電容量を有する。つまり，p形半導体とn形半導体の接合面にコンデンサが挟まっていると想像すればよい。アノード・カソード間の電圧により空乏層の厚みは変化する。

*6　詳細かつ正確な説明については，半導体工学や固体物理学に関する書籍などを参照されたい。

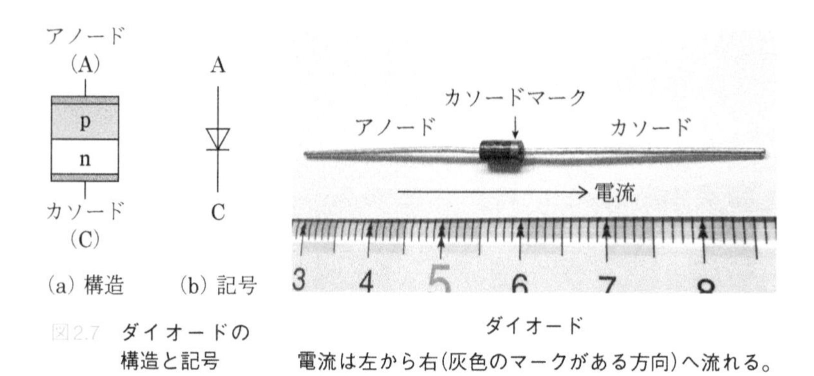

図2.7　ダイオードの構造と記号

ダイオード
電流は左から右(灰色のマークがある方向)へ流れる。

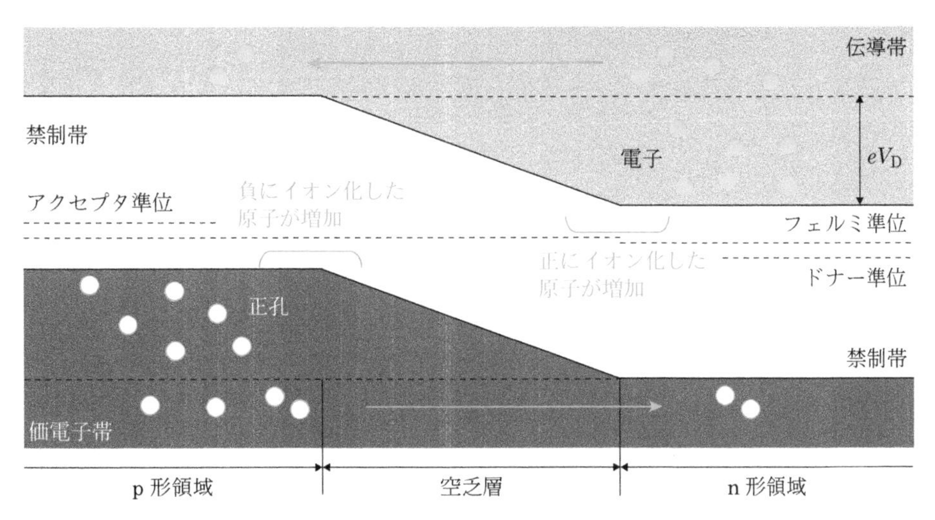

図 2.8　pn 接合によるダイオードのエネルギーバンド構造

内蔵電位が電位障壁となってキャリアの拡散は起こらなくなり，ダイオードにおいて重要な整流機能がもたらされる。なお，図 2.8 ではエネルギーの単位 eV で表すために電子の電荷 $e(=1.602\times10^{-19}\ \mathrm{C})$ をかけている。

順バイアス

p 形半導体に正の電圧を，n 形半導体に負の電圧 V を印加した順バイアスの状態では，図 2.9 に示すように，接合面（空乏層）付近における p 形領域と n 形領域との電位差が小さく，空乏層自体も薄くなり，キャリアの移動が容易に起こるようになる。また，電圧の印加により，p 形領域と n 形領域には，それぞれ正孔と電子が注入される。これにより n 形領域と p 形領域との間で電子と正孔の移動が盛んに生じ，電流が流れる。

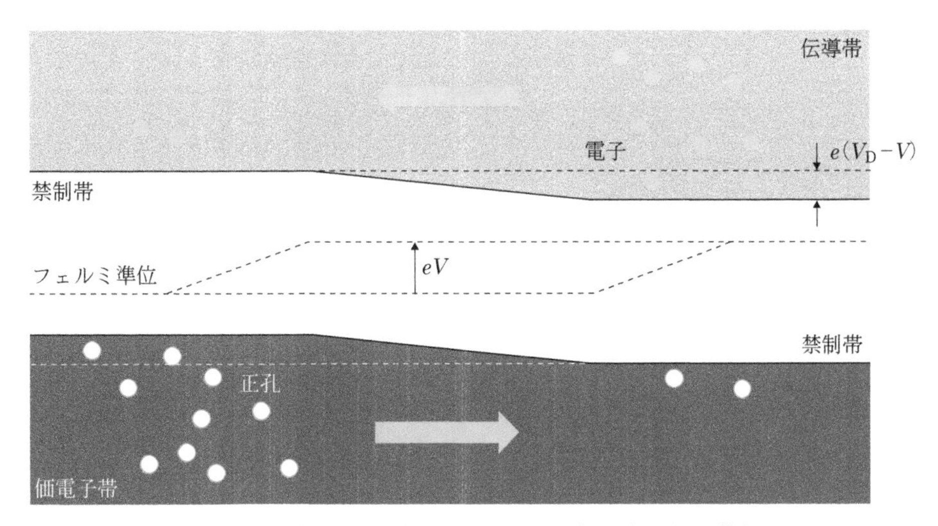

図 2.9　順バイアス時のダイオードのエネルギーバンド構造

逆バイアス

逆バイアスの場合は，図2.10に示すように，接合面でのp形領域とn形領域との電位差が拡大し，電位障壁が高くなり，キャリアの移動が困難になる。しかしこのとき，わずかではあるが電流は流れる。

さらに，逆バイアスの電圧を高くしていくと，ある電圧を超えたところで**降伏**(breakdown)と呼ばれる現象が生じ，一気に電流が流れるようになる。降伏には雪崩降伏とツェナー降伏がある。

逆バイアスの電圧が大きくなると，電圧によってキャリア(電子と正孔)がエネルギーを得ることになり，運動エネルギーを得て加速される。加速されたキャリアは原子に衝突(ドリフト)することで，電子ー正孔対を発生させ，これにより電流が流れる。電子ー正孔対がさらに加速されることで新たな電子ー正孔対を発生させ，結果として急激な電流増加を生じさせる。この現象が**雪崩降伏**(avalanche breakdown)である。電流が急激に増加していくため，外部で電流を制限するしくみがない場合はダイオードが破壊される可能性があり注意が必要である。雪崩降伏はドーピング濃度が低い(不純物の少ない)素子のほうが発生しやすい。

逆バイアスの電圧が大きくなると，p形領域の価電子帯とn形領域の伝導帯のエネルギーが近くなり，トンネル効果(tunneling effect)*7によってキャリアが空乏層を通り抜けることで電流が流れる。発見者であるClarence Melvin Zener*8にちなんでこの現象を**ツェナー降伏**(Zener breakdown)と呼び，現象が起きる電圧を**ツェナー電圧**(Zener voltage)と呼ぶ。不純物濃度が高いほうが空乏層は狭くなるため，トンネル効果が生じやすくなる。これを利用したのがツェナーダイオードである。

＊7　トンネル効果：エネルギー的には超えることのできない領域を粒子が一定の確率で通り抜けてしまう現象のこと。トンネル効果の発見により江崎玲於奈博士は1973年のノーベル物理学賞を受賞した。

＊8　Clarence Melvin Zener(1903～1993)：米国の物理学者。「リチウムイオン二次電池開発」により2019年のノーベル物理学賞を受賞したJohn Bannister Goodenoughは博士課程の指導学生。

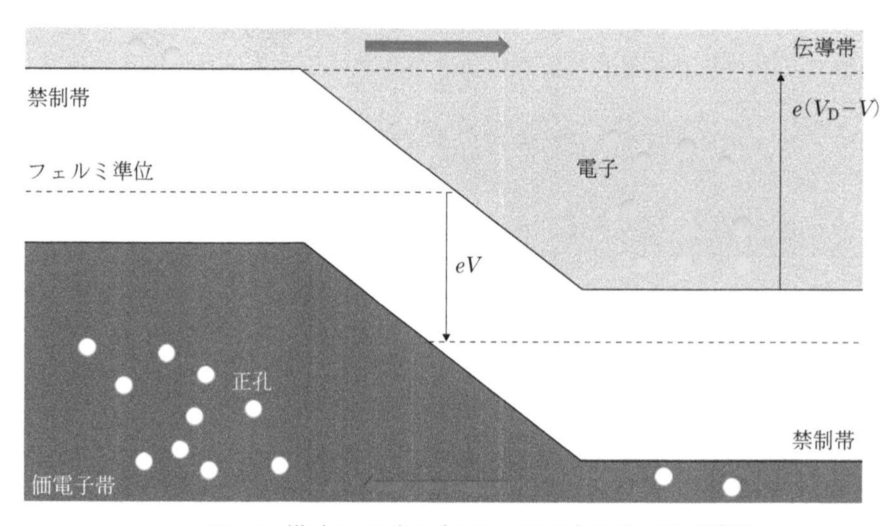

図2.10　逆バイアス時のダイオードのエネルギーバンド構造

2.3.3　静特性

ダイオードの静特性を図 2.11 に示す。また，原点付近の拡大図を右側に示した。

順バイアスの電圧をオン電圧(on voltage)以上にするとダイオードはオン状態となり，電流がアノードからカソードへ流れるようになる。オン電圧はシリコンダイオードでは約 **0.6〜0.7 V** であり，これは順方向電圧降下(forward voltage drop)と同じである。

電流の大きさは次式のようにアノード・カソード間電圧に対して指数関数的に増加する。

$$I \propto \exp\left(\frac{eV}{k_{\mathrm{B}}T}\right) \tag{2.1}$$

ここで，Vはアノード・カソード間電圧(単位はV)，k_{B} はボルツマン定数(=1.381×10^{-23} J/K)，Tは接合面の温度(単位はK)である。

逆バイアスにすると，わずかな逆電流(reverse current，漏れ電流(leak current)とも呼ばれる)が流れるのみで，電流はほとんど流れない。電圧を大きくすると降伏を起こして，カソードからアノードへ電流が流れるようになる。このときの電圧を降伏電圧(またはブレークダウン電圧，breakdown voltage)またはツェナー電圧(Zener voltage)[*9]と呼び，この状態にあることを降伏領域(またはブレークダウン領域，avaranche breakdown region)と呼ぶ。

*9　2.3.2項で述べたように降伏電圧は不純物の量に大きな影響を受ける。ツェナーダイオード(定電圧ダイオード)は，意図的に降伏電圧が低くなるようにpn接合部に大量の不純物がドーピングされている。

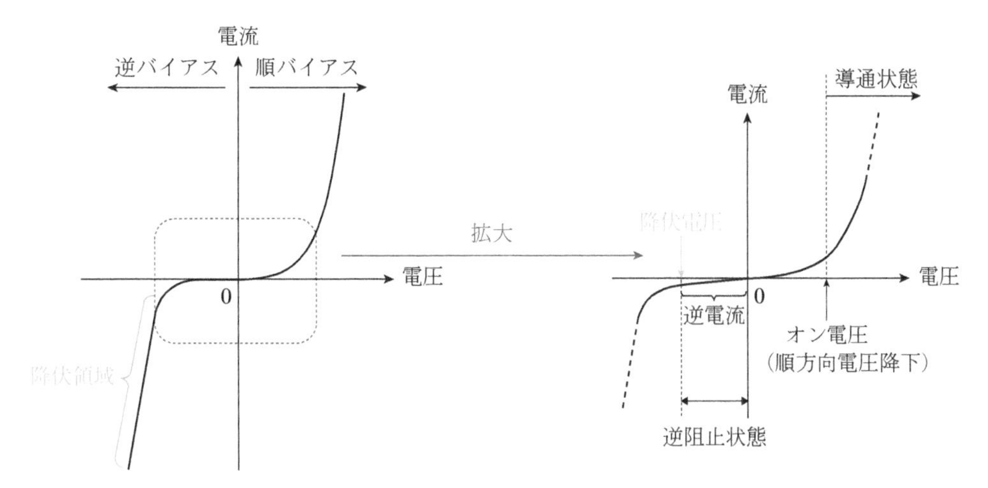

図 2.11　ダイオードの静特性
(特性をわかりやすく示すために，横軸は正側と負側でスケールが異なる。)

2.3.4　動特性

ダイオードは電流を一方向に流す，すなわち順方向のみに流し，逆方向を遮断するという性質から，整流回路などで用いられる(第3章参照)。その場合，頻繁に順バイアスと逆バイアスが入れ替わることとなるが*10，図2.12に示すように，電流が遮断されるまでにはわずかではあるものの，遅れが生じる。

順バイアスのとき，n形領域とp形領域には，それぞれ大量の正孔と電子が注入され蓄積する。逆バイアスへ切り換えられると，これらの蓄積したキャリアがそれぞれの領域から掃き出され，正孔はp形領域へ，電子はn形領域へ戻るのに時間を要する。その時間を**逆回復時間**(reverse recovery time)と呼び，T_{rr}で表す。その間，逆方向に逆回復(リカバリ)電流i_{rr}が流れる。逆回復電流i_{rr}がピークI_{RM}に達してからの減少が早い($\mathrm{d}i_{rr}/\mathrm{d}t$が大きい)ものをハードリカバリ，減少が遅い($\mathrm{d}i_{rr}/\mathrm{d}t$が小さい)ものをソフトリカバリと呼ぶ。ハードリカバリではノイズが生じやすい。

逆回復時間は，一般のダイオードでは数マイクロ秒から数十マイクロ秒であるが，高速スイッチング(高周波動作)に対応したファストリカバリダイオード(fast recovery diode, FRD)ではその100分の1である数十ナノ秒から数百ナノ秒まで短縮されている*11。

*10　交流は一定周期で電圧の正負が反転する。整流回路ではダイオードを用いて，正または負の一方のときのみに電流を通すことで，交流を直流に変換する。正電圧側が順バイアスとなるようにダイオードを接続すれば，ダイオードは交流の正電圧のときのみに電流を通し，負電圧のときに遮断する。これにより直流に変換できる。一般的な60 Hzの交流では1秒間に60回電圧の正負が反転するため，ダイオードは導通と遮断を60回繰り返すことになる。数kHzといった高周波交流の場合は，導通と遮断を数千分の1秒ごとに繰り返す。

*11　電子の移動に要する時間が，例えばナノ秒(ns, 10億分の1秒)やマイクロ秒(μs, 100万分の1秒)であれば一瞬であると感じるかもしれないが，半導体の世界では無視できない。

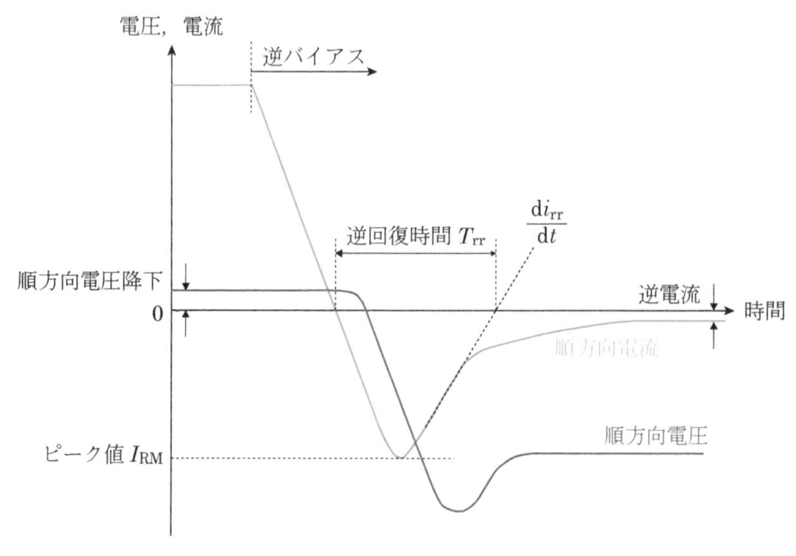

図2.12　ダイオードの動特性

2.4 トランジスタとMOSFET

2.4.1 トランジスタ

トランジスタ(npn形)
容量によって大きさや形状が異なる。

トランジスタの基本的な役割は，信号増幅とスイッチングであり，パワーエレクトロニクス機器を含む電子回路では専らスイッチとして使用される。

原理と概要

トランジスタとしては多くの種類が開発されているが，ここではもっとも基本的な**バイポーラトランジスタ**(bipolar transistor)*12を取り上げる。図2.13にバイポーラトランジスタの記号を示す。バイポーラトランジスタは，p形半導体とn形半導体を合計3個接合した素子であり，p形半導体とn形半導体をp–n–pの順に接合したpnp形と，n–p–nの順に接合したnpn形がある。いずれの半導体にも電極が取り付けられており，トランジスタ全体として3つの電極，ベース(base)電極，コレクタ(collector)電極，エミッタ(emitter)電極がある。また，それぞれの電極に接している半導体をベース領域，コレクタ領域，エミッタ領域と呼ぶ。

*12　正確には，バイポーラ接合トランジスタ(bipolar junction transistor)と呼ばれるほか，接合形トランジスタと呼ばれることもある。

パワーエレクトロニクスではnpn形がよく使用されるため，npn形を例にとって説明する*13。図2.14に示すように，npn形ではエミッタ領域とコレクタ領域がn形半導体であるが，エミッタ領域のほうが不純物濃度が高くなっている(不純物濃度が高いということは，電子が多いということである)など2つのn形半導体の特性は異なっていることに注意されたい。

*13　本書では，パワーエレクトロニクス回路に用いられるスイッチング素子としての面からトランジスタについて解説する。信号増幅器としてのトランジスタについては，アナログ回路に関する書籍などを参照されたい。

図2.14の回路では，エミッタが接地*14されていることから，エミッタ接地回路と呼ばれる。そのほかにベース接地回路やコレクタ接地回路もある。この回路では，ベースとコレクタに電圧を印加し，接地されたエミッタよりも電位を高くする。エミッタ接地回路は電流増幅率(次項参照)を大きくできることが特徴である。

*14　接地された電極は電圧が0V(大地電圧)であるといわれるが，厳密には，電圧とは相対的なもの(電位差)であることに注意が必要である。

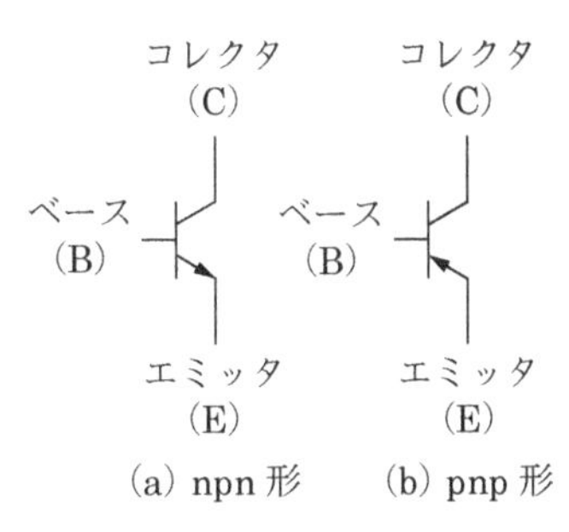

図2.13　バイポーラトランジスタの記号

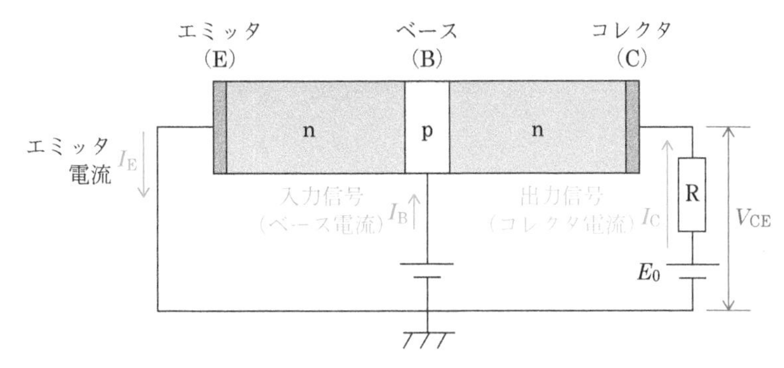

図2.14　npn形トランジスタの構造と動作

ベースとエミッタはpn接合であり，ダイオードと同じである。そこで，ベースとエミッタ間にオン電圧（0.6～0.7 V）以上の電圧 V_{BE} を印加すると，ベースとエミッタ間は，p形半導体であるベースの電位がn形半導体であるエミッタよりも高い，すなわち順バイアスとなり，エミッタ領域の電子がベースに向かって移動する。エミッタ領域の不純物濃度は高いため，多くのキャリア（電子）がベースへと流入する。一方，ベースは十分薄いため，多数キャリアである正孔の数は限られる。そのため，エミッタからベースへ流入してきた電子のうち一部しか正孔と再結合することができず，電子の多くは，ベース領域を突き抜けて，ベース領域とコレクタ領域の接合面へ到達する。ベースとコレクタ間は，コレクタの電位のほうが高い逆バイアスとなっており，n形半導体であるコレクタ領域の電子はコレクタ電極に向かう。そのため，ベース領域とコレクタ領域の接合面に到達したエミッタ領域からの電子は，吸い取られるようにしてコレクタ領域内部へ移動し，さらにコレクタ領域内を通過し，コレクタ電極へと到達する。以上がnpn形トランジスタの動作原理である。電極の名称からも，エミッタは電子を放出（emit）し，コレクタが収集（collect）すると考えればよい。

図2.14に入力信号（ベース電流）I_B，出力信号（コレクタ電流）I_C と記されているように，I_B を変化させると，増幅された I_C を取り出すことができる。電流増幅率（次項参照）は数十倍から数百倍となることもある。

静特性

バイポーラトランジスタの静特性を図2.15に示す。この図はコレクタ・エミッタ間電圧 V_{CE} およびベース電流 I_B（入力信号）と，コレクタ電流 I_C（出力信号）の関係を示したものである。図2.15(a)には各 I_B の値に応じた V_{CE} に対する I_C の変化が描かれている。

図2.15(b)に示すように I_B をある値で一定にした場合，V_{CE} を0 Vから大きくしていくと，I_C は原点付近から増加していくが，すぐに図中の平坦な部分となり，V_{CE} を大きくしても I_C はほとんど増加しなくなる。V_{CE} を一定にした場合を図2.15(c)に示す。I_B を増加させると，I_C は一定の割合で増加していく。このときの I_B に対する I_C の割合を**電流増幅率**（current amplification factor）と呼び，このような動作をする領域を**活性領域**（active region）と呼ぶ。V_{CE} を適切な大きさで一定にしておけば，I_B を調整することで I_C を制御することができる。

I_B を大きくしていくと，やがてどれだけ I_B を大きくしても，トランジスタ自体の抵抗のために I_C は増加しなくなる。この領域を**飽和領域**（saturation region）と呼ぶ。飽和現象は，I_B が大きければ V_{CE} は小さくても生じることから，損失を低減するために I_B を十分大きくする一方，V_{CE} をできる限り小さくして使用する。その最小電圧を**コレクタ飽和電圧** $V_{CE(sat)}$ と呼び，0.2 V程度である。つまり，$V_{CE} < V_{BE}$ となっており[*15]，ベース・コレクタ間は逆バイアスではなく順バイアスとなっ

＊15　V_{BE} はオン電圧（0.6～0.7 V）以上である。

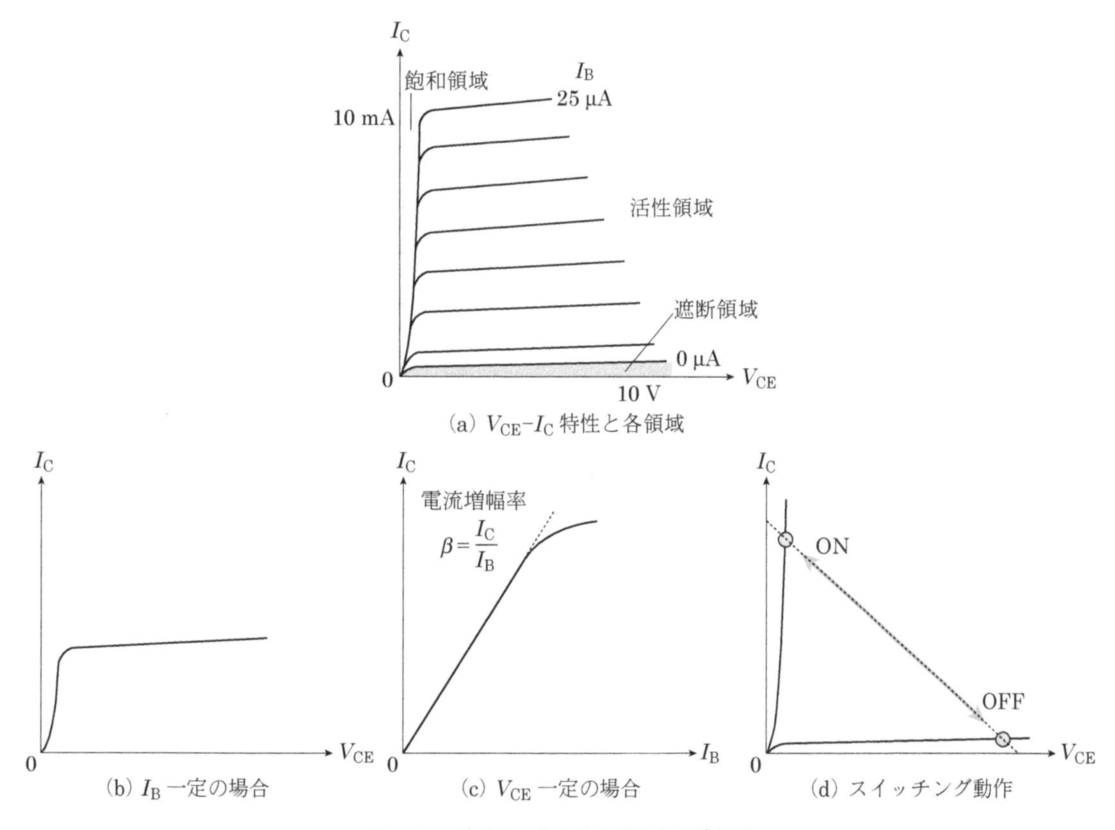

図2.15　バイポーラトランジスタの静特性

ている。そのため，ベースには電子が過剰となり，コレクタには正孔が過剰となる。

$I_B=0$ のときには，I_C は V_{CE} に関係なく小さな値となるが，完全に 0 にはならない。このときのわずかに流れる漏れ電流を**コレクタ遮断電流** I_{CE0} と呼ぶ。この動作領域を**遮断領域**(cut-off region)と呼ぶ。

トランジスタをオーディオアンプなどの信号増幅器として利用する場合は活性領域で使用し，スイッチとして使用する場合は遮断領域と飽和領域で使用する。

パワーエレクトロニクスでは，トランジスタをスイッチとして使用し，図 2.15(d)に示すように，スイッチがオフのときが遮断領域，オンのときが飽和領域となる。すなわち，I_B を小さくすればスイッチオフ，I_B を一気に大きくすればスイッチオンとなる。

npn 形トランジスタを回路に組み込んで使用する場合の代表的な回路図を図 2.16 に示す。トランジスタを動作させるには，$V_{in}(=V_{BE})$ としてダイオードと同じく 0.6〜0.7 V 程度のオン電圧が必要である。

この回路において，トランジスタを活性領域で使用する場合，ベース･エミッタ間電圧 V_{BE} が正であることから**順方向活性状態**(forward-active)と呼ぶ。

n 形半導体であるエミッタのキャリア(電子)は p 形半導体であるベー

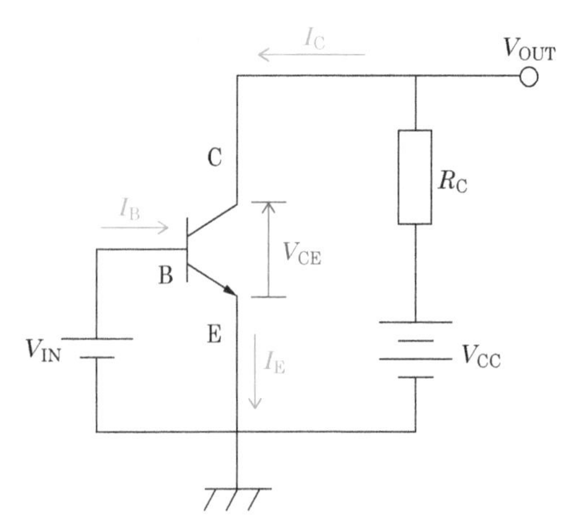

図2.16　npn形トランジスタを用いた増幅回路

スへ向かって移動し，その大部分はn形半導体であるコレクタへ至ることで電流が流れると説明した。エミッタのキャリアのうち，コレクタへ至るキャリアの割合を**電流伝達率**(current transfer ratio)と呼び，αで表し，

$$\alpha=\frac{I_C}{I_E} \tag{2.2}$$

で定義される。αの値は一般に0.95～0.99であり，ほぼすべての電子がコレクタへ至ることがわかる。コレクタへ到達しない電子はベース電極へ至ることから，ベース電流I_Bとエミッタ電流I_Eの間には

$$I_B=(1-\alpha)I_E \tag{2.3}$$

の関係がある。

エミッタ接地トランジスタでは，ベース電流I_Bを増幅して，コレクタ電流I_Cとして出力する。両者の比が電流増幅率βであり，

$$\beta=\frac{I_C}{I_B} \tag{2.4}$$

で定義される。さらに，式(2.2)～(2.4)から，電流伝達率αと電流増幅率βの間には次の関係が成り立つ。

$$\beta=\frac{\alpha}{1-\alpha} \tag{2.5}$$

図2.16の回路においては

$$V_{CC}=I_C R_C+V_{CE} \tag{2.6}$$

であるから，スイッチがオフ($I_C=0$)のときは$V_{CE}=V_{CC}$となり，スイッチがオン($V_{CE}=0$)のときは$I_C=V_{CC}/R_C$となる。また，I_Bを増加させるとI_Cが増加するが，I_Cが大きくなりすぎると，式(2.6)において$I_C R_C$が大きくなり，また$V_{CE}=V_{CC}-I_C R_C$であるから，$V_{CE}<0$となってしまう。このことからも，I_Bの大きさには限界があることがわかる。

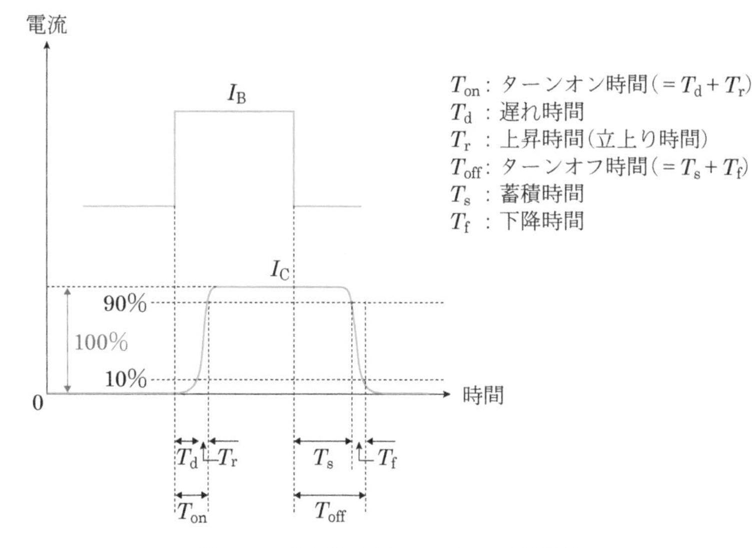

図2.17　バイポーラトランジスタの動特性

動特性

バイポーラトランジスタの動特性を図 2.17 に示す。入力信号であるベース電流 I_B が流れ始めてから，出力となるコレクタ電流 I_C が流れ始めるまでの時間を**ターンオン時間**，ベース電流 I_B が止まってからコレクタ電流 I_C が止まるまでの時間を**ターンオフ時間**と呼ぶ。

ターンオフ時間の大部分を占めるのは，I_B を止めてから各半導体に蓄積されている少数キャリア（ベース領域では電子，コレクタ領域では正孔）が掃き出されるまでに要する**蓄積時間**（storage time）である。一般的には，ターンオフはターンオンの数倍以上の時間を要するため，トランジスタを高速（高周波）で動作させるにはターンオフの際の蓄積時間を短くすること，つまり蓄積されたキャリアの掃き出しを短時間で行うことが必要となる。

2.4.2　MOSFET

原理と概要

ゲート電極に電圧を加え，半導体表面に生じる電界によって電流の増幅やスイッチングを行う素子を**電界効果トランジスタ**（field effect transistor, FET）という。そのもっとも代表的なものが，ゲート電極の絶縁層としてシリコンの酸化膜を用いた金属酸化膜半導体形電界効果トランジスタ（metal-oxide-semiconductor field-effect transistor, MOSFET）である[*16]。MOSFET はトランジスタよりも低損失で高速に動作可能な素子である。

図 2.18 に示すように，MOSFET にはトランジスタと同じく 3 つの電極があり，ソース（source），ゲート（gate），ドレイン（drain）と呼ばれる。ソースとドレインはその名称のとおり，電子が供給される場所と，電子が排出される場所である。

＊16　MOSFETの表記としては，MOS FETやMOS-FETのようにMOSとFETで区切ったり，ハイフンでつないだものもある。

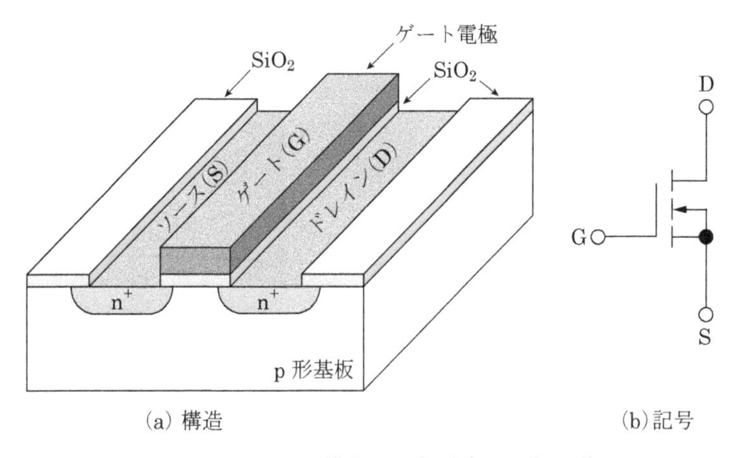

(a) 構造　(b)記号

図2.18　MOSFETの構造および記号(nチャネル形)

電子回路に用いられるMOSFET(nチャネル形)
容量によって大きさや形状が異なる(上のもので600 V, 8 A)。

バイポーラトランジスタでは電子と正孔の両方のキャリアを用いていたのに対し，MOSFETでは半導体の多数キャリア(p形半導体では正孔，n形半導体では電子)のみを用いる。トランジスタにpnp形とnpn形があるように，MOSFETではpチャネル形とnチャネル形の2種類がある。ここでは一般的なnチャネル形MOSFETについて解説する。nチャネル形MOSFETでは，p形半導体(シリコン基板)を用いる。ドレインまたはソースとなる2か所の半導体表面近くに不純物をイオン注入して低抵抗のn形(n^+)の部分を形成する。2か所のn形領域を結ぶように，半導体表面に絶縁層としてシリコンの酸化膜(SiO_2)を形成させ，その上にゲート電極を設ける。このようにnチャネル形MOSFETはp形シリコン基板のみを用いて製作される。

MOSFETの動作原理を図2.19に示す。ゲート電極に電圧(ゲート・ソース間電圧V_{GS})を印加すると，表面電界効果*17により半導体表面に電子が引き寄せられ，n形反転層(inversion layer)が形成される。このn形反転層によって，ソースとドレインのn^+領域間において電子の通り道(チャネル：channel)ができる。したがって，MOSFETを導通させるためには，反転層が形成できるだけの電圧をゲートへ印加する必要がある。ゲート・ソース間電圧V_{GS}が大きくなるほど，n形反転層における電子密度が高くなり，チャネルの抵抗が小さくなる。

形成されたチャネルを電子が流れる際の電流容量は，チャネルの幅に比例し，長さに反比例する。これは，電線などを電気が流れる際の抵抗は，電線が太く短いほど小さくなるのと同じである。したがって，大容量化にはチャネル幅の増大が課題となる。

トランジスタは動作原理上，一定以上のゲート電流を流す必要があるのに対し，MOSFETは一定以上のゲート・ソース間電圧V_{GS}を印加する必要があり，電圧駆動形素子の一種である。電圧印加は必要であるが，ゲート・ソース間のインピーダンスは高く，流れる電流は微量となるため，トランジスタと比べて消費電力は小さい。

*17　半導体に絶縁体を挟んで両側に一定以上の電圧を印加すると，多数キャリアが内部に押しやられ，半導体表面に少数キャリアが集まった領域(反転層)が生じる。例えば，p形半導体であれば，表面近くにn形半導体の性質(電子)を有する部分が形成される。このとき，電圧を大きくすると電子密度も高くなり，表面伝導率が大きくなって電気を通しやすくなる。表面電化効果を利用すると，ゲート電極に印加する電圧によってゲート表面の半導体の性質(n形またはp形)およびその密度を変化させることができる。

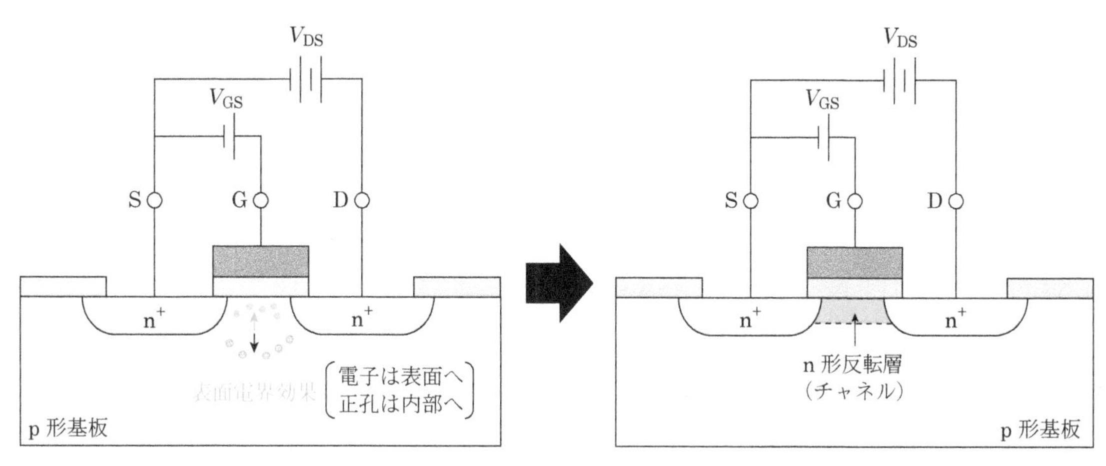

図2.19　MOSFETの動作原理(反転層の形成)

スイッチングにおいても，トランジスタが少数キャリアの掃き出しに時間を要するのに対して，MOSFETは多数キャリアで動作するため，そのような問題は生じない。そのため，バイポーラトランジスタと比較して高速で動作可能である。

静特性

MOSFETの静特性を図2.20に示す。一見，ダイオードと似た特性であるが，若干の違いがある。パワーエレクトロニクスでは，MOSFETをスイッチとして使用するため，遮断領域と線形領域(オン領域)で使用する(図2.20(a))。遮断領域は，ゲート・ソース間電圧が閾値未満($V_{GS}<V_{GS(th)}$)であり，MOSFETは動作せず，ドレイン・ソース間に電流は流れない。

図2.20(b)に示すように，ゲート・ソース間電圧が閾値以上

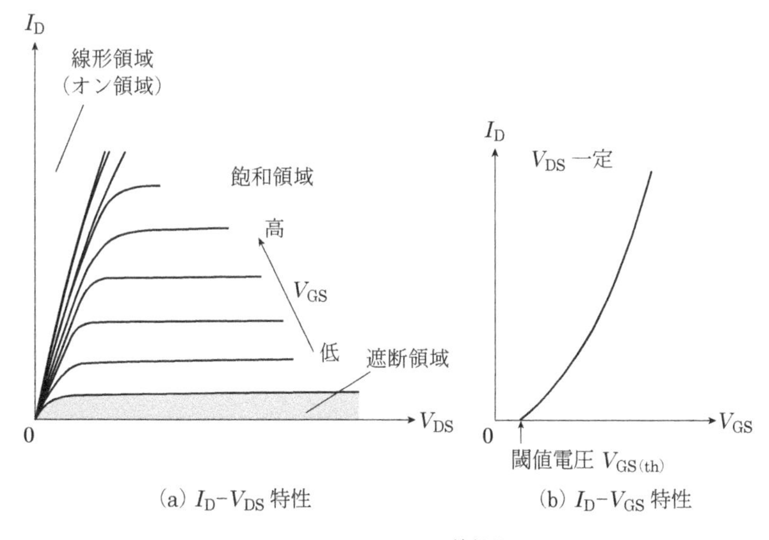

(a) I_D–V_{DS} 特性　　(b) I_D–V_{GS} 特性

図2.20　MOSFETの静特性

$(V_{GS} \geq V_{GS(th)})$になると，n形反転層が形成され，飽和領域へ移行して，MOSFETは導通する。飽和領域で形成されるn形反転層は，ソース側の幅が広く，ドレイン側の幅が狭い，いびつな形となっている。この状態で，ゲート・ソース間電圧V_{GS}を大きくすると，ドレイン電流I_Dが増加していく。MOSFETを増幅器として使用する場合は，この飽和領域で使用する。

さらにゲート・ソース間電圧V_{GS}を大きくしていくと，n形反転層は図2.19(b)に示したように均一にしっかりと形成された状態になる。この領域が線形領域であり，ドレイン・ソース間電圧V_{DS}を増加させると，ドレイン電流I_Dはこれに比例して増加(線形増加)する。ゲート・ソース間電圧V_{GS}が大きいほど，小さなドレイン・ソース間電圧V_{DS}で大きなドレイン電流I_Dが流せるため，スイッチとして使用するには都合が良い*18。

＊18　MOSFETを回路の途中にスイッチとして挿入して使用する場合，オン状態のときに，電流はドレインからソースへ流れる。この状態ではドレイン・ソース間電圧V_{DS}は回路における電圧降下にあたる。MOSFETをスイッチとして使用する場合の電力損失は電圧降下と流れる電流の積となる。したがって，理想的には，オン状態でドレイン・ソース間電圧V_{DS}は0であることが望ましい。

2.5　サイリスタおよび関連する素子

2.5.1　サイリスタ

原理と概要

サイリスタ(thysistor)はp形半導体とn形半導体とを2個ずつ接合したものである。構造と記号を図2.21に示す。パワーエレクトロニクスでは，整流回路やインバータなど幅広く使用される重要な素子である。ここで紹介するサイリスタは，厳密には逆阻止3端子サイリスタと呼ばれる。

サイリスタの最大の特徴はオンかオフのどちらかの状態しかとらないことであり，専らスイッチとして使用される。すなわち，オン(導通)状態ではアノード(陽極)からカソード(陰極)へ電流を流し，オフ(阻止)状

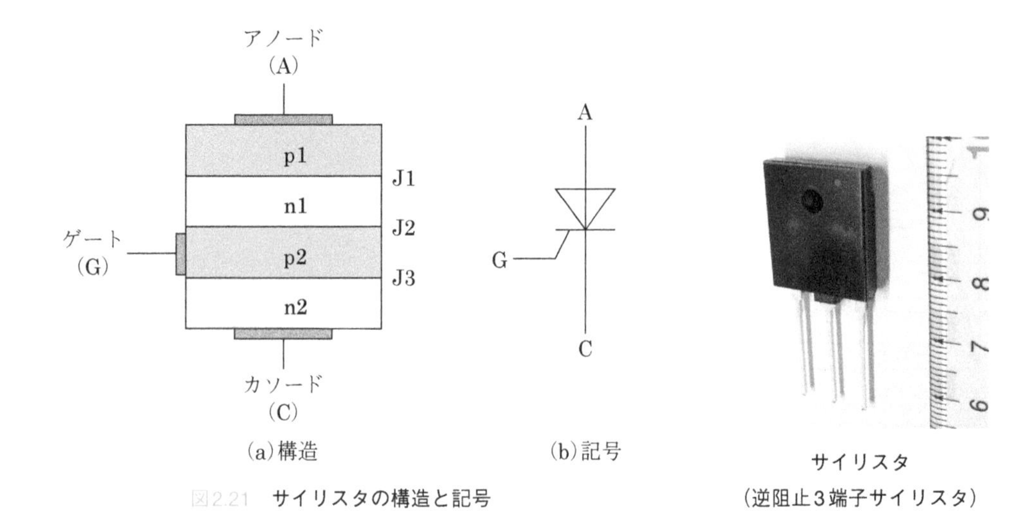

図2.21　サイリスタの構造と記号

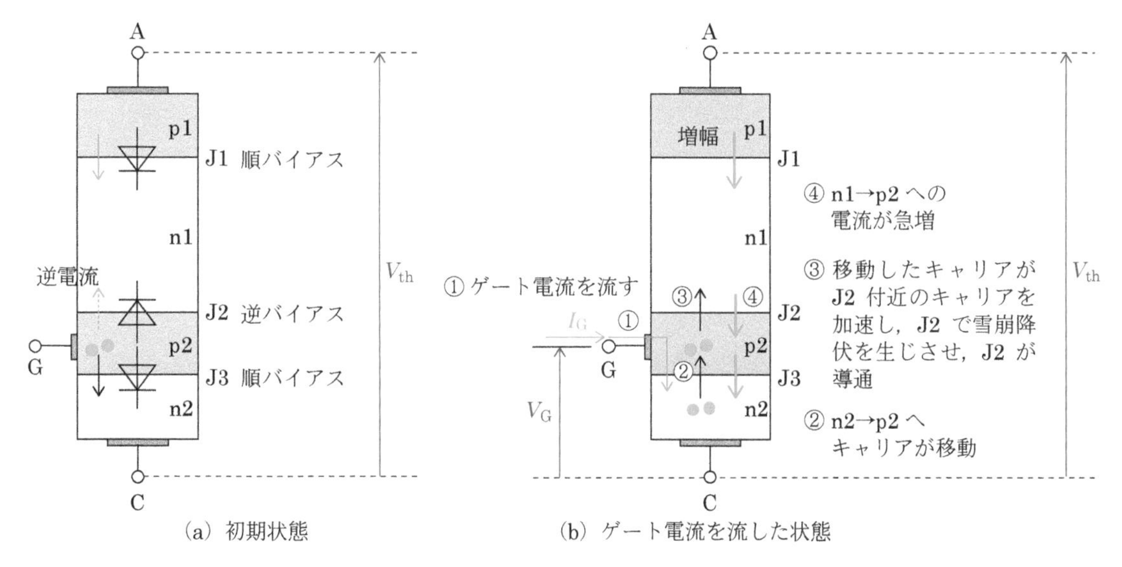

図 2.22　**サイリスタにおけるターンオンの原理**

態では電流を遮断する。オフ状態からオン状態になることを**ターンオン**(turn-on)または**点弧**(firing)と呼び，オフ状態になることを**ターンオフ**(turn-off)または**消弧**(extinction)と呼ぶ。

図 2.22(a)に示すように，アノード・カソード間に正電圧を印加すると，p1 と n1 および p2 と n2 の間では順バイアス，n1 と p2 の間では逆バイアスとなる。したがって，接合面 J1 と J3 ではキャリアが移動することができるが，接合面 J2 ではキャリアが移動できないため，サイリスタ全体として電流は流れない。しかし，J2 では 2.3.3 項で説明したわずかな逆電流が流れている。

ここで，図 2.22(b)に示すようにゲートへ電流（ゲート電流）を流すと，ゲート電流は p2 から n2 へ向かって流れる，すなわち，p2 と n2 にキャリアの流れができる。このキャリアによって，J2 における逆電流，つまりわずかなキャリアを加速し，雪崩降伏を生じさせる。その結果，n1 から p2 への電流が急激に増加し，接合面 J2 が導通する。以上により，すべての接合面が導通し，サイリスタはオン状態となる。いったんオン状態となれば，ゲート電流を止めても，J2 における雪崩降伏は継続するため，サイリスタのオン状態は維持される。

トランジスタモデルによるターンオン条件の導出

サイリスタは図 2.23 に示すように，pnp 形と npn 形の合計 2 個のトランジスタから構成される回路と考えることができる。

ゲート電流 I_G を流すと，これはトランジスタ Tr2（npn 形）のベース電流 I_{B2} であるから，トランジスタ Tr2 において $I_G(=I_{B2})$ を増幅したコレクタ電流 I_{C2} が流れる。この I_{C2} はトランジスタ Tr1（pnp 形）のベース電流 I_{B1} であるから，トランジスタ Tr1 ではエミッタ電流（サイリス

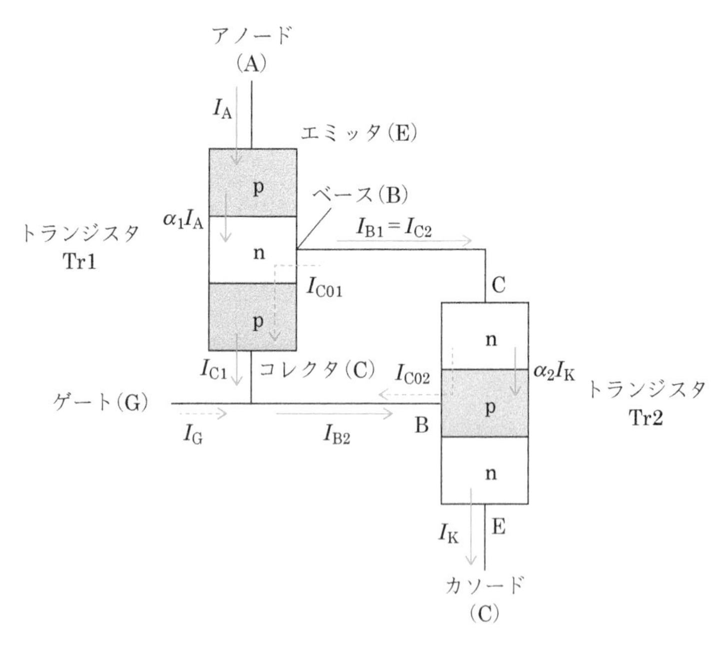

図2.23　**サイリスタのトランジスタ等価モデル**

タのアノード電流 I_A)が流れ，さらにコレクタ電流 I_{C1} が流れる。I_{C1} はトランジスタ **Tr2** のベース電流 I_{B2} となり，トランジスタ **Tr2** のコレクタ電流 $I_{C2}(=I_{B1})$ を増幅させる。前述のように，この時点でゲート電流 I_G は止めてしまっても問題はない。増幅された I_{B1} はトランジスタ **Tr1** のベース電流であるから，I_{C1} が増幅される。以上の作用によりサイリスタのオン状態が維持できる。

以上の説明を数式を用いて考察してみよう。トランジスタ **Tr1** について，電流伝達率を α_1*19 とすると，コレクタ電流 I_{C1} とエミッタ電流（サイリスタのアノード電流 I_A）の間には次の関係が成り立つ。

*19　トランジスタにおける電流伝達率およびコレクタ電流とエミッタ電流の関係は，式(2.2)より $I_C=\alpha I_E$ となる。

$$I_{C1}=\alpha_1 I_A+I_{C01} \tag{2.7}$$

ここで，I_{C01} はベースからの漏れ電流である。同様に，トランジスタ **Tr2** についても，電流伝達率を α_2 とすると，コレクタ電流 I_{C2} とエミッタ電流（サイリスタのカソード電流 I_K）の間には次の関係が成り立つ。

$$I_{C2}=\alpha_2 I_K+I_{C02} \tag{2.8}$$

ここで，I_{C02} はベースからの漏れ電流である。

サイリスタに入る電流はアノード電流 I_A とゲート電流 I_G のみであり，その合計は出力となるカソード電流 I_K と等しい。トランジスタ **Tr1** では，流入するアノード電流 I_A と流出する電流 I_{C1} と I_{C2} の合計が等しい。すなわち，

$$I_K=I_A+I_G \tag{2.9}$$

$$I_A = I_{C1} + I_{C2} \tag{2.10}$$

である。式(2.7)～(2.10)を整理すると次のようになる。

$$I_A = \alpha_1 I_A + I_{C01} + \alpha_2 I_A + I_{C02} + \alpha_2 I_G \tag{2.11}$$

この式よりアノード電流 I_A は次のようになる[20]。

$$I_A = \frac{I_{C01} + I_{C02} + \alpha_2 I_G}{1 - (\alpha_1 + \alpha_2)} \tag{2.12}$$

この式から，分母が小さくなるほど，I_A は大きくなることがわかる。それが導通状態(オン状態)である。つまり，

$$\alpha_1 + \alpha_2 \simeq 1 \tag{2.13}$$

がターンオンの条件となる。

＊20　トランジスタ等価モデルによるサイリスタのターンオン条件の導出では，ゲート電流を考慮しないものもあり，文献によって式(2.12)の分子が若干異なる。

ターンオンとターンオフの方法

サイリスタのターンオンとターンオフにはいくつかの方法がある。サイリスタは後述するように自己ターンオフ機能をもたない，つまり外部信号によってターンオフすることはできない。そのため，ゲートドライブ回路と呼ばれる外部回路によってターンオンとターンオフの条件を満たすようにする必要がある。

サイリスタをターンオンするための一般的な方法は，ゲートターンオンと呼ばれる方法である。すなわち，アノード・カソード間に順バイアスを印加したうえで，ゲートへゲートトリガ電流 I_{GT} 以上のゲート電流 I_G を流す。このときの電流はゲート信号としての役割をもつ。ターンオンされるとアノードからカソードへ電流が流れるようになる。その後はゲート電流 I_G を流さなくてもオン状態は維持されるが，アノードからカソードへの主電流を保持電流 I_H 以上に維持する必要がある。ターンオフさせるには，主電流を保持電流 I_H 以下にするか，アノード・カソード間に逆バイアスを印加する。

静特性

サイリスタの静特性を図 2.24 に示す。オン状態ではダイオードと同様の特性を示し，ダイオードの順方向電圧降下と同様に，アノード・カソード間で若干の電圧降下が生じる。オフ状態でアノード・カソード間に逆バイアスを印加した場合は，やはりダイオードと同様に逆方向に漏れ電流が流れる。

アノード・カソード間に大きな順バイアスを印加すると，ゲート電流を流さなくてもサイリスタはターンオンする。この現象を**ブレークオーバ**(breakover)と呼び，一部を除いて誤ったターンオンの原因となる。この現象が生じる電圧を**ブレークオーバ電圧**(breakover voltage)と呼ぶ。

一方，大きな逆バイアスを印加した場合は，ダイオードと同じく降伏(ブレークダウン)を起こして，急激に電流が流れる。この現象が生じる

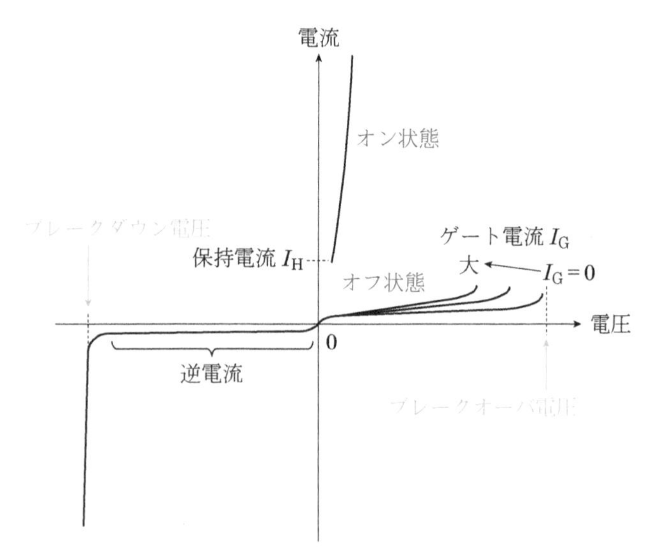

図 2.24　サイリスタの静特性

逆バイアス電圧を**降伏電圧**(ブレークダウン電圧)*21と呼ぶ。

ブレークオーバやブレークダウンはサイリスタの破壊につながるおそれがある*22ため，高い電圧を印加しないように注意が必要である。

*21　一般的に，ブレークオーバ電圧と降伏電圧はほぼ等しい。

*22　意図的にブレークオーバによるターンオンを用いるサイリスタもある。

動特性とスナバ回路

サイリスタがターンオンするときのアノード電流の時間的な上昇率の制限値を臨界オン電流上昇率(d*i*/d*t*, critical on-state current)と呼ぶ。ターンオンされた際，電流はゲート近傍に集中し，時間とともにオン領域が拡散していく。その速度は一般的には 0.1 mm/μs 程度である。わずかでも抵抗を有する物質に電流が流れると発熱するため，電流の上昇がオン領域の拡散よりも速いとゲート近傍に電流が集中し，局所的な発熱が生じる。場合によっては，サイリスタの熱破壊を引き起こすことがある。

そのため，サイリスタには臨界オン電流上昇率が定められおり，その制限値以下で使用される。臨界オン電流上昇率以下で，より高速にターンオンするために，ゲートトリガ電流を通常の数倍と大きく(high gate drive)することでオン領域の拡散速度を速める，アノードの手前に直列にリアクトル*23を挿入して電流の変化を吸収するという方法がある。

*23　リアクトル(reactor)：インダクタ(inductor)とも呼ばれる。流れる電流によってできる磁場にエネルギーを蓄えられる素子である。コイルで構成されることからコイルと呼ばれることもある。蓄えられるエネルギー量はインダクタンス(記号：*L*，単位：H=ヘンリー)によって決まる。

サイリスタがターンオフするときの動作波形の概要を図 2.25 に示す。アノード・カソード間電圧の時間的な上昇率を臨界オフ電圧上昇率(d*v*/d*t*, critical rate of rise of off-state voltage)と呼ぶ。d*v*/d*t* が大きすぎる(電圧上昇が急激)と，ブレークオーバ電圧が低下してしまい，意図しないターンオン(d*v*/d*t* ターンオン)が発生することがある。この現象を回避するためにサイリスタは臨界オン電圧上昇率以下で使用される。

加えて，**スナバ回路**(snubber circuit)も一般的に使用される。スナバ回路は，図 2.26 に示すようにサイリスタと平行に抵抗とコンデンサを

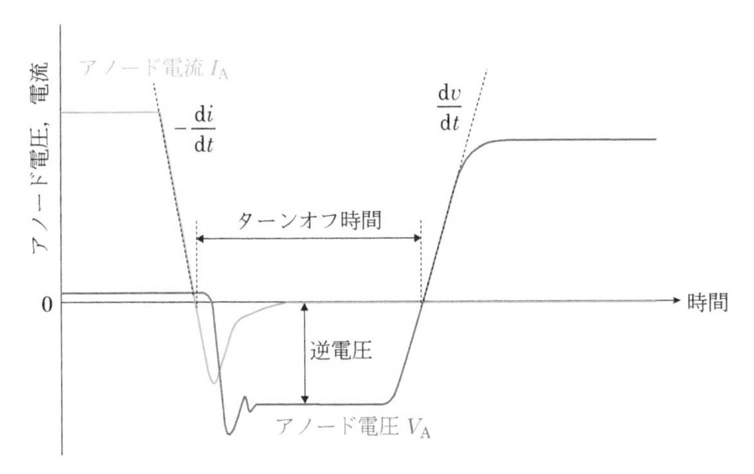

図2.25　サイリスタのターンオフ時の動作波形

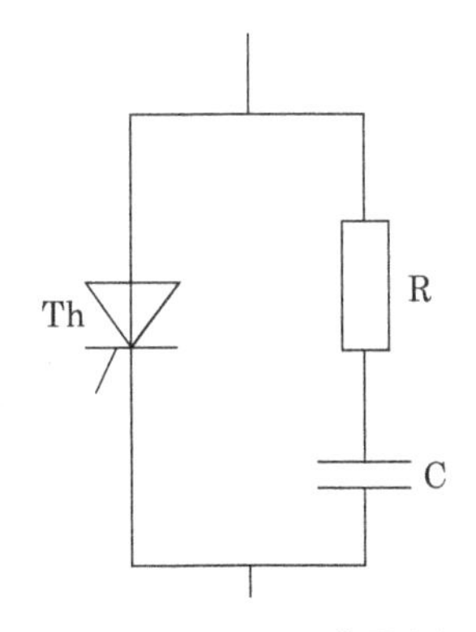

図2.26　サイリスタに使用されるスナバ回路

挿入し，急激な電圧の上昇を吸収させることで，サイリスタにかかる電圧の上昇率を低下できる。抵抗とコンデンサの容量はアノード・カソード間電圧と電流をもとに選定されるが，一例としては，数十～100 Ω，0.1～0.5 μF である。

2.5.2　GTO

概要

ゲート信号でターンオフ可能なサイリスタが GTO サイリスタ（gate turn-off thyrister）*24 である。サイリスタはゲート信号でターンオンできるものの，信号によるターンオフができないという課題があった。GTO では，この点が改良されており，自己ターンオフ機能を有する。

＊24　GTOサイリスタは単にGTOと呼ばれることが多いことから，本書では単にGTOと表記する。

GTO は，大きな負のゲート電流をカソードへ流すために，ゲートとカソードを分割し，図 2.27 に示すように小さな単位ユニットを多数並列接続した構造となっている。この図は断面図であるが，実際にはカソード電極の周囲をゲート電極で囲んだ構造となる。

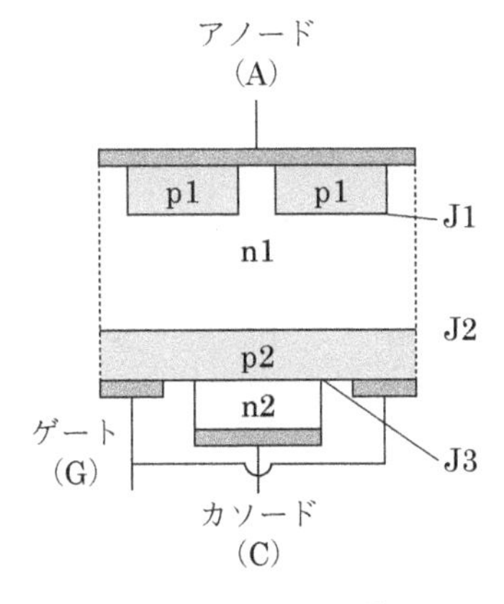

図2.27　単位GTOの構造

動作

GTOは，小さなサイリスタを単位ユニットとして多数並列接続するという構造上，ターンオン時に要するゲート電流はサイリスタの数倍となる。ゲート電流が小さいと，ターンオンに要する時間が長くなり，局所的な電流集中が継続してしまう。

ターンオフさせる際には，図 2.28 に示すように急峻な負のゲート電流（逆電流）*25 を流すことで，過剰キャリア（電子と正孔）を素早く掃き出させる。導通状態ではアノードからカソードへ電流が流れているわけであるから，アノードとカソードから，それぞれ正孔と電子が供給されつづけ，図 2.23 に示した等価モデルにおける 2 個のトランジスタのベースには両者が満たされている。負のゲート電流によりベース領域 p2 の正孔がゲート電極から排除され，カソードからの電子の供給も減少する。両方のキャリアが減少することによりトランジスタがターンオフし，結果として GTO もターンオフする。

*25　負のゲート電流ということは，GTOからゲートへ向かって電流が流れるということである。

サイリスタの動作波形を図 2.29 に示す。ゲート電流の勾配は数十 A/μs である。負のゲート電流を流してから，実際にアノード電流（オン状態で GTO に流れている電流 I_A）が減少し始めるまでに要する時間を**蓄積時間** T_s と呼ぶ。ターンオフ時間 T_{off} は数十マイクロ秒である。アノード電流と，ターンオフに必要な負のゲート電流 I_{GM} との割合 I_A/I_{GM} を**ターンオフゲイン**（ターンオフ利得）と呼ぶ。ターンオフゲインの大きさは製品によってさまざまであるが，例えば 3～5 程度であれば，図 2.28 においてアノード電流のうち 1/3～1/5 がゲートへ流れることになる。ゲート電流を大きくするとターンオフ時間は短くなるが，ターンオフゲインも小さくなる。

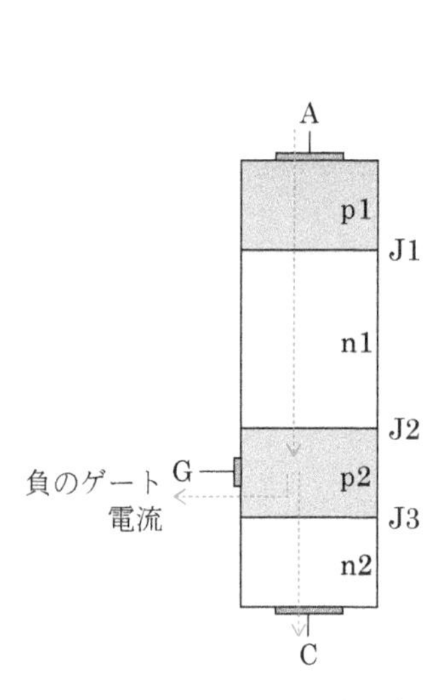

図 2.28　GTOのターンオフ時の動作

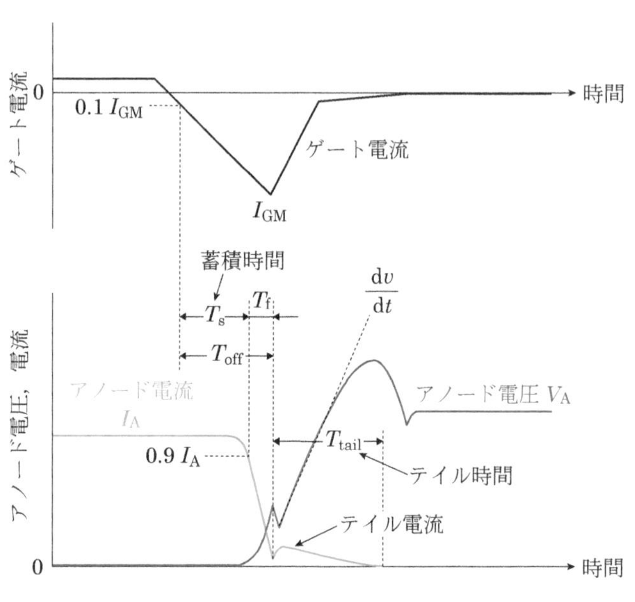

図 2.29　GTOのターンオフ時の動作波形

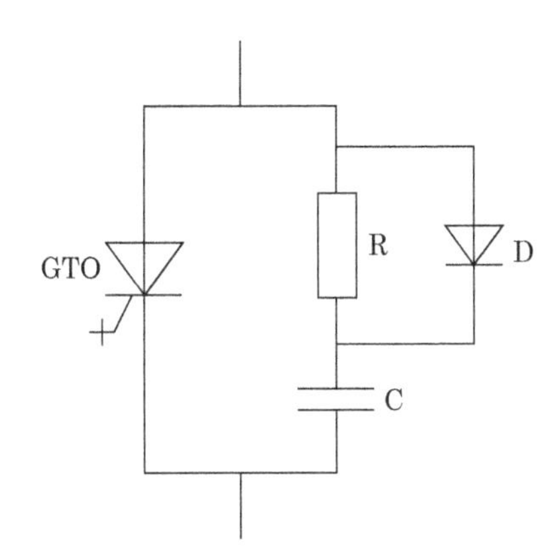

図2.30　GTOに使用されるスナバ回路

スナバ回路

GTOをターンオフさせるときに，急激なアノード・カソード間電圧の上昇を吸収し，GTOを保護するために，サイリスタと同様にスナバ回路が使用される。GTOに使用されるスナバ回路を図2.30に示す。抵抗とコンデンサに加えてダイオードも用いる。GTOと並列に抵抗とコンデンサを挿入し，急激な電圧の上昇を吸収させることで，オフ電圧上昇率(dv/dt)を低下させることができる。GTOがターンオフする際，図2.29に示したように，アノード電流が減少していくとともに，アノード・カソード間電圧が上昇していくが，途中で一旦スパイク状の電圧上昇が生じる。この電圧上昇が大きいとGTOの破壊につながるおそれがあるため注意が必要である。この電圧上昇の大きさはスナバ回路の影響を受ける。

2.5.3　GCT

GTOを改良し，より高速でターンオフできる素子がゲート転流形サイリスタ(gate communicated turn-off thyrister, GCT)である。ターンオフ時間が数マイクロ秒と，GTOの1/10であり，高速(高周波)動作が可能である。

GCTの基本構造はGTOと同様であるが，ゲート電極をリード線ではなくリング状とすることで，インダクタンスを大幅に低減している。

ターンオフ動作はGTOと異なる。ターンオフ時に流す負のゲート電流の勾配は数千A/μs(GTOは数十A/μs)である。これにより，図2.31に示すようにアノードからカソードへ流れている電流をゲートへ流し(転流)，素早くターンオフさせることができる。したがって，ターンオフゲインは1となる。

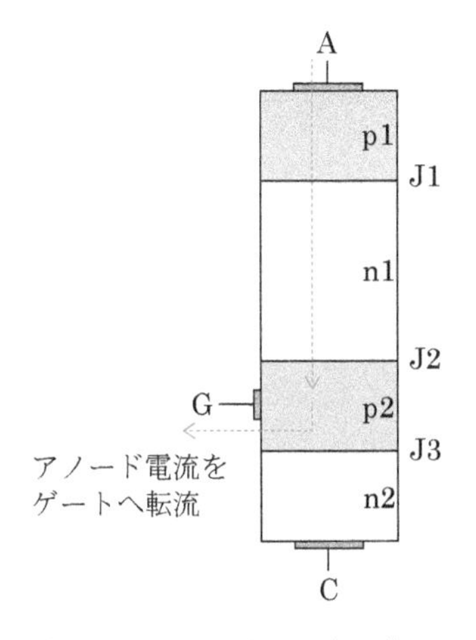

図2.31　GCTのターンオフ時の動作

GCTは高速でターンオフできるために局部的な電流集中が緩和され，オフ電圧上昇率(dv/dt)の上昇を防止するためのスナバ回路は不要となる。

2.6　IGBT

絶縁ゲートバイポーラトランジスタ(insulated gate bipolar transistor, IGBT)は，MOSFETとトランジスタを組み合わせ，両方の長所を引き出そうとした素子である。入力部にMOSFET，出力部にバイポーラトランジスタを用い，入力信号によってスイッチングが可能である。IGBTの構造と記号を図2.32に示す。IGBTはMOSFETと同様に電圧駆動形の素子であり，pチャネル形とnチャネル形の2種類がある。ここではnチャネル形について解説する。

IGBTの等価回路は，図2.33に示すように，n形MOSFET(p形半導体で構成)およびpnp形とnpn形のトランジスタから構成される*26。2個のトランジスタはサイリスタの等価回路と同じであり，**寄生サイリスタ**(parasitic thyristor)と呼ばれる。

IGBTは図2.33に示した等価回路のとおり，MOSFETと2個のトランジスタを含んでおり，さらにトランジスタはサイリスタを構成している。そのため，IGBTの動作を理解するためには，すでに説明したそれらの素子の動作原理を組み合わせて考える必要がある*27。

IGBT全体の動作については，図2.33を逆さまにした図のほうが直感的に理解しやすいため，図2.34を用いて説明する。

MOSFETにゲート電圧V_G($>V_{GS(th)}$)を印加すると，MOSFETが導通し，ドレイン電流I_Dが流れ，さらにpnp形トランジスタTr1のベース・エミッタを通じて，IGBTのコレクタ電流I_Cが流れてIGBTがターンオンする。npn形トランジスタTr2は導通していないとすると，ドレイン電流I_DはTr1のベース電流I_{B1}とほぼ等しい。ここでTr1の電流伝達率α_1は非常に小さいため，Tr1のエミッタからの電流(＝IGBTのコレクタ電流I_C)のうちコレクタへ流れる電流I_{C1}は少なく，大部分

*26　図2.32(a)に示した構造を見ると，素子は上からnpnpとなっている。上から1番目から3番目までの3つがnpn形となり，2番目から4番目までの3つがpnp形となる。

*27　バイポーラトランジスタの動作について簡単に復習しておきたい。バイポーラトランジスタは，ベース電流I_Bによってコレクタ電流I_Cを制御し，$I_E=I_B+I_C$であり，通常I_BはI_Cと比べてきわめて小さい(電流伝達率$\alpha\simeq 1$)。pnp形では，電流はエミッタとベースからコレクタに向かって流れ，npn形ではコレクタとベースからエミッタへ流れる。

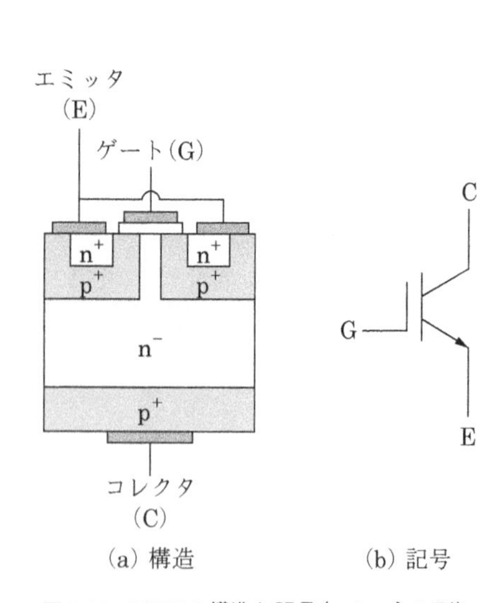

図2.32　IGBTの構造と記号(nチャネル形)

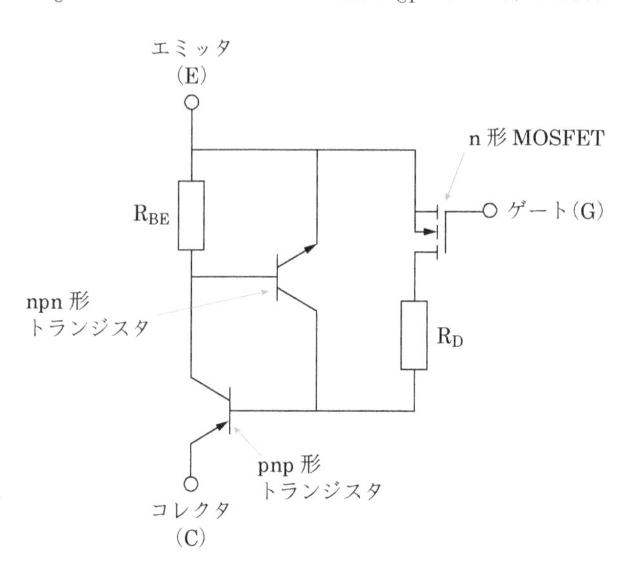

図2.33　IGBTの等価回路

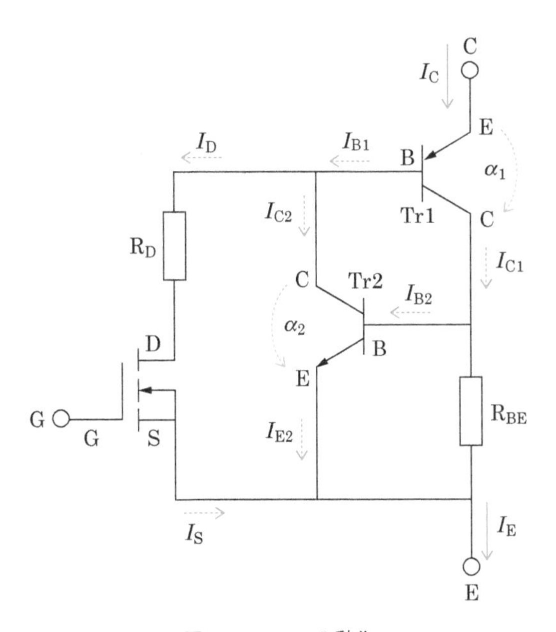

図2.34　IGBTの動作

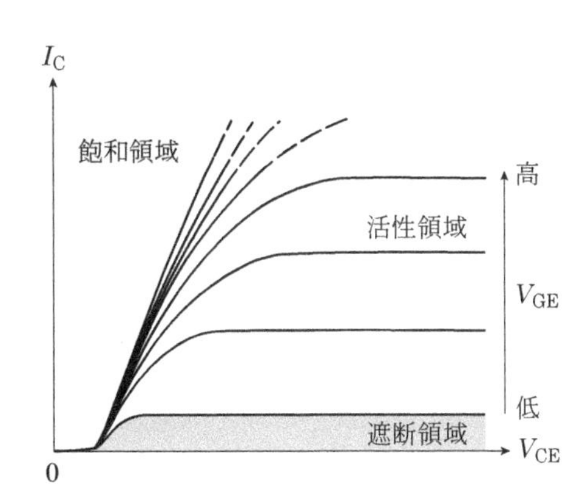

図2.35　IGBTの静特性（I_C-V_{CE}特性）

はベース電流 I_B となる。

Tr1 のコレクタ電流 I_{C1} は，抵抗 R_{BE} を通じて IGBT のエミッタへ流れるようにし，Tr2 が動作するのを避けるために Tr2 へは流れないようにする。I_{C1} が Tr2 へ流れてしまうと，I_{C1} は Tr2 のベース電流となり，Tr2 が動作してしまう。Tr2 が動作すると，Tr1 のベース電流 I_{B1} が Tr2 を経由して流れることとなり，ゲート電圧 V_G を 0 にして MOSFET の動作を止めても，IGBT 全体としては，Tr1 から Tr2 を通じて電流が流れ，ターンオフしなくなる。そうなると，サイリスタはターンオフできず制御不能となる。これを**ラッチアップ**（latch-up）と呼ぶ。

IGBT をターンオフするには，ゲート・エミッタ間を短絡（$V_{GE}=0$）させるか，逆バイアス（$V_{GE}<0$）にする。その際，MOSFET 部分はすぐにオフされるが，Tr1 のベース（n 形半導体）の蓄積キャリアの排除に時間を要し，その間，電流が流れつづける。ターンオフ時間は数百ナノ秒程度と，MOSFET とトランジスタの中間となる。

IGBT の静特性を図 2.35 に示す。ゲート・エミッタ間電圧 V_{GE} は 15 V 程度で使用されるのが一般的である。低電流領域でも V_{GE} は 0.7～0.8 V であり，これは pn 接合素子の順方向電圧降下に相当する。IGBT は，この電圧降下があるため，MOSFET と比較して高圧（600 V 以上）で優位となる。

◆ コラム2.1　シリコンを凌駕する次世代半導体材料

パワー半導体素子の材料としては，シリコン(Si, silicon)が一般的であるが，より性能の良い半導体素子を実現するために，炭化ケイ素(SiC, silicon carbide)や窒化ガリウム(GaN, gallium nitride)が使用されるようになってきている。これらの材料は，表に示すように，シリコンと比較して大きなバンドギャップや絶縁破壊電界強度，熱伝導度を有する。そのため，高耐圧，低オン抵抗，高速スイッチング(高周波動作)といったパワー半導体素子に求められる性能がシリコンより優れている。

SiC製パワー半導体素子の鉄道分野への応用については，第10章155頁のコラム10.1で詳しく紹介している。

表　パワー半導体素子として期待される次世代材料

物性値	Si	SiC	GaN
バンドギャップ(eV)	1.1	3.0	3.4
破壊電界強度($\mathrm{MV\ cm^{-1}}$)	0.3	3.5	2.6
電子移動度($\mathrm{cm^2\ V^{-1}\ s^{-1}}$)	1.5×10^3	1.0×10^3	9.0×10^2
飽和ドリフト速度($\mathrm{m\ s^{-1}}$)	1×10^5	2.7×10^5	2.7×10^5
誘電率	11.9	10.0	10.4
熱伝導度($\mathrm{W\ cm^{-2}\ K^{-1}}$)	1.5	4.9	1.3

❖ 章末問題

2.1 本章で紹介したダイオード，トランジスタ，MOSFET，サイリスタ，GTO，GCT，IGBTについて，スイッチング素子として用いる場合におけるそれぞれの機能や特性を整理してみよう。

2.2 インターネットなどを利用して実際の製品の技術資料を参照し，各素子の電流増幅率やターンオフ時間といった特性を調べてみよう。また，現在市販されている素子の最大定格容量(電流や電圧)はどのくらいだろうか。

2.3 図のようにトランジスタを連続的に2つ接続(ダーリントン接続，Darlington configuration)すると，電流増幅率を大きくすることができる。この回路の電流増幅率を求めてみよう。

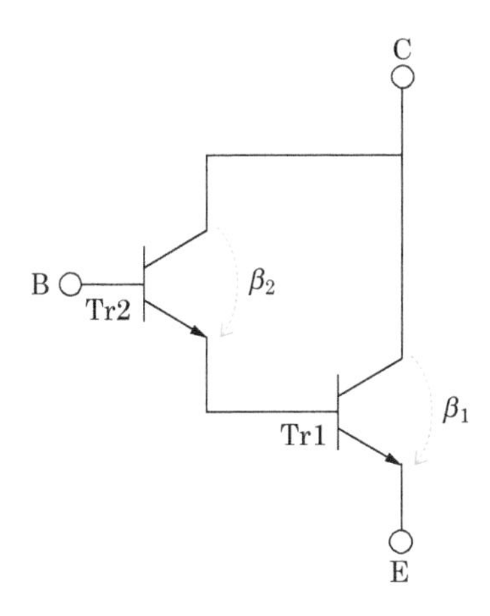

第3章　整流回路

発電所で発生した電力は，送配電系統を通じて，需要家へ交流で届けられる。交流は，電圧を容易に変えられることから，電力系統のさまざまな場所で，取り扱う電力の大きさに応じて適切な電圧を選ぶことができる。その結果，送電の際の電力損失を抑え，主に電流の大きさによって決まる電気設備の容量(費用)を低減できるという利点がある。また，インバータが普及する以前は，広く普及している誘導モータの駆動に必要な回転磁界を作り出せるといった利点もあった。

しかし，現代では，家電製品やパソコンなどの電子機器は直流で駆動されることが一般的となり，交流で届けられた電力を，受け取った機器側で交流から直流へ変換する必要がある。そうした交流から直流への変換のために用いられるのが整流回路である。

身近な機器以外にも，直流連系や高圧直流送電といった電力系統，鉄道，各種工業製品において，直流は幅広く利用されている。近年，直流の利用範囲や直流を使用する機器は増加しつづけており，整流回路の重要性は増している。

本章では整流回路の原理について解説する。交流を直流に変換する整流回路は，電流を一方向のみに流す半導体素子であるダイオードやサイリスタを用いて実現される。さらに取り出した直流の電圧変動をできるだけ抑えて安定なものにするために，電力を貯める機能をもつリアクトルやコンデンサ*1が付け加えられる。整流回路の原理は単純であるから，電圧や電流の大きさなどに基づいて，適切な素子を用いて回路を正しく設計すれば，大雑把なものは比較的容易に組み立てることができる。

なお，整流回路は実際の製品において，多くの場合，第6章6.1節で解説する直流電源として利用される。

*1　コンデンサ(condenser)：キャパシタ(capacitor)とも呼ばれる。素子両端に電位差を与えることで電荷を蓄えられる素子である。多くの場合，2枚の導体板から構成される。電荷を蓄えることで静電エネルギーを蓄えられる。蓄えられるエネルギー量は静電容量(キャパシタンス，記号:C，単位F=ファラド)によって決まる。

3.1　三相交流

交流には単相交流と三相交流とがある。三相交流は，図3.1に実線で示したように位相を120°(2π/3)ずつずらした単相交流を重ねたものである。詳細は省略するが，単相交流と比較して同じ太さの電線でより多くの電力を送ることができる(電線の太さを減らせる)，交流モータの中でもっとも広く使用されている誘導モータの回転に必要な回転磁界を作りやすい(モーターを回転させるのに有利)といった利点がある。これら

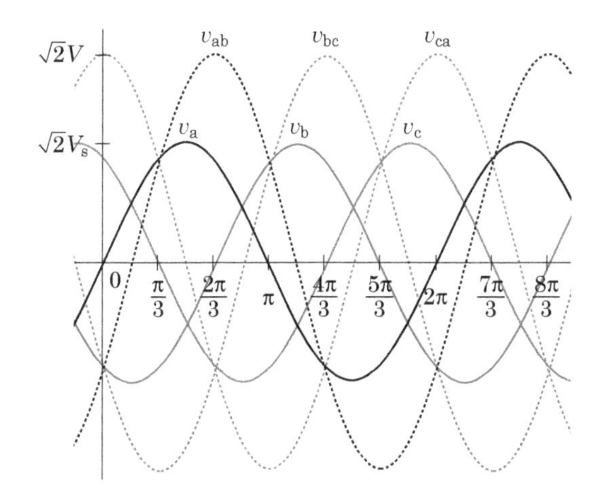

図3.1　三相交流の波形(相電圧と線間電圧)

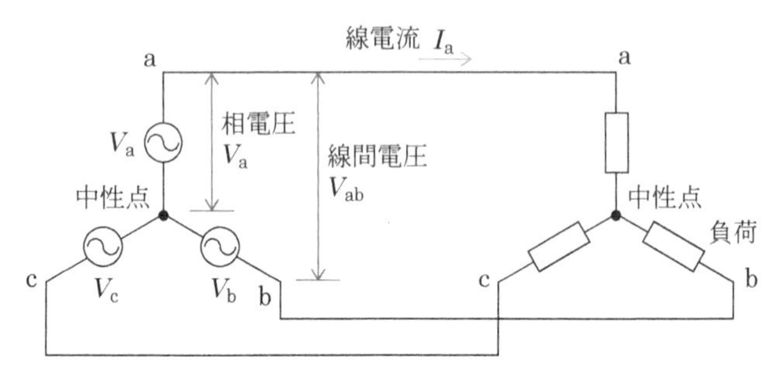

図3.2　三相交流の結線(Y結線)

の利点から広く普及しており，送配電系統では主に三相交流が使用されている。単相交流は，配電系統において柱上変圧器から需要家までの区間でのみ使用されると言っても過言ではない。ビルなどでもエレベーターやポンプ(動力負荷と呼ばれる)には三相交流が用いられ，照明やコンセント(電灯負荷と呼ばれる)にのみ単相交流が用いられる。

三相交流は単相交流電源と負荷とを3つずつ組み合わせたものと理解でき，図3.2のように示される。3つの電源および負荷の接続方式としては，中性点をもつY(スター)結線または中性点をもたないΔ(デルタ)結線のいずれかであることが多い。図3.2はY結線の例を示している。

位相のずれた各単相交流を「相」と呼ぶ。a相の電圧はa点と中性点の電位差となり，これを相電圧と呼ぶ。相電圧の実効値を $V_s(=V_a=V_b=V_c)$ とすると，各相の電圧には次の関係がある。

$$v_a=\sqrt{2}V_s\sin\omega t \tag{3.1}$$

$$v_b=\sqrt{2}V_s\sin\left(\omega t-\frac{2\pi}{3}\right) \tag{3.2}$$

$$v_c=\sqrt{2}V_s\sin\left(\omega t-\frac{4\pi}{3}\right) \tag{3.3}$$

点aと点bの電位差を線間電圧と呼び，図3.1の2つの正弦波の差で示され，$v_{ab}=v_a-v_b$, $v_{bc}=v_b-v_c$, $v_{ca}=v_c-v_a$となる。ここで，

$$
\begin{aligned}
v_{ab} &= v_a - v_b \\
&= \sqrt{2}V_s \sin\omega t - \sqrt{2}V_s \sin\left(\omega t - \frac{2\pi}{3}\right) \\
&= \sqrt{2}V_s\left(\frac{3}{2}\sin\omega t + \frac{\sqrt{3}}{2}\cos\omega t\right) \\
&= \sqrt{6}V_s \sin\left(\omega t + \frac{\pi}{6}\right)
\end{aligned} \tag{3.4}
$$

となるから，線間電圧は図3.1の破線で示したようになる。線間電圧の実効値を$V(=V_{ab}=V_{bc}=V_{ca})$とすると，相電圧V_sとの間には，$V=\sqrt{3}V_s$の関係がある。すなわち，線間電圧は相電圧の$\sqrt{3}$倍となる。

3.2　単相半波整流回路

3.2.1　単相半波ダイオード整流回路

整流回路のうち，もっとも基本的な単相半波ダイオード整流回路の構成と動作波形を図3.3に示す。図3.3(a)に示すように，基本的な整流回路は交流電源，ダイオード，抵抗負荷のみで構成できる。図左側の交流電源からの出力(正弦波)のうち，順方向のみをダイオードを用いて取り出し，右側の負荷へ供給する*2。

図3.3(b)を用いて動作波形について説明する。交流では，電圧のプラス(+)とマイナス(−)が入れ替わる。ダイオードは，順方向のみに電流を流す性質*3を利用して，プラス(+)電圧のみを取り出す素子である。交流電源からの電圧がプラス(+)のときは，ダイオードは電流を流す(導通)ため，負荷には交流電源の電圧がほぼそのままかかる*4。一方，交流電源からの電圧がマイナス(−)のときは，ダイオードは電流を流さないため，負荷にかかる電圧は0となる。

単相半波整流回路における電圧の出力を図3.4に示す。入力電圧V_s

*2　直流とは，電圧の正負が反転しない電気の流れのことであり，電圧が変動していても周期的に正負が反転することがなければ直流と考えてよい。一方，交流は周期的に電圧の正負が反転する電気の流れで，正弦波のほか，方形波などもありうる。

*3　ダイオードに逆バイアスをかける場合，逆バイアスの電圧が大きいと，逆方向にも電気を通す(第2章2.3節参照)。

*4　厳密にいえば，ダイオードにはオン抵抗が存在するため，負荷電圧は交流電源の電圧よりもわずかに低下する。

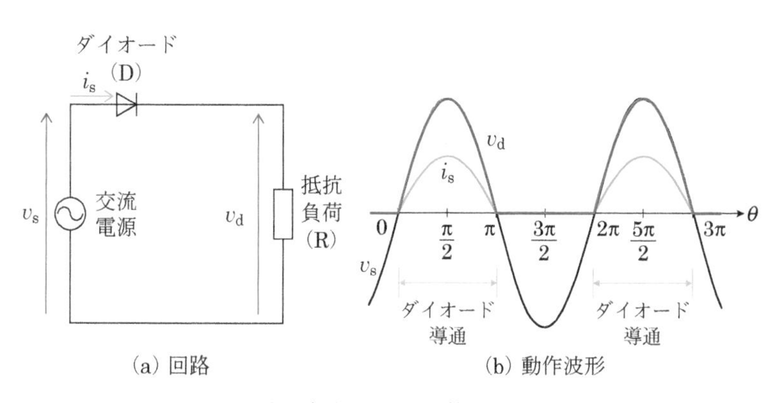

図3.3　単相半波ダイオード整流回路と動作

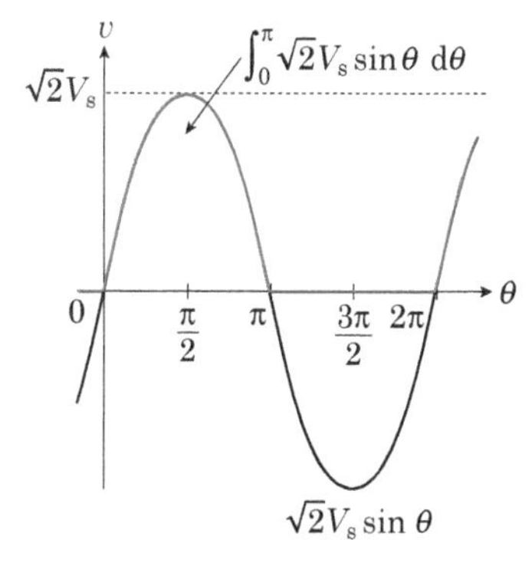

図3.4　単相半波整流回路の出力電圧

＊5　ここで，V_sを公称電圧，v_sをピーク電圧と呼ぶ。商用電力(電力会社から供給される電力)では，電圧波形は正弦波を描いており，V_sと瞬時値v_sの間には$v_s=\sqrt{2}V_s\sin\theta$の関係がある。周波数は東日本では50 Hz，西日本では60 Hzである。

の交流のとき，入力電圧の時間的な変化 v_s は $v_s=\sqrt{2}V_s\sin\theta$ となる[*5]。θ は位相である。図 3.3(a)の回路では正弦波のプラス(+)側のみを取り出すので，ダイオードの電圧降下を無視すれば，出力電圧は，θ が 0 から π の区間では $\sqrt{2}V_s\sin\theta$，π から 2π の区間では 0 となる。したがって，0 から π の区間における $\sqrt{2}V_s\sin\theta$ の積分(青色部分)を 1 周期(2π)で割ったものが出力電圧平均値(負荷電圧の平均値)となる。出力電圧平均値 V_d は，次式からわかるように入力電圧 V_s の約 0.45 倍となる。

$$V_d=\frac{1}{2\pi}\int_0^{\pi}\sqrt{2}V_s\sin\theta\,d\theta=\frac{\sqrt{2}}{\pi}V_s\approx0.45V_s \tag{3.5}$$

3.2.2　平滑リアクトルを付加した単相半波ダイオード整流回路

図 3.3(a)の回路にリアクトルを追加すると，負荷電圧を滑らかにできる。こうした目的に使われるリアクトルのことを平滑リアクトルと呼ぶ。図 3.5 にリアクトル付き単相半波整流回路の構成と動作波形および各部の電圧の変化を示す。図 3.6 には，図 3.5 の①～⑦における点 d(を基準とした各部の電圧の変化を素子の傾きで模式的に示した。なお，厳密にはダイオードにはオン抵抗が存在するため，アノード側(点 a)の電位がカソード側(点 b)より若干高くなるが，ここでは無視している。

交流電源の電圧 v_s が正になって増加し始めると(図 3.5(b)①)，リアクトルにエネルギーが蓄積され始め，リアクトル電圧 v_L が増加し始める。図 3.5(b)②では，リアクトル電圧 v_L が負荷電圧 v_R よりも高くなっており，図 3.6 ②において，リアクトルの傾きが負荷の傾きよりも大きいことで表現されている。負荷電圧 v_R もやや緩やかに増加していく。

リアクトルへのエネルギー蓄積が進むと，リアクトル電圧 v_L は下がり始め，一方，負荷電圧は増加しつづける。図 3.5(b)③では，負荷電圧 v_R がリアクトル電圧 v_L よりも高くなっている。リアクトルへのエネルギー蓄積が完了すると，リアクトル電圧 v_L はゼロとなる(④)。図 3.6 ④ではリアクトルの傾きがなくなって，負荷の傾きは最大となっている。このとき，交流電源の電圧 v_s と負荷電圧 v_R は等しい($v_s=v_L+v_R$ であり，$v_L=0$ より $v_s=v_R$)。

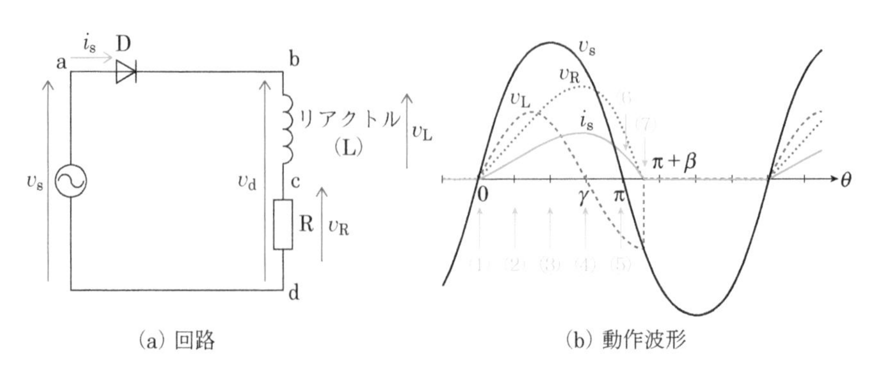

(a) 回路　　(b) 動作波形

図3.5　単相半波ダイオード整流回路(平滑リアクトル付き)と動作

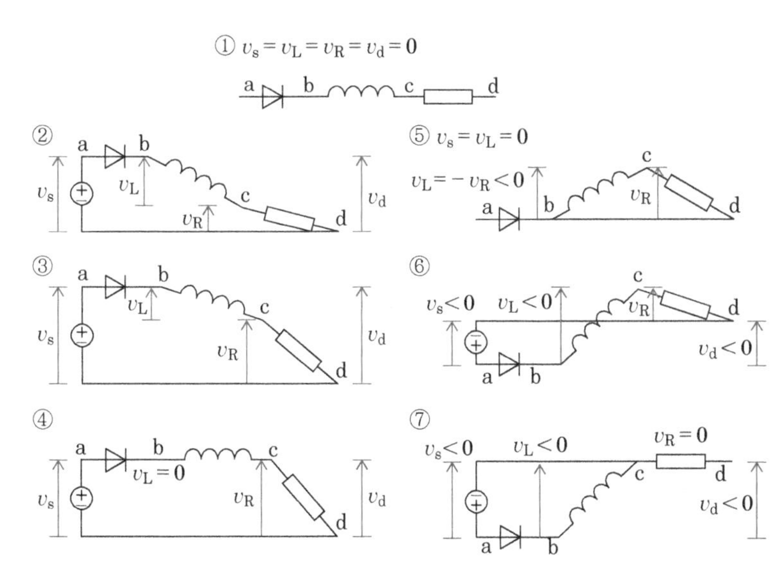

図3.6　単相半波ダイオード整流回路（平滑リアクトル付き）における各部の電圧変化の概念
（この図は理解を助けるためのものであって，必ずしも正確ではない。）

この後は，リアクトルの電圧は負となって放電が始まり，交流電源の電圧 v_s が 0（ゼロ）となっても電流は流れつづける（⑤）。さらにリアクトルの電圧は負の方向で大きくなりつづけ，放電量も大きくなる（⑥）。これはリアクトルの放電が完了し，負荷電圧 v_R が 0（ゼロ）となるまでつづく（⑦）。回路の電流 i_s は①～⑦の全区間にわたって流れつづける。

なお，図3.5(b)⑤～⑦の区間においては，交流電源電圧 v_s が負となるため，リアクトルに充電されたエネルギーの一部が交流電源に帰還されてしまい，負荷で使用されない。その結果，出力電圧平均値が低下してしまうという課題がある。

この回路の出力電圧平均値（負荷電圧 v_R の平均値 V_R）は，v_R の区間 $\theta=0$ から $\theta=\pi+\beta$ までの積分を1周期（2π）で割った値となる。ここで，$v_s=v_L+v_R$ より，

$$V_R=\frac{1}{2\pi}\int_0^{\pi+\beta}v_R\mathrm{d}\theta=\frac{1}{2\pi}\int_0^{\pi+\beta}(v_s-v_L)\mathrm{d}\theta \tag{3.6}$$

となる。リアクトルに着目すると，①～④でリアクトルに充電されるエネルギーと④～⑦で放電されるエネルギーは等しくなる。④の時点を $\theta=\gamma$ とすると，

$$\int_0^{\gamma}v_L\mathrm{d}\theta=\int_{\gamma}^{\pi+\beta}(-v_L)\mathrm{d}\theta \tag{3.7}$$

が成り立つ。そこで，

$$\int_0^{\pi+\beta}v_L\mathrm{d}\theta=0 \tag{3.8}$$

を式(3.6)へ代入すると，

$$V_R = \frac{1}{2\pi}\int_0^{\pi+\beta} v_s \mathrm{d}\theta = \frac{1}{2\pi}\int_0^{\pi+\beta}\sqrt{2}V_s\sin\theta\,\mathrm{d}\theta = \frac{1}{\sqrt{2}\pi}V_s(1+\cos\beta) \quad (3.9)$$

となる。

この式より，出力電圧平均値 V_R は β に依存することがわかる。ここで，β はコイルに充電されたエネルギーの放電が完了するタイミングであるから，β の大きさはリアクトルの容量によって決まる。リアクトルの容量が大きいほど，平滑化効果が大きくなる反面，出力電圧平均値 V_R は低下してしまう*6。

*6　ここでは，出力される直流を平滑化するためにリアクトルを挿入すると述べたが，多くの場合，出力側に接続される負荷にも誘導（インダクタンス）成分が含まれている。図3.3(a)では，負荷Rは抵抗分のみを示しているが，実際には，静電容量やリアクタンスも含まれていることが多い。したがって平滑リアクトルが挿入されていなくても，負荷に含まれるリアクタンス成分により出力平均電圧が低下することがある。なお，本章では出力される直流を平滑化する目的で使用されるリアクトルおよびコンデンサを「平滑リアクトル」および「平滑コンデンサ」としたが，インバータの分野では一般に「直流リアクトル」および「直流コンデンサ」が使用される。

3.2.3　環流ダイオードを付加した単相半波ダイオード整流回路

平滑リアクトルを付加した単相半波ダイオード整流回路における出力電圧低下という問題を解決するために，図3.5(a)の回路に対して，環流ダイオードを追加した回路が図3.7(a)である。リアクトルからの放

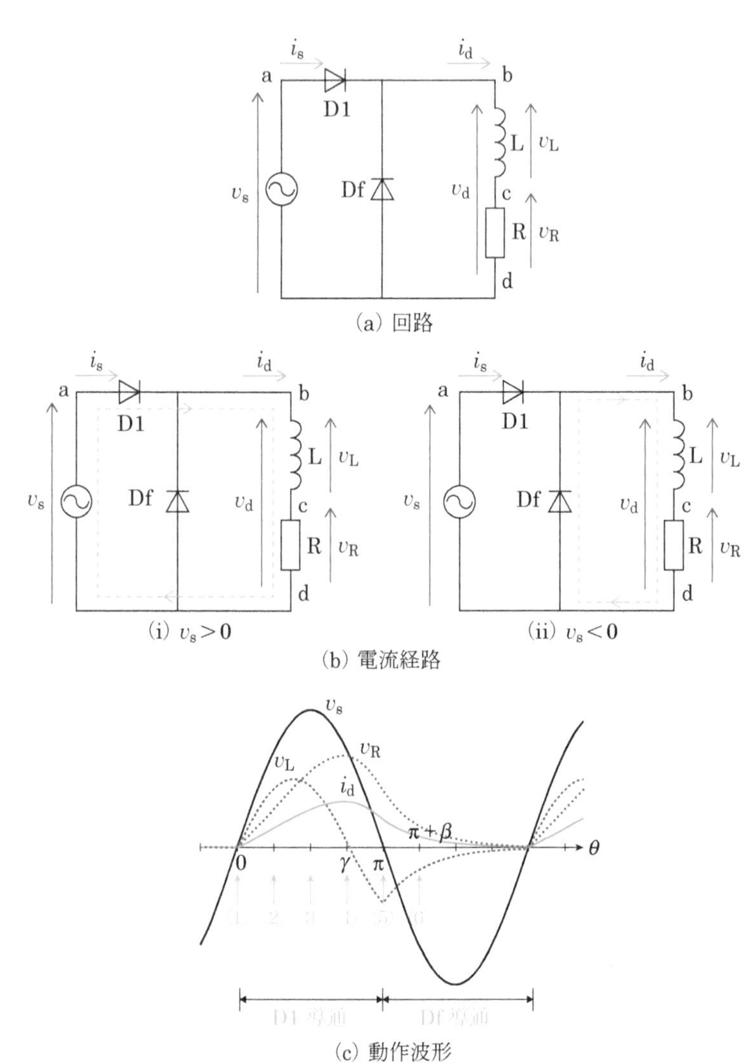

図3.7　単相半波ダイオード整流回路（環流ダイオード付き）と動作

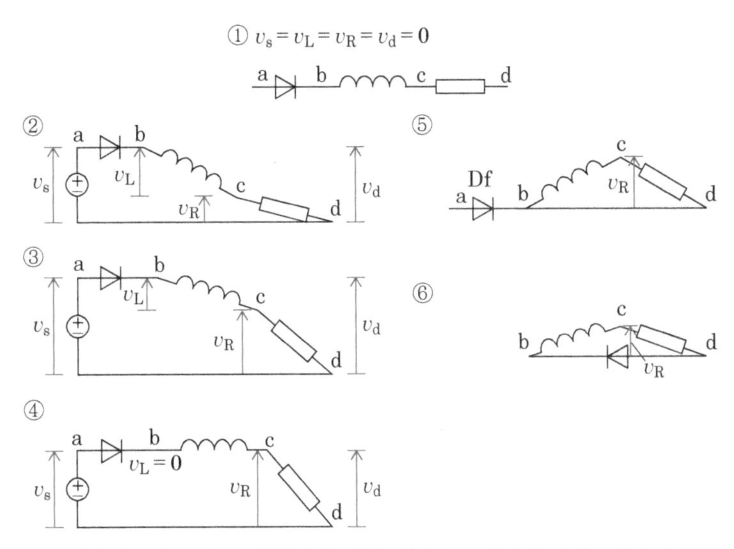

図3.8　単相半波ダイオード整流回路(環流ダイオード付き)のリアクトル放電時における各部の電圧変化の概念
(この図は理解を助けるためのものであって，必ずしも正確ではない。)

電エネルギーを環流ダイオードに流すことによって，出力電圧低下を解消し，効率的に使用できる。

交流電源の電圧 v_s が正のときは，環流ダイオードのカソード側の電圧がアノード側より高く($v_d > 0$)，逆バイアスの状態であるため導通しない。このときの回路は図3.5(a)の回路と同じとなり，電流経路は図3.7(b)(i)のようになる。各部の電圧の関係も図3.6①～④と同じとなる。交流電源の電圧 v_s が負になると，環流ダイオードは順バイアス($v_d < 0$)[*7]となり導通する。この状態では，コイルの放電による電流は，コイル，負荷および環流ダイオードからなる回路で環流する(図3.7(b)(ii))。そのため，こうしたダイオードは環流ダイオードと呼ばれる。コイル，負荷および環流ダイオードからなる回路はRL直列回路となっており，各素子の電圧の関係は図3.7(c)のようになる。ここで，電流を示す緑色の線は負荷に流れる電流 i_d(i_s ではない)であることに注意されたい。図3.8には，図3.7(a)の点dを基準とした各部の電圧の変化を素子の傾きで模式的に示した。

＊7　v_d はDfの両端の電位差と等しいので，実際にはDfのオン電圧低下であり，非常に小さい。

環流ダイオードがない図3.5(a)の回路では，コイルの放電によるエネルギーの一部は交流電源に帰還されていたが，この回路では，環流ダイオードを通じて負荷に流れ有効に消費される。その結果，v_d が負となることはなくなる。

出力電圧平均値 V_R は式(3.5)と同じになり，平滑リアクトルによる電圧低下は生じない。環流ダイオードを追加することにより，平滑化効果を得ながら，その欠点であった出力電圧低下を回避できる。

環流ダイオードはバイパスダイオード，フリーホイーリングダイオードまたはフリーホイールダイオード(free wheel diode, FWD)とも呼ばれる。

3.2.4　単相半波サイリスタ整流回路

これまで説明してきたダイオードを用いた整流回路では，原理上，出力電圧平均値は入力交流電源の電圧に対して一定の割合に固定されており，出力電圧を変化させることができない。しかし，整流回路を用いて実際に機器へ直流を供給する際には，入力電源電圧が変動しても出力電圧を一定に維持することが求められることも多い。そこで利用されるのが，ダイオードの代わりにサイリスタを用いた整流回路である。

ダイオードをサイリスタに置き換えた回路の構成と動作波形を図3.9に示す。ダイオードを使用した整流回路（図3.3）では，入力交流電源電圧 v_s が正である場合は，常にダイオードが導通するが，サイリスタは第2章2.5.1項で述べた条件*8が満たされないとターンオン（導通）せず，負荷へ電流は流れない。$\theta=0$ において交流電源電圧 v_s が正となってもすぐにサイリスタをターンオンせず，$\theta=\alpha$ においてターンオンさせると負荷に電流が流れる。やがて $\theta=\pi$ でサイリスタにかかる電圧が負となると，サイリスタはターンオフし，負荷への電流も遮断される。

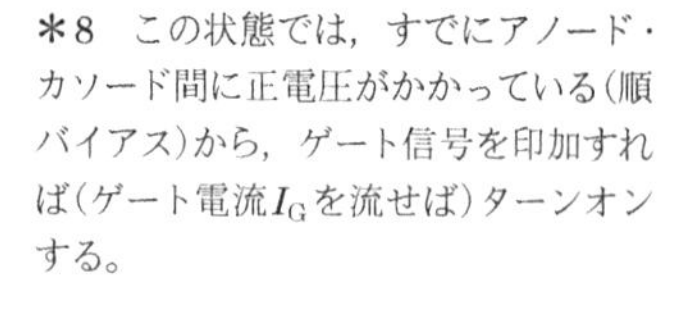
*8　この状態では，すでにアノード・カソード間に正電圧がかかっている（順バイアス）から，ゲート信号を印加すれば（ゲート電流 I_G を流せば）ターンオンする。

ダイオードを用いた場合は交流電源電圧 v_s が正である $\theta=0$ から π の区間において導通するのに対し，サイリスタは α から π の区間のみで導通する。そのため，出力電圧平均値は式(3.10)に示すとおり，$v_s=\sqrt{2}V_s\sin\theta$ の区間 α から π の積分を1周期（2π）で割ったものとなり，α に依存する。

$$V_d=\frac{1}{2\pi}\int_{\alpha}^{\pi}\sqrt{2}V_s\sin\theta\,d\theta=\frac{1}{\sqrt{2}\pi}V_s(1+\cos\alpha) \qquad (3.10)$$

α を点弧角または制御角と呼び，この点弧角によって出力電圧平均値を制御できる。このような制御を位相制御と呼ぶ。

サイリスタを用いる回路では，サイリスタをターンオンするためのゲート信号を印加する回路（ゲート回路）を追加する必要がある。一方，ターンオフするためには逆バイアスの印加が必要であるが，これは電源電圧が負となることにより実現される。

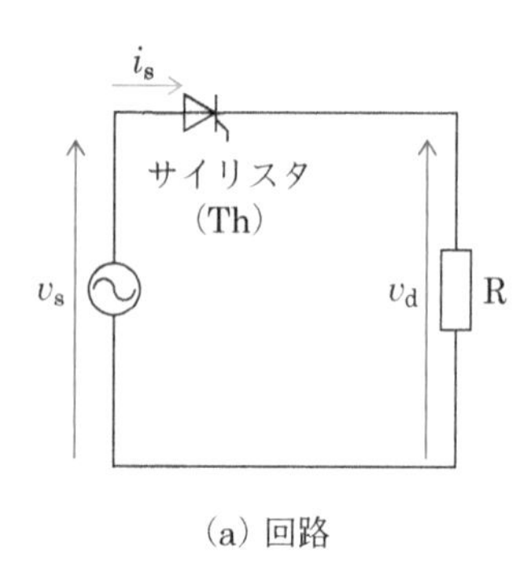

(a) 回路

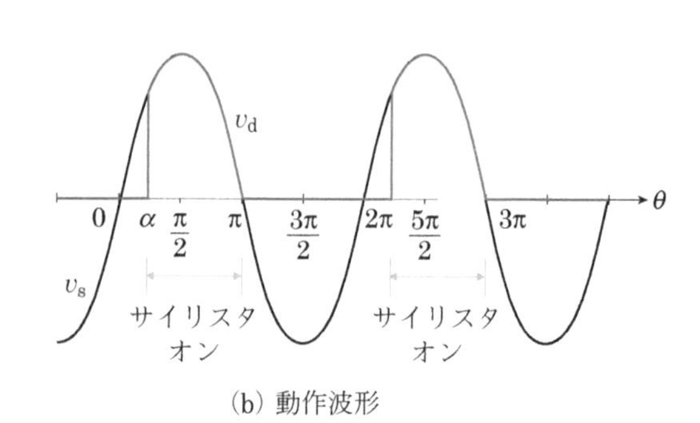

(b) 動作波形

図3.9　単相半波サイリスタ整流回路

3.3　単相全波整流回路

3.3.1　単相全波ダイオード整流回路

単相半波整流回路では，交流電源入力の半分のみを使用するため，効率が低く実用的ではない。ダイオードまたはサイリスタを 4 個組み合わせて図 3.10 の全波整流回路を構成すると，正弦波の正側と負側の両方を使用することができ，出力平均電圧が 2 倍になって効率が良い。

全波整流回路の表記方法としては，図 3.10 のほかに図 3.11 の表記があるが，両者は同じ回路を表している。このような複数のダイオードやサイリスタを組み合わせた回路をブリッジ回路と呼ぶ。このほかにダイオードまたはサイリスタを 2 個使用するセンタタップ回路と呼ばれる方式もあるが，ここでは省略する。

ダイオードブリッジ

単相全波ダイオード整流回路のダイオード4個からなるブリッジ回路をダイオードブリッジ回路と呼ぶ。写真はこれを1つのパッケージとしたものである。

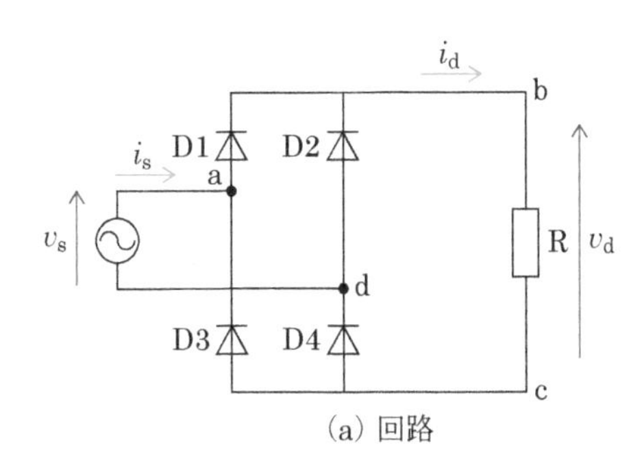

(a) 回路

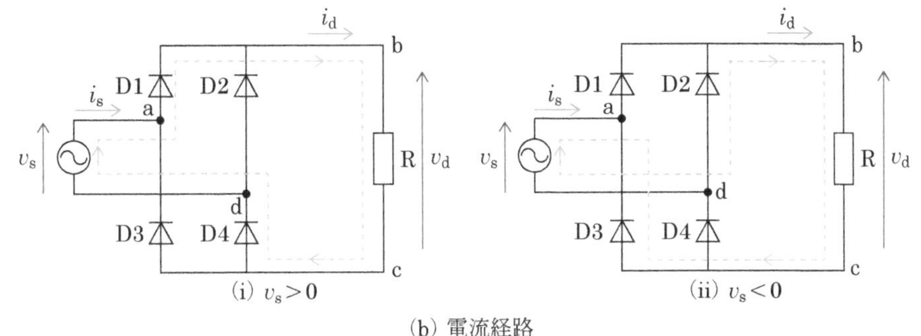

(b) 電流経路

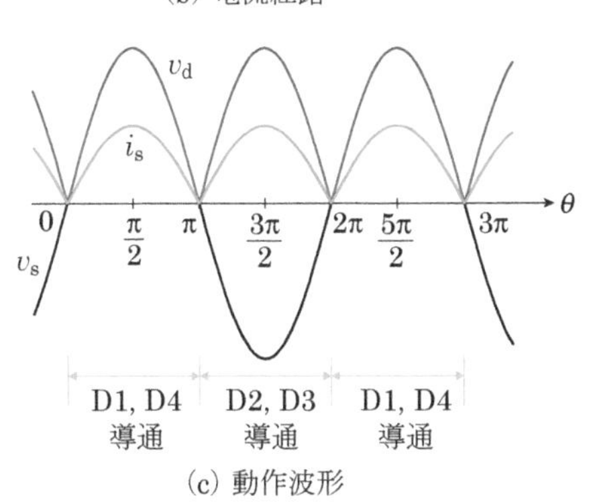

(c) 動作波形

図3.10　単相全波ダイオード整流回路と動作

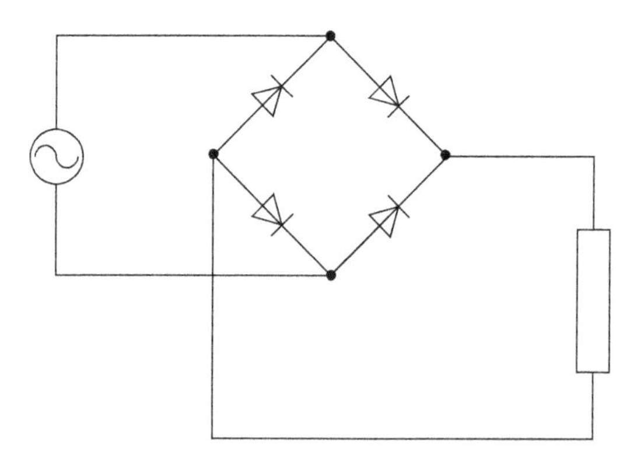

図3.11　単相全波ダイオード整流回路の別の表記の例

電源電圧 v_s の正負が入れ替わるたびに，図 3.10(b)(i)，(ii)のように導通するダイオードの組み合わせと電流の向きが入れ替わるが，負荷 R にかかる電圧と流れる電流の向きは一定である。交流電源の電圧が正($v_s>0$)のときは，ダイオード D1 と D4 が導通し，電流は D1→負荷 R→D4 の順に流れる(図 3.10(b)(i))。D2 と D3 は逆バイアスとなるため，導通せず電流は流れない。交流電源電圧が負($v_s<0$)のときは，ダイオード D2 と D3 が導通し，電流は D2→負荷 R→D3 の順に流れる(図 3.10(b)(ii))。D1 と D4 は逆バイアスとなるため，導通せず電流は流れない。

交流電源の正側と負側の両方を利用できることから，出力電圧平均値 V_d は次のようになり，単相半波ダイオード整流回路(式(3.5))の 2 倍となる。

$$\begin{aligned} V_d &= \frac{1}{2\pi}\left(\int_0^{\pi}\sqrt{2}V_s\sin\theta\,d\theta - \int_{\pi}^{2\pi}\sqrt{2}V_s\sin\theta\,d\theta\right) \\ &= \frac{2\sqrt{2}}{\pi}V_s \approx 0.90V_s \end{aligned} \tag{3.11}$$

図 3.10 ではダイオードを使用した回路を示したが，サイリスタを用いれば，点弧角の制御により出力平均電圧値 V_d を制御できる。またコスト低減のために 4 個の素子のうち，2 個だけをサイリスタにすることもできる。

3.3.2　平滑コンデンサを付加した単相全波ダイオード整流回路

図 3.10 の回路は入力交流電源の正負両側を利用できるため効率が良いが，入力正弦波がそのまま出力されるため，出力電圧の変動が大きい。この回路にコンデンサを追加すると，負荷電圧を滑らかにできる。このような役割を担うコンデンサを平滑コンデンサと呼ぶ。図 3.12 に平滑コンデンサを付加した整流回路の構成と動作波形を示す。

図 3.12(b) (i)の時点から説明する。この時点では交流電源の電圧 v_s(点 a の電位)がコンデンサ電圧 v_d(点 b の電位)よりも大きい($v_s>v_d$)。

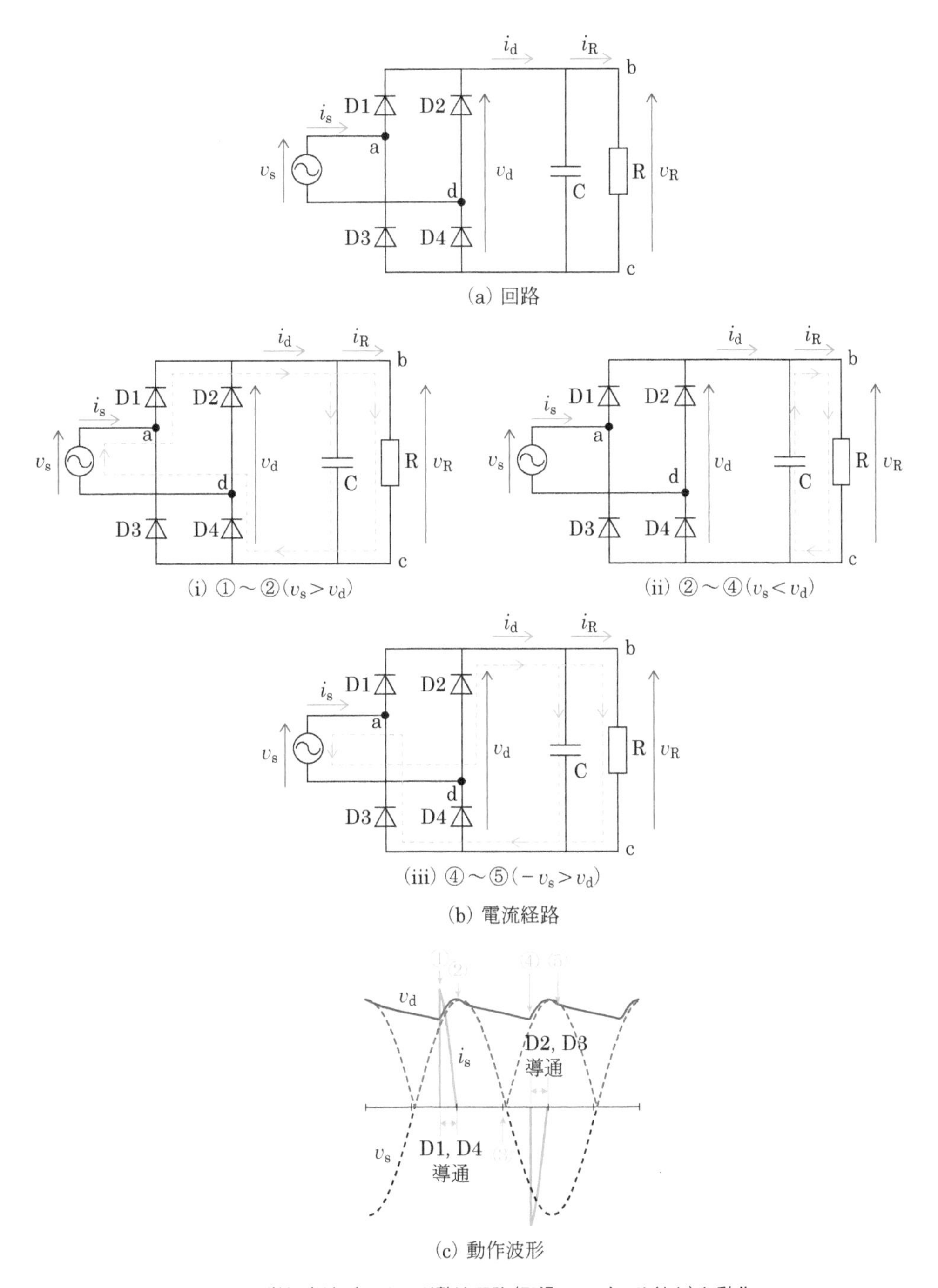

図3.12　単相半波ダイオード整流回路(平滑コンデンサ付き)と動作

図3.12(c)①の状態ではダイオードD1とD4が導通し，電流は図3.12(b)(i)に示す経路を流れ始める。v_sが最大となったとき(図3.12(c)②)，コンデンサの充電量は最大となる。その後，v_sは低下していき，コンデンサは放電を始める。このとき，電源の電圧はコンデンサの電圧よりも低くなっており($v_s<v_d$)，ダイオードには逆バイアスがかかるため，電

流は遮断される。負荷にはコンデンサが放電した電流のみが流れる（図 3.12(b)(ii)）。図 3.12(c)③では，v_sは0となっているが，コンデンサは放電をつづけ，蓄えられたエネルギーにより負荷には電流が流れつづける。コンデンサの電圧v_dより交流電源の負の電圧が大きくなると($-v_s > v_d$，図 3.12(c)④〜⑤)，ダイオード D2 と D3 が導通し，コンデンサは放電をやめて充電を始める(図 3.12(b)(iii)))。

ダイオードが導通するのは，交流電源の電圧の絶対値$|v_s|$がコンデンサの電圧よりも大きいときのみである。交流電源からの電流i_sが流れるのは，ダイオードが導通するときであるから，結局，図 3.12(c)に示した短い区間のみとなる。したがって，i_sは図 3.12(c)のような尖った形となる。この短い区間で負荷が消費する電力をすべて供給することになる。

電圧をできる限り滑らかにするためには，コンデンサの容量を大きくし，①から③までの電圧の低下を小さくすればよい。そうすると，③はより右へ移動することになり，ダイオードが導通するタイミングは遅くなる。その結果，ダイオードが導通している時間が短くなる。負荷で消費される電力(i_sV_R)は電源から供給されるわけであるから，ダイオードの導通時間が短い(コンデンサ容量が大きい)ほど，パルス状の電流のピーク値は大きくなる。その結果，図 3.12(c)におけるi_sは，より尖った形となる。電源側に大きなパルス状の電流が流れることとなり，電源が接続されている回路にノイズを生じさせてしまうため，注意が必要である。

3.3.3　単相全波サイリスタ整流回路

単相半波整流回路の場合と同様に，全波整流回路においてもダイオードの代わりにサイリスタを用いると位相制御により出力電圧を変化させることができる。図 3.10(a)の回路においてダイオードをサイリスタで置き換えた回路を図 3.13(a)に示す。

交流電源の電圧v_sが正で，サイリスタ Th1 と Th4 に正電圧がかかっている状態において，サイリスタ Th1 と Th4 を$\theta=\alpha$のときにターン

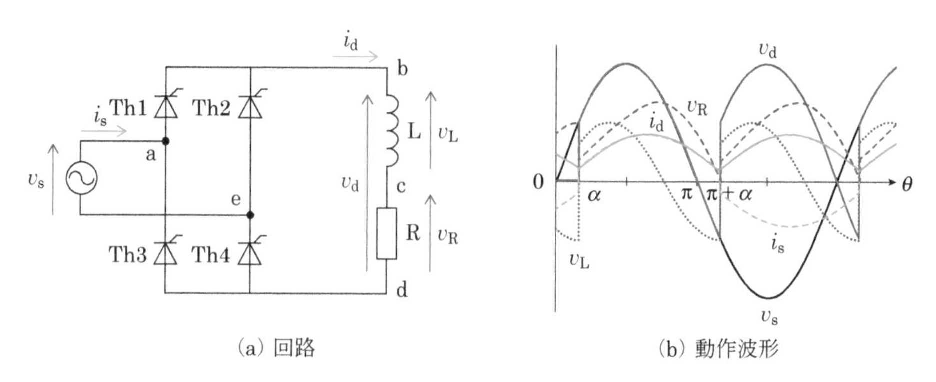

(a) 回路　　(b) 動作波形

図3.13　単相全波サイリスタ整流回路と動作

オンする（導通させる）と，負荷に電流が流れる。リアクトルがあるため，図 3.5(a)の回路と同様，$\theta=\pi$ でサイリスタ Th1 と Th4 にかかる電圧が負となっても，リアクトルが放電をつづけ，v_d が負であるにもかかわらず電流が流れつづける。そのため，電源電圧が反転しても，サイリスタには逆バイアスが印加されず，サイリスタがオフ状態にはならない。

単相半波整流回路（図 3.5）では，リアクトルの放電が完了する $\theta=\pi+\beta$ までこの状態が継続するが，この回路では，それよりも早く（$\theta=\pi+\alpha$, $\alpha<\beta$）で Th2 と Th3 をターンオンする。すると，リアクトルと負荷に再び正電圧がかかり（$v_d>0$），$\theta=\alpha$ と同じ状態となる。Th1 と Th4 は逆バイアスとなり，ターンオフされる。

Th1 と Th4 は，Th2 と Th3 がターンオンすることで，逆バイアスがかかりターンオフされるが，同様に Th2 と Th3 は，Th1 と Th4 がターンオンすることでターンオフされる。このように，あるサイリスタがターンオフすると同時に他のサイリスタがターンオンし，電流がそちらへ移っていくことを**転流**（commitation）と呼ぶ。転流については，3.6 節で説明する。

3.3.4　脈動率

これまで説明してきたように，整流回路は交流を直流へ変換して出力するため，出力電圧は完全に一定ではなく若干の変動がある。この変動のことを**脈動**（ripple，リプル）と呼び，その大きさは**脈動率**（ripple factor）で表される。図 3.14 において，脈動率 ε は，出力電圧の平均値 $E_{d\alpha}$ に対する最大値と最小値の差 ΔE の割合として次のように求められる。

$$\varepsilon=\frac{\Delta E}{E_{d\alpha}} \tag{3.12}$$

脈動率は整流回路の性能を示す指標の 1 つであり，小さいほうが好ましい。整流回路に挿入するリアクトル（チョークコイル）やコンデンサの容量を大きくすれば，脈動率を小さくできる。実用的な回路では，脈動率は 5%以下が求められ，安定的な電源では 1%以下である。ただし，脈動率を小さくするために容量の大きなリアクトルやコンデンサを用いると，コストやスペースが増大するといった問題も生じる。装置を設計する際は，単に性能向上を目指すだけでなくデメリットとのバランスを考慮することが重要である。

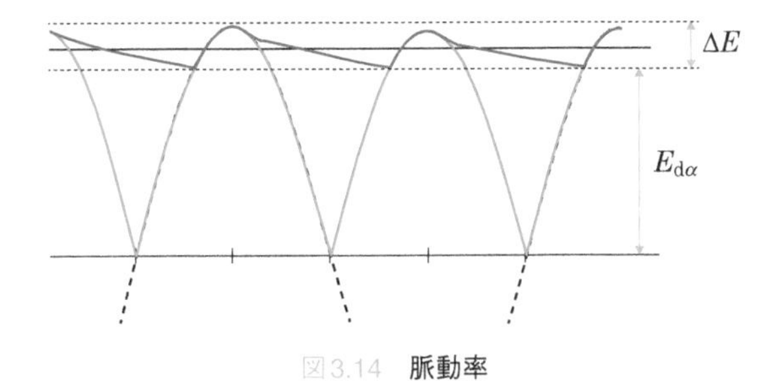

図3.14　脈動率

3.4　三相整流回路

3.4.1　三相半波ダイオード整流回路

三相整流回路は単相整流回路を並列に接続した形となる。リアクトル付きの三相半波ダイオード整流回路の構成と動作波形を図3.15に示す。3個のダイオードは，カソード側が一点で接続されているため，電位は等しい。各相の入力交流電源は中性点Nと接続されており，やはり電位は等しい。

各相の動作は，$2\pi/3$ずつずれた形となる(3.1節参照)。図3.15(b)の上部に，各相の電圧v_a, v_b, v_cを示す。$\theta=0$から見ていくと，まず$\theta=\pi/2$においてv_aが最大となり，次に$\theta=7\pi/6$, $11\pi/6$においてv_b, v_cの順に最大となる。

v_aがv_bやv_cよりも高いとき($\pi/6\leq\theta\leq5\pi/6$)，D1には順バイアスがかかりD1は導通する。D2には逆バイアス($v_a-v_b<0$)がかかるためD2は導通しない。D3も同様に導通しない。その結果，負荷電圧v_dはv_aと等しくなる。出力電圧の平均値は$\pi/6\leq\theta\leq5\pi/6$における$v_a$の平均値となり，相電圧の実効値を$V_s$とすると次のようになる。

$$V_d=\frac{1}{2\pi/3}\int_{\pi/6}^{5\pi/6}\sqrt{2}V_s\sin\theta\,d\theta=\frac{3\sqrt{2}}{2\pi}V_s[-\cos\theta]_{\pi/6}^{5\pi/6}=\frac{3\sqrt{6}}{2\pi}V_s \approx 1.17V_s \tag{3.13}$$

負荷に流れる電流i_sはリアクトルによる平滑化効果によって，ほぼ一定($i_s=I_s=V_s/R$)に保たれる。

次に，$5\pi/6\leq\theta\leq3\pi/2$の区間では$v_b$が最大となるため，D2が導通し，負荷電圧$v_d$は$v_b$と等しくなる。同様に，$3\pi/2\leq\theta\leq13\pi/6$ではD3が導通し，負荷電圧$v_d$は$v_c$と等しくなる。

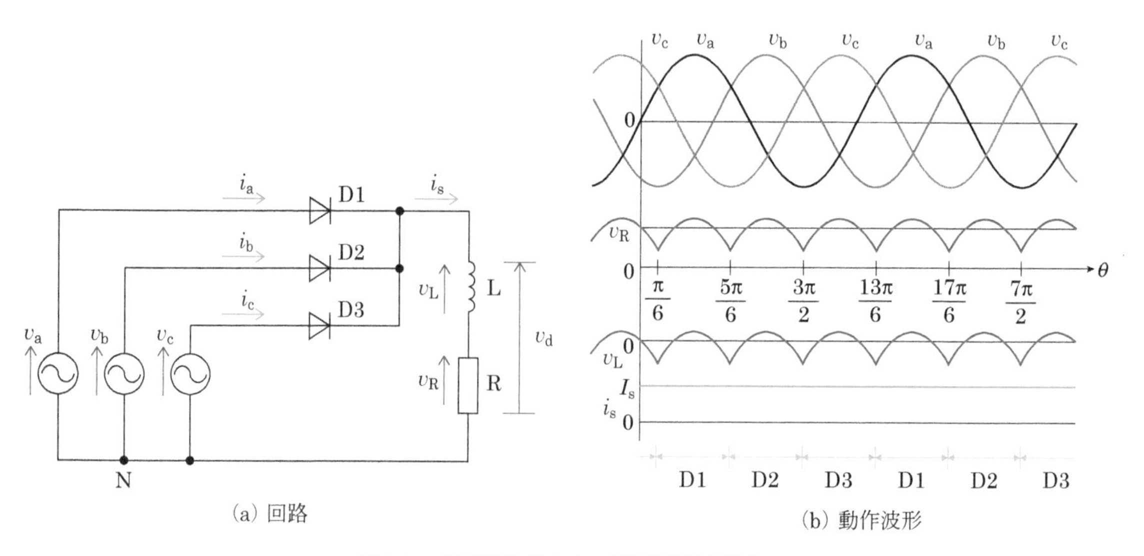

(a) 回路

(b) 動作波形

図3.15　三相半波ダイオード整流回路と動作

以上のように，各相の電圧 v_a, v_b, v_c のうち，もっとも電圧が高い相のダイオードのみが **2/3π** ずつ導通していく。結果として，出力電圧平均値は式(3.13)となる。

3.4.2 三相全波ダイオード整流回路

三相全波ダイオード整流回路の構成および動作波形を図 3.16 に示す。図 3.13(a)の単相全波サイリスタ整流回路を拡張し，各相において電源の電圧が負の場合も利用できるようにダイオードを両方向に設け，計 **6** 個のダイオードを用いる。これら個々のダイオードが接続された部分を「アーム」と呼び，図の上側に示されたダイオードと下側に示されたダイオードの組み合わせ(D1 と D4, D2 と D5, D3 と D6 のペア)を「レグ」と呼ぶ。図 3.16(a)の回路は，**6** アーム，**3** レグから構成される。

上側のダイオードは図 3.15(a)と同様にカソード側が接続されており，下側のダイオードはアノード側が接続されている。図 3.15(a)では電源の下側は負荷と接続されていて，負荷を通る電流は，その共通の経路を通って流れていた。図 3.16(a)では負荷を通った電流は下側のダイオードを通り，他の相を通って流れる。

上側アームと下側アームのダイオード **2** 個は同時に導通する。例えば，図 3.16(b)に示すように，D1 が導通するときは，D5 または D6 が同時に導通する。負荷電圧は上側アームのカソードと下側アームのアノードとの電位差となる。具体的には，線間電圧($v_{ab}=v_a-v_b$, $v_{bc}=v_b-v_c$, $v_{ca}=v_c-v_a$, $v_{ba}=v_b-v_a$, $v_{cb}=v_c-v_b$, $v_{ac}=v_a-v_c$)が最大となる区間をつな

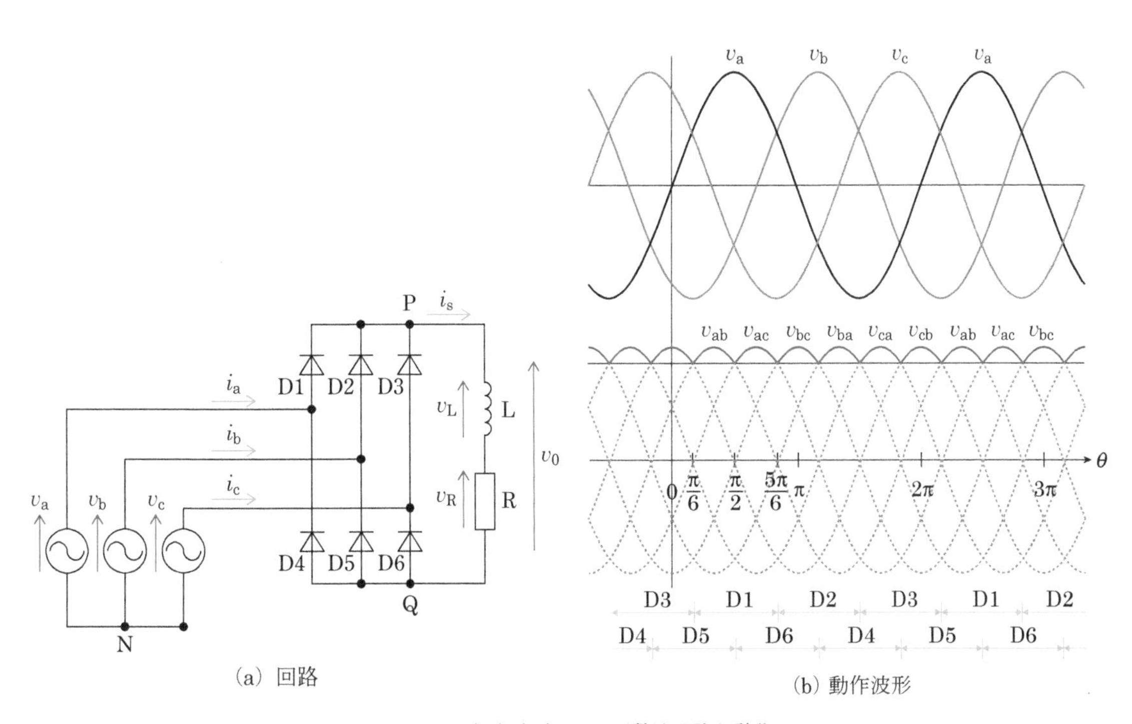

図 3.16 三相全波ダイオード整流回路と動作

げた値となる。

例えば，$\pi/6 \leq \theta \leq \pi/2$ の区間においては，各相の電位差（線間電圧）v_{ab}, v_{bc}, v_{ca}, v_{ba}, v_{cb}, v_{ac} のうち，v_{ab} がもっとも大きいため，$v_0 = v_{ab}$ となり，導通するダイオードは，上側は v_a と接続された D1，下側は v_b と接続された D5 となる。電流は D1 と D5 を流れるため，a 相の電源では正となり，b 相の電源では負，つまり電源に流入することになる。

$\pi/2 \leq \theta \leq 5\pi/6$ の区間では，v_{ac} が最大となるため，$v_0 = v_{ac}$ となり，ダイオード D1 と D6 が導通する。$5\pi/6 \leq \theta \leq 7\pi/6$ の区間では，v_{bc} が最大となるため，上側のダイオードのうち D1 はオフとなり，D2 が導通し，下側は引き続き D6 が導通したままとなる。図 3.16(b)に示すように，上側は D1→D2→D3 の順でそれぞれが $2\pi/3$ ずつ導通し，下側は D4→D5→D6 の順で，やはり $2\pi/3$ ずつ導通する。

上述のように，負荷電圧は線間電圧が最大となる区間をつなげた値となるから，例えば v_{ab} については，$v_a = \sqrt{2}V_s \sin\theta$，$v_b = \sqrt{2}V_s \sin(\theta - 2\pi/3)$，$v_c = \sqrt{2}V_s \sin(\theta - 4\pi/3)$ より，

$$
\begin{aligned}
v_{ab} &= v_a - v_b \\
&= \sqrt{6}V_s \sin\left(\theta + \frac{1}{6}\pi\right)
\end{aligned}
\tag{3.14}
$$

となる。線間電圧 v_{ab} が出力されるのは $\pi/6 \leq \theta \leq \pi/2$ の区間であるから，出力電圧（負荷電圧）平均値 V_d は半波整流回路の 2 倍となる。

$$
\begin{aligned}
V_d &= \frac{1}{\pi/3}\int_{\pi/6}^{\pi/2} \sqrt{6}V_s \sin\left(\theta + \frac{1}{6}\pi\right) d\theta \\
&= \frac{3\sqrt{6}}{\pi}V_s\left[-\cos\left(\theta + \frac{1}{6}\pi\right)\right]_{\pi/6}^{\pi/2} = \frac{3\sqrt{6}}{\pi}V_s \\
&= \frac{3\sqrt{2}}{\pi}V_l
\end{aligned}
\tag{3.15}
$$

ここで，V_l は線間電圧の実効値であり，$V_l = \sqrt{3}V_s$ である。

3.4.3　三相全波サイリスタ整流回路

サイリスタを用いた三相全波整流回路の構成と動作波形を図 3.17 に示す。図 3.16(a)の回路のダイオードをサイリスタで置き換えたものである。各相において電源の電圧が負である場合も利用できるように，サイリスタを両方向に設け，計 6 個のサイリスタを用いる。ダイオード整流回路と同様に個々のサイリスタが接続された部分を「アーム」，上下のサイリスタの組み合わせを「レグ」と呼ぶ。図 3.17(a)の回路は，6 アーム，3 レグから構成されている。

もっとも線間電圧が高い区間のみが導通するため，制御角 α において次のサイリスタがオン状態になるまでは，前のサイリスタが導通しており，その波形が継続する。各相は短い時間のみ導通することになるから，各相にはパルス状の電流が流れることになり，電源側に高調波を生

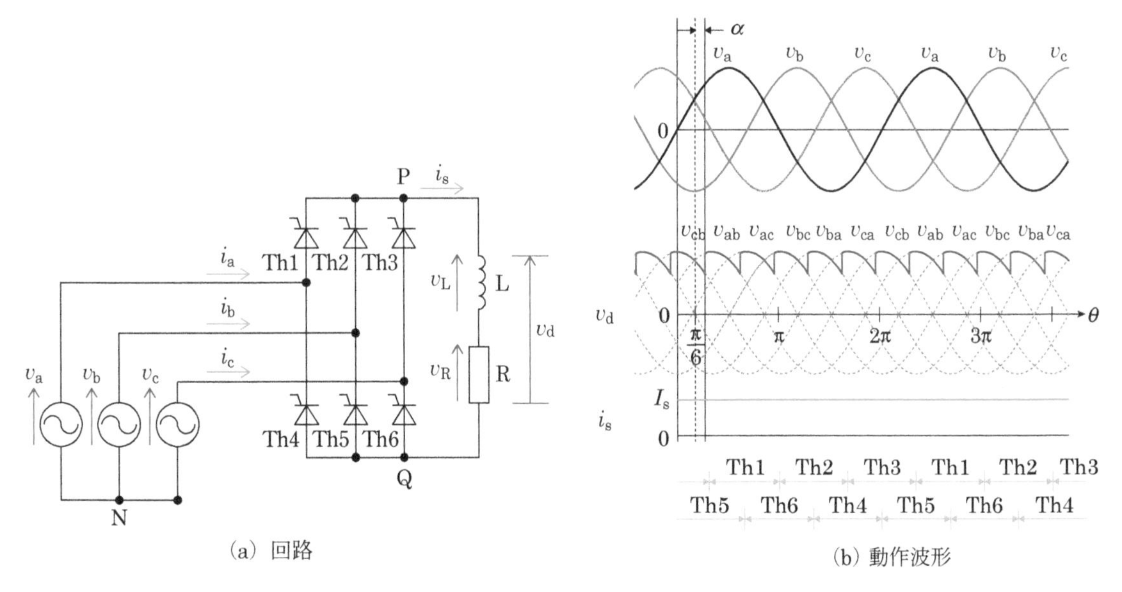

(a) 回路　　(b) 動作波形

図3.17　三相全波サイリスタ整流回路と動作

じさせてしまう。制御角を大きくするほど導通時間が短くなるので，パルスがより急峻となることに注意が必要である。

出力電圧平均値は制御角 α に依存し，制御角が 0 のときはダイオード整流回路(式(3.15))と同じとなる。

$$V_d = \frac{3\sqrt{2}}{\pi} V_1 \cos\alpha \tag{3.16}$$

3.5　電力回生

三相全波サイリスタ整流回路の出力電圧平均値は式(3.16)のとおり，$\cos\alpha$ に依存する。制御角 α を変化させると，出力電圧平均値は図3.18に示したように変化する。制御角 α が $0 \leq \alpha \leq \pi/2$ のときは出力電圧平

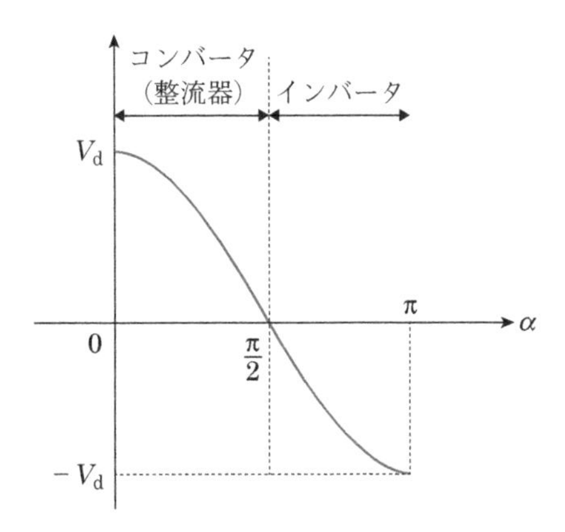

図3.18　制御角と出力電圧平均値との関係

均値は正であるが，制御角を$\pi/2$より大きくすると，出力電圧平均値は負となる。

出力電圧平均値が負の状態では二次側（負荷のある側）から一次側（電源側）へ電力が供給されることとなる。もちろん，二次側に発電機や蓄電池など起電力をもったものが接続されている必要がある。直流である二次側から交流である一次側へ電力が供給されるということは，整流回路を逆に電流が流れ，直流から交流へ電力変換がなされていることを意味する。このような動作を電力回生または整流回路の回生運転と呼ぶ。このとき整流回路はインバータ（第4章参照）として機能している。

3.6　転流と重なり

三相整流回路では，もっとも電圧の高い相が順に出力される。このように電気の流れが切り替わっていくことを転流と呼ぶ。転流は整流回路だけなく，さまざまな電気回路で一般的に行われる。切り換えの際に，一時的に複数の回路に電流が流れる現象が生じることがあり注意が必要である。

ここでは図3.19に示す三相半波サイリスタ整流回路を例に説明する。この回路では$\theta=0$で$v_a<v_b$となった後，$\theta=\alpha$でサイリスタTh2がオンとなり，a相からb相へ転流が生じる。しかし，電源側のインダクタンス成分の影響により，しばらくa相にも電流が流れつづけ，$\theta=\alpha+u$で完全にb相へ切り替わる。a相とb相の両方に電流が流れている区間の電圧は両方の平均$(v_a+v_b)/2$となる。重なりが生じることにより，出力電圧平均値が低下してしまう。

ここで，uを重なり角（overlap angle）と呼び，電源のインダクタンスと電流が大きいほど，大きくなる。

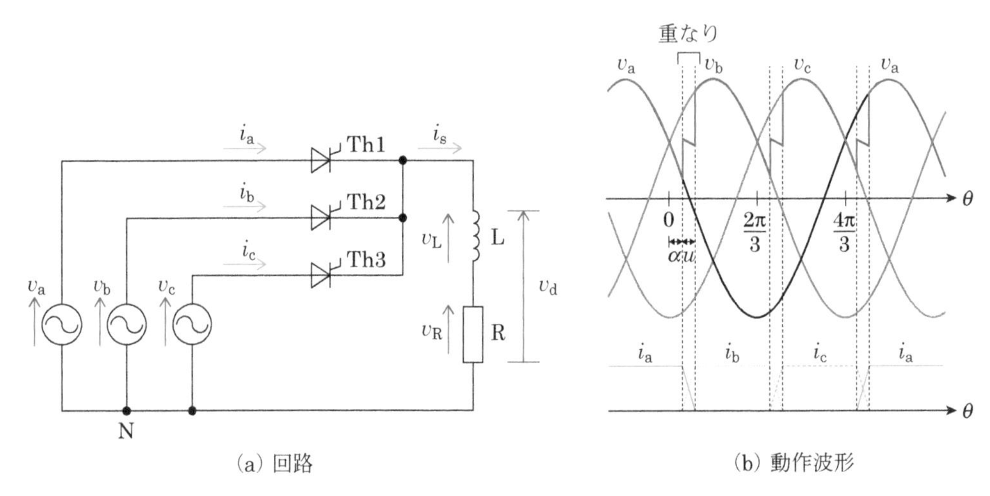

(a) 回路　　(b) 動作波形

図3.19　三相半波サイリスタ整流回路と動作波形における重なり

❖ 章末問題

3.1　単相半波ダイオード整流回路において，電源電圧 200 V，負荷 10 Ω のとき，出力電圧平均値と負荷に流れる電流を求めてみよう。

3.2　単相半波サイリスタ整流回路において，電源電圧 200 V，負荷 10 Ω，制御角 30° のとき，出力電圧平均値と負荷に流れる電流を求めてみよう。

3.3　図 3.5 に示した単相半波ダイオード整流回路と環流ダイオードを付加した回路の出力波形を自分で描いて比較してみよう。

3.4　図 3.13 に示した単相全波サイリスタ整流回路の電流経路を確認し，出力波形を自分で描いてみよう。

第4章　インバータ

パワーエレクトロニクス技術の恩恵は，昔は不可能であった高電圧直流送電（電線コストの削減や低損失などのメリットがある）や，高効率なきめの細かい周波数変換などにおいて特に得られる。多くの場合において，直流電力と交流電力は適宜組み合わせて利用される。交流と直流の間の電力変換を行う電力変換回路の1つが，直流から交流を作り出すインバータ（逆変換回路）である。「逆（インバート）」という名称は，第3章で解説した，交流から直流を作り出す整流回路（順変換回路）の「逆」という意味である。

インバータは，電力変換回路における直流側回路と交流側回路の両方をもち，有効電力（負荷で消費される電力）を交流電力に変換することを主目的とするものや，交流側での電圧や周波数調整を主目的とするものが主流である。しかし昨今のめざましい技術革新によって，交流側での無効電力（負荷で消費されない電力）や高調波を調整する機能や，双方向の可逆変換機能をあわせもつものも登場している。さらに，整流器とインバータを組み合わせたシステム全体を「インバータ装置」や「インバータシステム」と呼ぶメーカもある。

本章では，上記のようなさまざまなインバータの中でも，特に身近な自励式パルス幅変調（PWM）制御のインバータを中心に説明する。

4.1　電力変換回路・インバータの分類

電力変換回路において中心的な役割を果たすパワー半導体素子の基本機能は

・順電流を流し，逆電流を阻止する整流作用

・整流電流を任意のタイミングでオン/オフできるスイッチ作用

の2つである。回路上におけるパワー半導体素子の組み合わせやスイッチ動作の制御を工夫することで，さまざまな電力変換が可能になる。昨今の技術革新は目覚ましく，双方向の可逆変換機能をあわせもつものも登場しているため，厳密な分類は難しくなっているが，本章で説明するインバータは基本的に入力側が直流で出力側が交流の逆変換回路である（第1章表1.1の左下部分）。

図4.1にはインバータの分類を示す。インバータは基本的に直流の入力を交流に出力するが，半導体スイッチがオンのときとオフのときとで

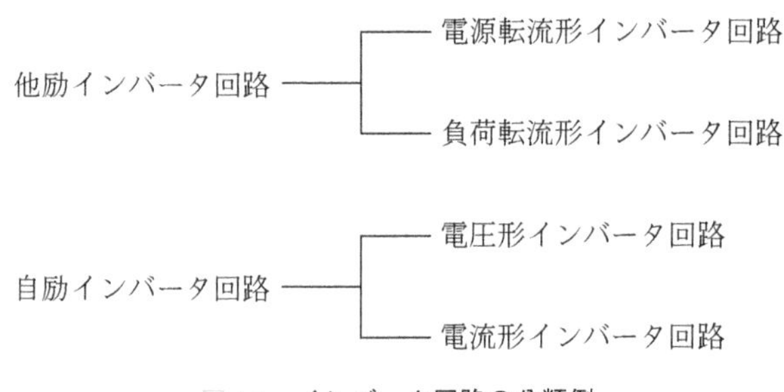

図4.1　**インバータ回路の分類例**

出力の値を変えることにより交流を作り出している。このオフ時の制御を**転流**といい，その転流の方式によって，他励式と自励式に大別される。他励式は転流用の逆バイアスとして出力交流側の電圧を利用するもの，自励式は回路自体に転流能力をもち，独立した交流電圧を発生できるものである。

4.1.1　他励式インバータ

他励式インバータは，出力交流側の電圧を逆バイアスとして利用し，転流を行うものであり，交流側の転流電圧源の種類に応じて電源転流形インバータと負荷転流形インバータの2種類に分類される。電源転流形インバータでは交流電源の電圧を，負荷転流形インバータではモータ負荷の誘起電圧や，高周波インバータのような共振電圧を利用する。図4.2に，交流電源の電圧を利用した，電源転流形他励式インバータの構成と動作波形を示す。これを見てもわかるように，電源転流形他励式インバータの回路構成は，直流側を除いて単相全波サイリスタ整流回路（第3章図3.13(a)）と同じである。

図4.2では，交流電圧 v の制御角 $\theta=\alpha$ のときの直流側電圧を $e_{\mathrm{d}\alpha}$, $e_{\mathrm{d}\alpha}$ の平均値を $E_{\mathrm{d}\alpha}$ としている。サイリスタ整流回路で制御角 α が $\pi/2\leq\alpha\leq\pi$ の範囲になるように制御すると，直流電圧の平均値を負に調整することが可能である。これにより，直流から交流に電力が変換されるインバータとして機能させることができる。なお，インバータでは，制御角の代わりに制御進み角 $\beta=\pi-\alpha$ を用いることが一般的である。

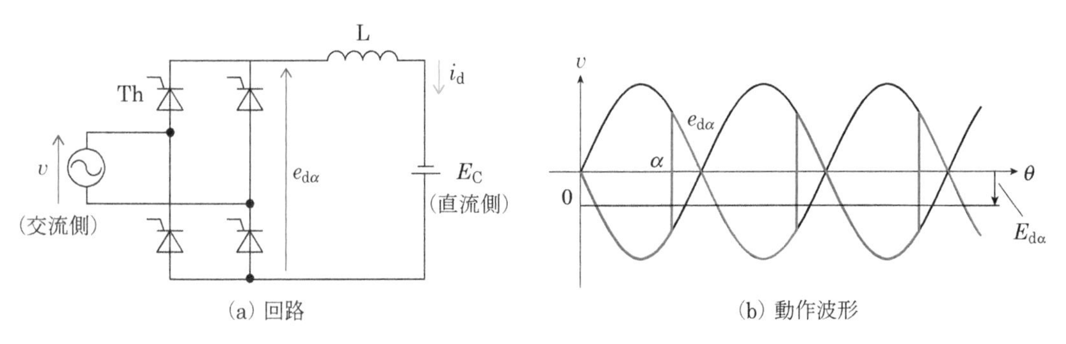

図4.2　**電源転流形他励式インバータの回路と動作**

4.1.2　自励式インバータ

他励式インバータでは，交流電源の電圧のような別の転流電圧源を必要とした。これに対して，パワー半導体素子自体が出力周波数を決定できる回路を構成し，別の電圧源を必要としないインバータを自励式インバータと呼ぶ。通常「インバータ」といえば，多くの場合はこの自励式インバータを示す。

自励式インバータを回路構成で分類すると，電圧形インバータと電流形インバータに大別できる。電圧形は交流電流を出力し，電流の大きさと位相は負荷によって決定される*1。電流形は交流電圧を出力し，電圧の波形・大きさ・位相が負荷によって決定される。

*1　負荷によって決定されることを「負荷なり」と表現することがある。

図 4.3 に電圧形インバータと電流形インバータの回路構成および動作波形を，表 4.1 に電圧形インバータと電流形インバータの特徴を示す。電圧形インバータは，直流(平滑)リアクトルが不要であるために回路全体を小さくすることが可能であり，さらに，通流率(デューティ比，第 5 章参照)を変えることで負荷電圧を容易に調整できる。また，電流形インバータの直列ダイオードで発生する電圧降下や損失もない。このような理由から，小形から中形の多くの家電製品や動力系の用途においては，電圧形インバータが一般的に用いられている。

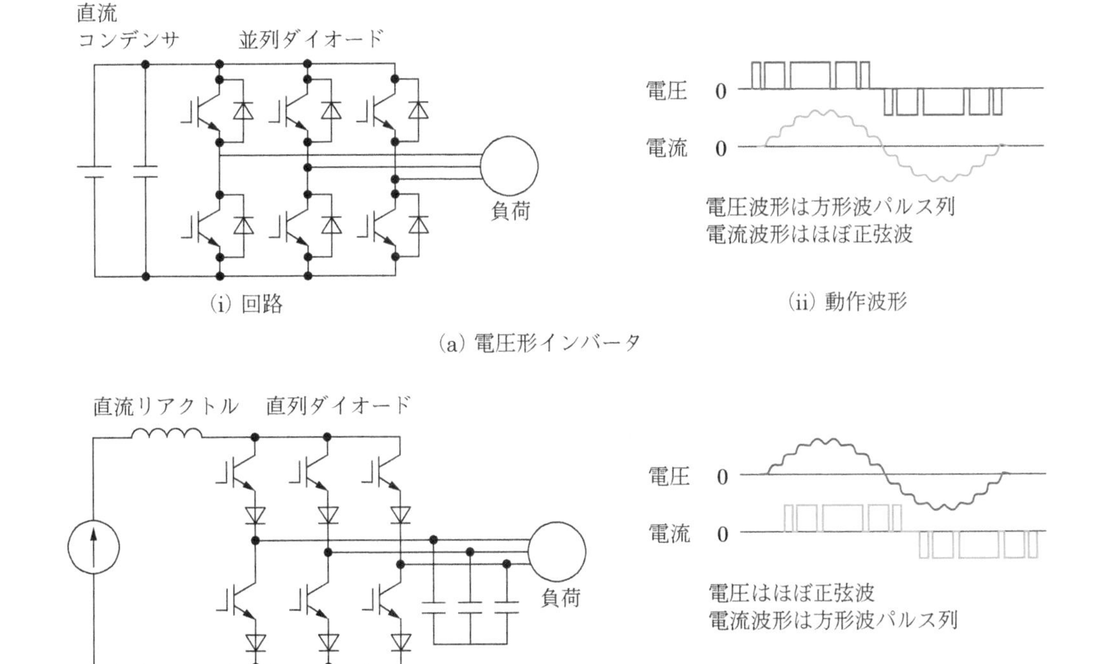

図4.3　電圧形および電流形インバータの回路と動作

表4.1　電圧形および電流形インバータの特徴の比較

電圧形インバータ	電流形インバータ
インバータの入力電圧は一定	インバータの入力電流は一定
交流出力側から見たインバータのインピーダンスが低く，電圧源とみなせる	直流リアクトルのため交流出力側から見たインピーダンスが高く，電流源とみなせる
サイリスタと並列に逆並列ダイオードが接続される	逆並列ダイオードは不要
出力電圧は負荷によらない	出力電圧は負荷によって決まる
出力電流は負荷によって決まる	出力電流は負荷によらない

＊2　サイリスタのアノードに逆電圧(負電圧)を印加した場合，いったんサイリスタがオフ状態になるとアノードに正電圧を印加してもオンしない。

一方で，超大形のインバータではサイリスタが依然として使用されており，サイリスタの逆阻止特性から逆並列ダイオードは不要である＊2。また，直流リアクトルのコストは大電力用途では相対的に軽微なものとなるため，電流形回路が用いられることがある。

以上は自励式インバータの回路構成による分類であったが，出力周波数の決定方法により分類することもある。接続された交流電源と同じ周波数で出力する手法と，独立した制御回路で出力周波数を決定できる手法である。ちなみに他励式インバータは前者であり，出力周波数は用いた転流電圧源の周波数で決定されるため，変更することができない。

以降では，電圧形と電流形の自励式インバータの代表的な主回路方式について詳しく述べる。

4.2　電圧形インバータ

表4.1に示したとおり，電圧形インバータは，交流電流を出力し，電流の大きさと位相は負荷によって決定される。直流部に大容量の直流(平滑)コンデンサが接続されるため，出力電圧は直流電圧に応じた方形波となり，インバータは電圧源として動作する。

4.2.1　単相電圧形ブリッジインバータ

ハーフブリッジ

図4.4(a)に単相電圧形ハーフブリッジインバータの回路の構成を示す。直列に接続された直流電源および上下2組のトランジスタとスイッチから構成される。三相全波整流回路と同様，スイッチとトランジスタのペアをアーム，上下2つのアームのペアをレグと呼び，レグのセットをブリッジと呼ぶ。後述する4アーム，2レグからなる回路構成(図4.5(a))のように，負荷(この図の場合は抵抗R)の両側にレグが接続されている回路を**フルブリッジ**(full-bridge)回路と呼び，それに対して，図4.4(a)のような負荷(この図の場合はリアクトル)の片側だけにレグが接続されている構成を**ハーフブリッジ**(half-bridge)回路と呼ぶ。一般的には，図4.4(a)の構成に加え，直流側に2個の直列コンデンサが接続されることが多い。

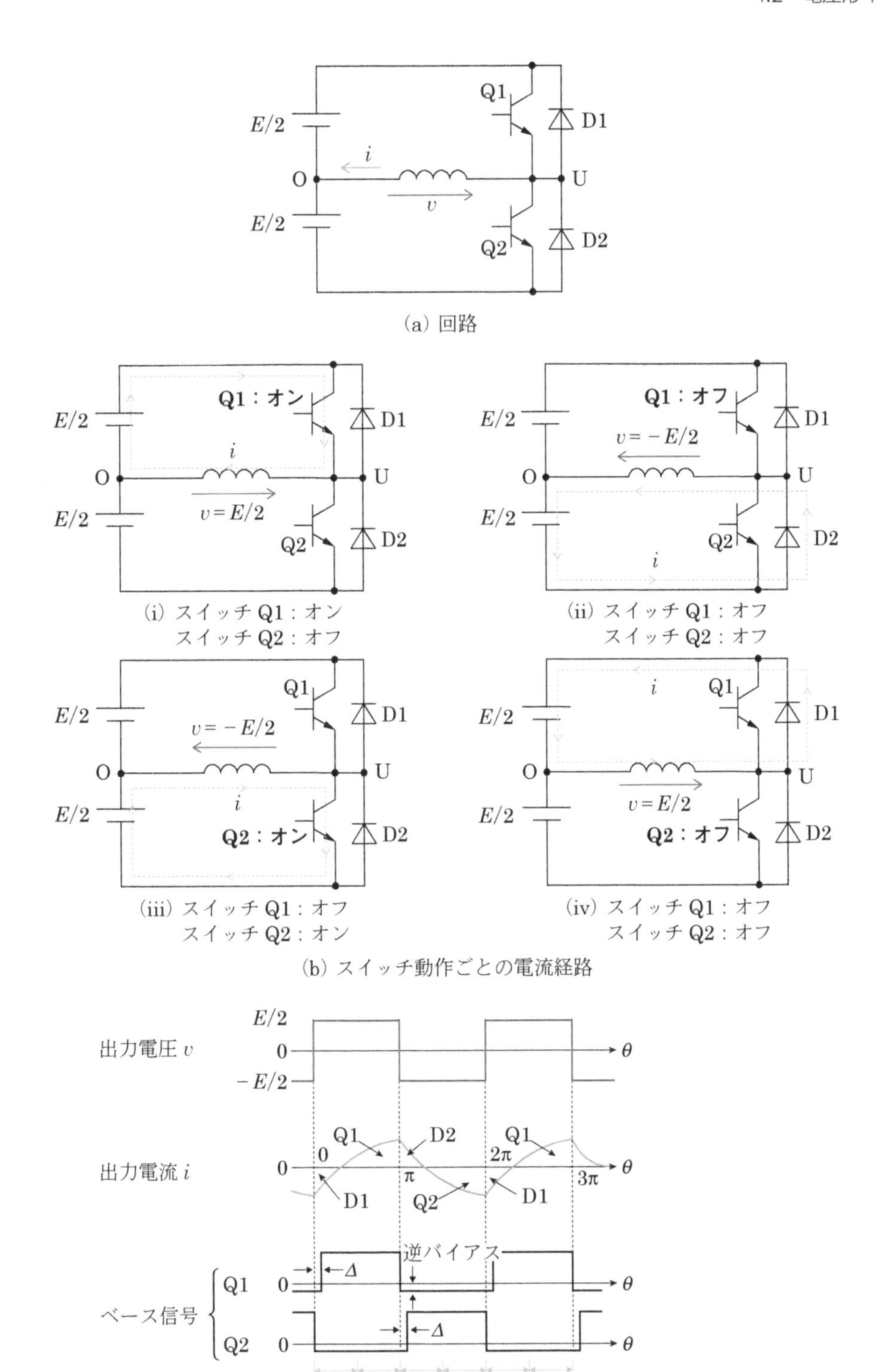

図4.4　単相電圧形インバータ(ハーフブリッジ)の回路と動作

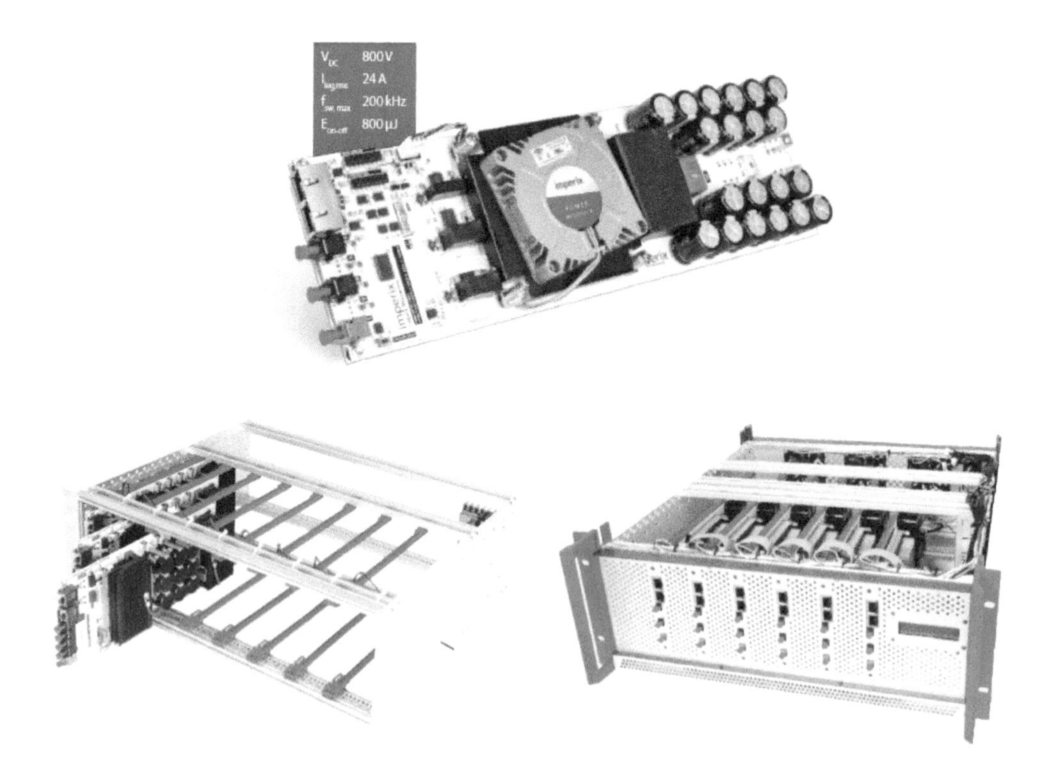

インバータ(Imperix社RACK MOUNTING SOLUTIONS)
シリコンカーバイド(SiC) MOSFETを備えたハーフブリッジ(HB)パワーモジュール(上図)。単相インバータとしてだけでなく，複数モジュールを下図のようなラック(左下：オープンラック，右下：クローズドラック)に格納して使用する。研究・開発や実験用，組み込み用として，プロトタイプの三相インバータやマルチレベルインバータを構築するのに適している。

図 4.4(b)にスイッチ動作ごとの負荷電圧と負荷電流の変化を示す。上下にあるトランジスタ Q1 と Q2 のベースに入力されるベース信号(ベース・エミッタ間電圧)は，上下一方のトランジスタがオン(飽和)のときは他方がオフ(遮断)となるように制御部(コントローラ)で生成される。図 4.4(c)の動作波形において，「ベース信号」が正のときはトランジスタがオン(飽和)であることを意味し，負のときはオフ(遮断)であることを意味する。上側のトランジスタ Q1 がオンの間(図 4.4(b)(i))は，下側のトランジスタ Q2 はオフであり，点 U(直流中性点)が点 O に対して高電位 $E/2$ になっている。逆に，下側のトランジスタ Q2 をオンした場合(図 4.4(b)(iii))には，Q1 はオフであり，点 U(直流中性点)が点 O に対して低電位 $-E/2$ になっている。すなわち，スイッチのオンとオフを交互に繰り返すことにより，負荷電圧 v(U–O 間の電圧)は $E/2$ と $-E/2$ を繰り返す。その結果，図 4.4(c)に示すような交流(矩形波)電圧が出力される。

トランジスタと並列に接続されている環流ダイオード(free wheel diode, FWD)は「逆並列ダイオード」とも呼ばれ，負荷が純抵抗の場合には電流は流れないが，図 4.4(a)のようにインダクタンスを含んだ負荷が接続されると，オンしているトランジスタと逆極性に電流が流れる区間があり，この電流が逆並列ダイオードに流れる。

次に，リアクトル負荷に流れる電流 i について考えよう。図 4.4(c)はハーフブリッジ回路各部の動作波形を表しており，出力電流が負荷電流 i を意味する。i の波形は，リアクトルにかかる電圧が v であるから，負荷リアクトルのインダクタンスを L，電流初期値を i_0，周期を t とすると，

$$i = \frac{1}{L}\int_0^t v(\tau)\,\mathrm{d}\tau + i_0 \tag{4.1}$$

で表され，図 4.4(c)の上から 2 番目の曲線のように変化する*3。この曲線中に書かれた D1, Q1, D2, Q2 の記号は図 4.4(b)中の素子のうち，電流が流れる素子(通流素子)を意味している。

*3　スイッチをオンにした瞬間からリアクトルに電流が流れ始めるが，所望の電流に至るまでには時間を要する。この時間を時定数と呼ぶ(第5章95頁欄外注*4を参照)。また，電流波形は指数関数の形状となり，直線にはならない。

Q1 と書かれた区間は図 4.4(b)(i)の状態，D2 と書かれた区間は図 4.4(b)(ii)の状態，Q2 と書かれた区間は図 4.4(b)(iii)の状態，D1 と書かれた区間は図 4.4(b)(iv)の状態である。Q1 の区間にリアクトルにはエネルギーが溜まり，次の D2 の区間にはリアクトルに溜められたエネルギーのため，電流は同じ向きに流れつづける必要があり，電流は環流ダイオード D2 を経由して電源側に流れる。Q2 の区間には負荷電圧の極性や電流の向きが反転するものの，コイルには同様にエネルギーが溜まり，D1 の区間に環流ダイオード D1 を経由して電源側へ向けて電流が流れる。このように，環流ダイオードを経由して電源側へ電流が帰還するため，こうした環流ダイオードは帰還ダイオードとも呼ばれる。

ここで，上下のトランジスタが同時にオンしたとすると，電源がスイッチで短絡されてしまい，回路に大きな短絡電流が流れてしまうことは容易に想像できる。これを避けるためにはゲートオフ区間を設ける必要があり，図 4.4(c)のベース信号中に示した「デッドタイム Δ」がこれに相当する。また，ゲートオフ区間のベース信号電圧は負の値とする(逆バイアスを与える)ことが一般的であり，これはトランジスタを素早くオフさせるための工夫である。

一方で，デッドタイム Δ の影響により出力電圧や出力電流がひずみ，モータ負荷などではトルク脈動が発生するという問題がある。スイッチング周波数が高く出力電圧が低いモータ低速運転域ではこの影響が大きいため，デッドタイム補償と呼ばれる手法を適用することが多い。これに関しては 4.5.2 項で述べる。

フルブリッジ

図 4.5(a)に単相電圧形フルブリッジインバータの回路の構成を示す。これは単相インバータとして一般的な回路である。フルブリッジ回路では，トランジスタ Q1 と Q4，Q2 と Q3 のそれぞれをほぼ同じ時期にオン/オフさせる。Q1 と Q2，Q3 と Q4 を相補的にオン/オフさせることはハーフブリッジ回路と同様であるが，この図ではデッドタイム Δ や逆バイアスについては省略している。数値解析シミュレーションなどでは，図 4.5(a)のように，直流電源の中点 O を接地することがよく行われる。これは，この電位を 0 とすることで，図 4.5(b)に示すように，各部の電位が正負対称となって解析が容易になるためである。

図 4.5(b)にフルブリッジ回路の動作波形を示す。負荷電圧 v は A–B 間の電圧であるから，ハーフブリッジ回路のときと同様に矩形波の交流電圧となるが，その波高値は E である。すなわち，ハーフブリッジ回路とフルブリッジ回路で同じ波高値 E の矩形波の交流電圧を得るために必要な直流電圧は，フルブリッジ回路ではハーフブリッジ回路の 1/2 でよいことがわかる。

フルブリッジ回路の負荷電圧 v は波高値 E の矩形波であるが，これをフーリエ級数展開[*4]で近似すると，

$$v=\frac{4}{\pi}E\left(\sin\theta+\frac{1}{3}\sin 3\theta+\frac{1}{5}\sin 5\theta+\cdots+\frac{1}{n}\sin n\theta+\cdots\right) \quad (4.2)$$

のように表され，基本波成分の実効値 V_1 は

$$V_1=\frac{4}{\pi\sqrt{2}}E \quad (4.3)$$

となる。すなわち，出力電圧 V_1 は直流電圧 E に比例する。したがって，この直流電圧 E の値を制御できれば，出力電圧 V_1 を変化させることができる。

直流電圧 E の値を制御するための代表的な手法として，トランジスタの切り換えタイミングをずらして印加電圧のパルス幅を変えるパルス幅変調(pulse width modulation, PWM)制御と，ベース電圧 E の振幅自体を直接制御するパルス振幅変調(pulse amplitude modulation, PAM)制御がある。図 4.5(b)のように，トランジスタ Q1，Q2 と，Q3，Q4 の切り換えのタイミングをずらすことで，出力電圧 v のパルス幅を変え，これにより出力電圧を変えるのが PWM 制御である。PWM 制御と PAM 制御については，4.4 節で詳しく述べる。

＊4　フーリエ級数展開：ある区間において，任意の周期的な連続関数を種々の周波数をもつ三角関数(正弦波，余弦波)の重ね合わせ(和)によって近似したもの。直流(0次)成分を含め，基本波周波数成分や，高調波(基本波周波数の整数倍周波数波)成分の振幅は「フーリエ係数」と呼ばれ，これらを周波数の関数として表示したスペクトル(spectrum)は関数に含まれる各次数成分の含有比率を視覚的に表す有効な手段である。

$$v(t)=V_0+\sum_{n=1}^{\infty}(V_{\mathrm{A}n}\cos n\omega t+V_{\mathrm{B}n}\sin n\omega t)=V_0+\sum_{n=1}^{\infty}V_{\mathrm{m},n}\sin(n\omega t+\theta_n)$$

ただし，

$$V_0=\frac{1}{T}\int_0^T v(t)\mathrm{d}t,\quad V_{\mathrm{m},n}=\sqrt{{V_{\mathrm{A}n}}^2+{V_{\mathrm{B}n}}^2},\quad \theta_n=\tan^{-1}\left(\frac{V_{\mathrm{A}n}}{V_{\mathrm{B}n}}\right)$$

である($V_{\mathrm{m},n}$ は n 次の電圧の振幅)。

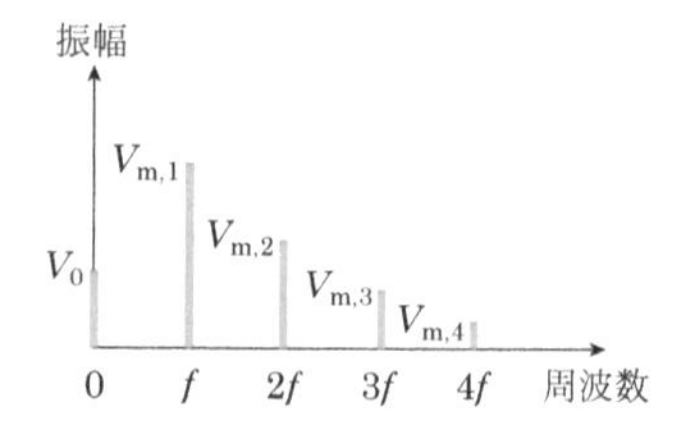

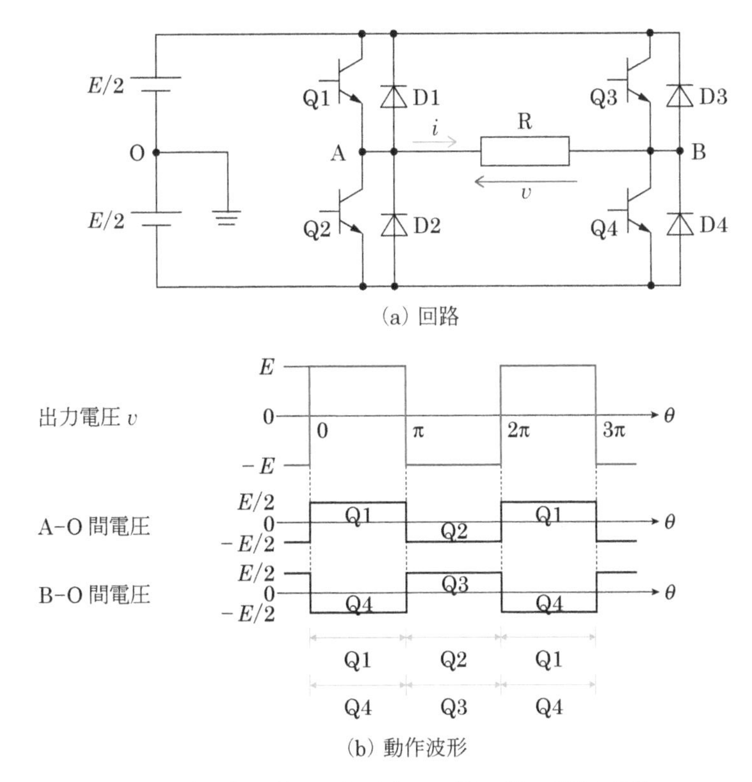

図 4.5　単相電圧形インバータ(フルブリッジ)の回路と動作

4.2.2　三相電圧形ブリッジインバータ

図 4.6(a)に三相電圧形ブリッジインバータ回路の構成を示す。6 個のトランジスタ Q1 から Q6 および逆並列ダイオード D1 から D6 で構成される。直列接続されたトランジスタ Q1, Q2 とダイオード D1, D2 は，先述した単相電圧形ハーフブリッジインバータ回路の 1 レグと同じ構成となっており，Q3 と Q4，Q5 と Q6 の各レグにおいても同様である。単相電圧形ハーフブリッジインバータ回路と同様に，各レグの上下トランジスタは交互に π(180°)の区間オンし，3 レグの位相差が 2π/3 になるように動作すると，各レグから U, V, W の三相交流電圧が出力される。図 4.6(b)にこの動作波形を示す。ここでも，デッドタイム Δ や逆バイアスについては省略している。

三相電圧形ブリッジインバータは，オンしているトランジスタの組み合わせによって①から⑥の 6 つの動作モードをもつ。各スイッチ動作ごとの負荷電圧と負荷電流は図 4.4(b)での説明と同様であり，各トランジスタの動作が 2π/3 ずつずれて，図 4.6(b)で「インバータ相電圧」と表した電圧が出力される。

線間電圧はインバータ相電圧から算出される。図 4.6(a)に示したように，負荷中性点を N，各相の電流を i_U, i_V, i_W として，負荷中性点 N にキルヒホッフの法則を適用すると，

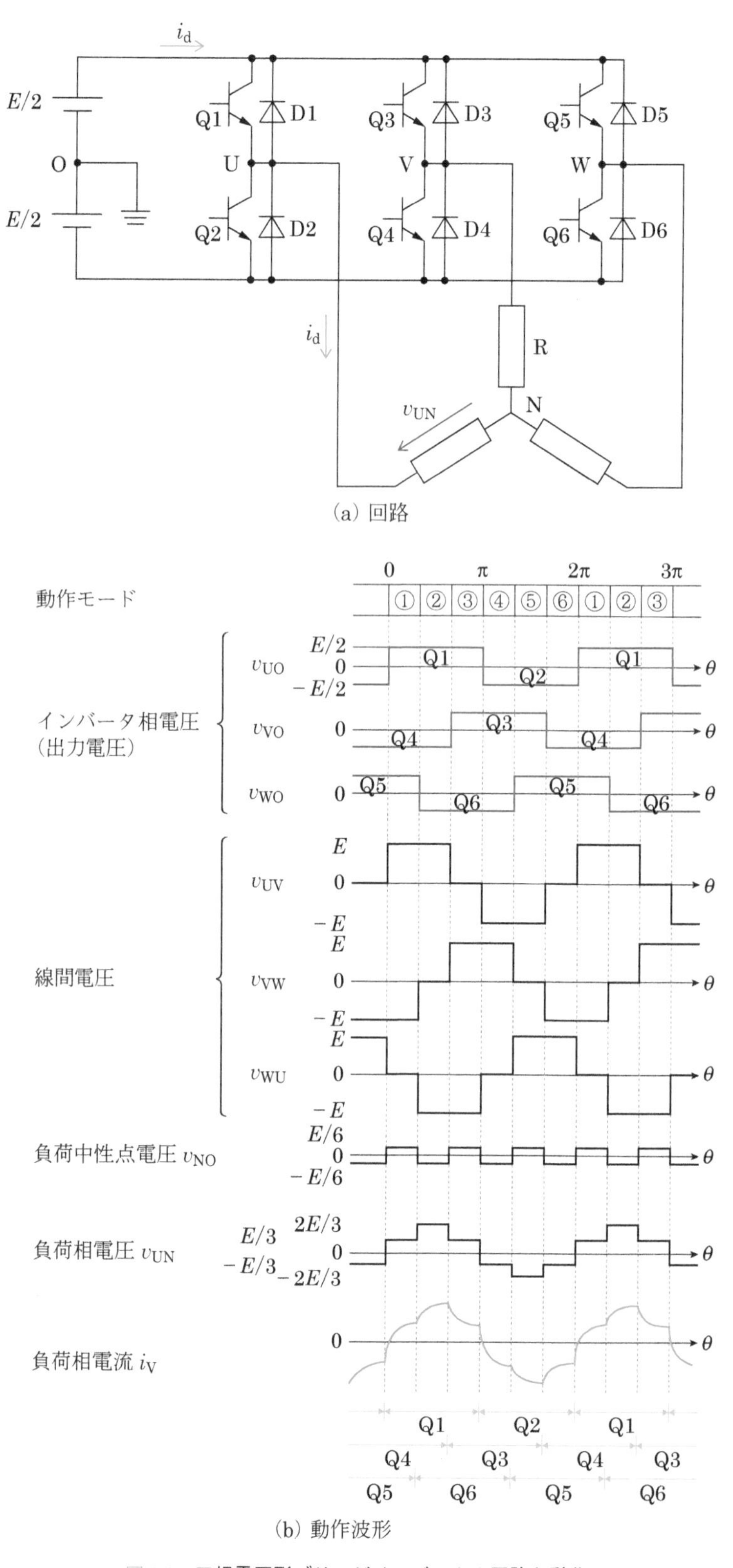

図4.6　三相電圧形ブリッジインバータの回路と動作

$$i_U + i_V + i_W = 0 \tag{4.4}$$

が成立するので，各相電圧と中性点電圧との電位差が各相に接続された負荷（インピーダンス Z）にかかる電圧になるため，式(4.4)は

$$\frac{v_{UO} - v_{NO}}{z} + \frac{v_{VO} - v_{NO}}{z} + \frac{v_{WO} - v_{NO}}{z} = 0 \tag{4.5}$$

となり，これを整理すると負荷中性点電圧が

$$v_{NO} = \frac{v_{UO} + v_{VO} + v_{WO}}{3} \tag{4.6}$$

となる[*5]。式(4.6)右辺の分子は各相電圧であるので，この式を計算すると，図 4.6(b)のように，各相電圧の 3 倍の周波数で振幅 $E/6$ の矩形波となる。また，負荷相電圧 $v_{UN} = v_{UO} - v_{NO}$ を計算すると，図 4.6(b)に示すような階段波となる。

*5 中性点は必ずしも接地されず，その場合の中性点電圧は0にならない。

この回路構成では，各相の相電圧が $+E_d/2$ と $-E_d/2$ の 2 つの値をとるため「2 レベルインバータ」と呼ばれるが，線間電圧は $-E$, 0, $+E$ の 3 つの値をとり，単相インバータと比べてより正弦波に近い（高調波の少ない）電圧出力となる。

例えば，U–V 間線間電圧 v_{UV} は，$\pm E$ の振幅で，幅 $2\pi/3$ の方形波であるから，これをフーリエ級数展開すると

$$v_{UV} = \frac{4}{\pi}\frac{\sqrt{3}}{2}E\left\{\sin\theta + \sum_{l=1,2,3,\cdots}\frac{(-1)^l}{6l\pm1}\sin(6l\pm1)\theta\right\} \tag{4.7}$$

と表される。ここで，l は正の整数である。3 次，9 次などの次数が 3 の倍数の高調波は含まないが，5 次，7 次などの低次の高調波[*6]が含まれていることがわかる。また単相のときと同様に，線間電圧基本波の実効値は，直流電圧 E を用いて

*6 高調波：基本周波数(50 Hz または60 Hz)の整数倍の周波数をもつ正弦波成分を高調波といい，例えば3倍の周波数成分を第3高調波，5倍の周波数成分を第5高調波と呼ぶ。

$$V_1 = \frac{\sqrt{6}}{\pi}E \tag{4.8}$$

と表されるので，三相でも単相と同様に，PWM 制御や PAM 制御を用いて E の値を制御し，出力電圧（方形波の振幅）を変更することができる。

4.2.3 マルチレベルインバータ

これまでに述べたブリッジインバータでは，1つの直流電圧レベルに対して，相電圧が2レベル波形，線間電圧が3レベル波形を出力する。これに対してマルチレベル方式では，直流電圧を分割することによって複数の直流電圧レベルを用意する。この直流電圧のレベルを適切に選択することで，相電圧や線間電圧の出力レベルを多くする。これにより，高調波を低減できる。

図 4.7(a)には N レベルインバータの模式図を，図 4.7(b)には回路の構成を，図 4.7(c)には2レベルインバータと N レベルインバータの出力電圧波形を比較したものを示す。直流電圧 E を $N-1$ 分割することにより，0を含めて N レベルの値を得ることができる。図 4.7(c)(ii)に示すように N レベルでは出力させる交流電圧をほぼ正弦波にできるため，図 4.7(c)(i)の2レベルインバータの出力に用いる交流フィルタが不要になる。また，1相あたりの動作モードが N 個であるため，三相の場合には N^3 個の動作モードが選択可能となり，交流側の高調波低減に効果的である。

通常，2レベルインバータではその出力部にフィルタを設け，矩形波をより正弦波に近い形状に変換するが，N レベルインバータでは必ずしもフィルタを使用しなくてもよい。反面，半導体素子数は増加する。1相あたり $2(N-1)$ 個のトランジスタと，直流分圧点に接続されるダイオード(クランプダイオード)を必要とするが，各トランジスタには直流電圧の分圧がかかるため，直流電圧が高電圧の場合にも適する。

具体的なイメージをつかむため，3レベルインバータの動作について考えよう。図 4.8(a)には3レベルインバータの模式図を，図 4.8(b)には回路の構成を示す。$V_0=E$ とするためには図 4.8(b)の4つのIGBTのうちQ1とQ2を導通させ，$V_0=-E$ とするためにはQ3とQ4を導通させる。また，$V_0=0$ とするためには，Q1とQ4をオフにし，Q2とQ3をオンにする。このとき，Q3とQ4それぞれの逆並列ダイオードD2とD3は逆バイアスとなっているために導通しない。すなわち，出力と接地電位が逆並列のクランプダイオード2つを介して導通している。

表 4.2 3レベルインバータの各動作モードにおけるスイッチ状態

Q1	Q2	Q3	Q4		出力電圧
オン	オン	オフ	オフ	⇒	$V_0=E$
オフ	オン	オン	オフ	⇒	$V_0=0$
オフ	オフ	オン	オン	⇒	$V_0=-E$

表 4.2は，図 4.8に示した3レベルインバータの動作モードごとのスイッチ状態を表している。これからわかるように，1レグ(1相)あたりの出力電圧レベルは3レベルである。

図 4.8はレグが1本のハーフブリッジ構成であったが，図 4.9のようにレグを2本使ったフルブリッジ回路の場合，出力電圧 v_{UV} は各レグの出力電位差 v_U-v_V となる。v_U と v_V がそれぞれ $\pm E$ と0の3レベルを出力するということは，v_{UV} は $\pm 2E$, $\pm E$, 0の5レベルを出力することになる。

同様に3レベルのレグを3本使用し，レグ間のスイッチングのタイ

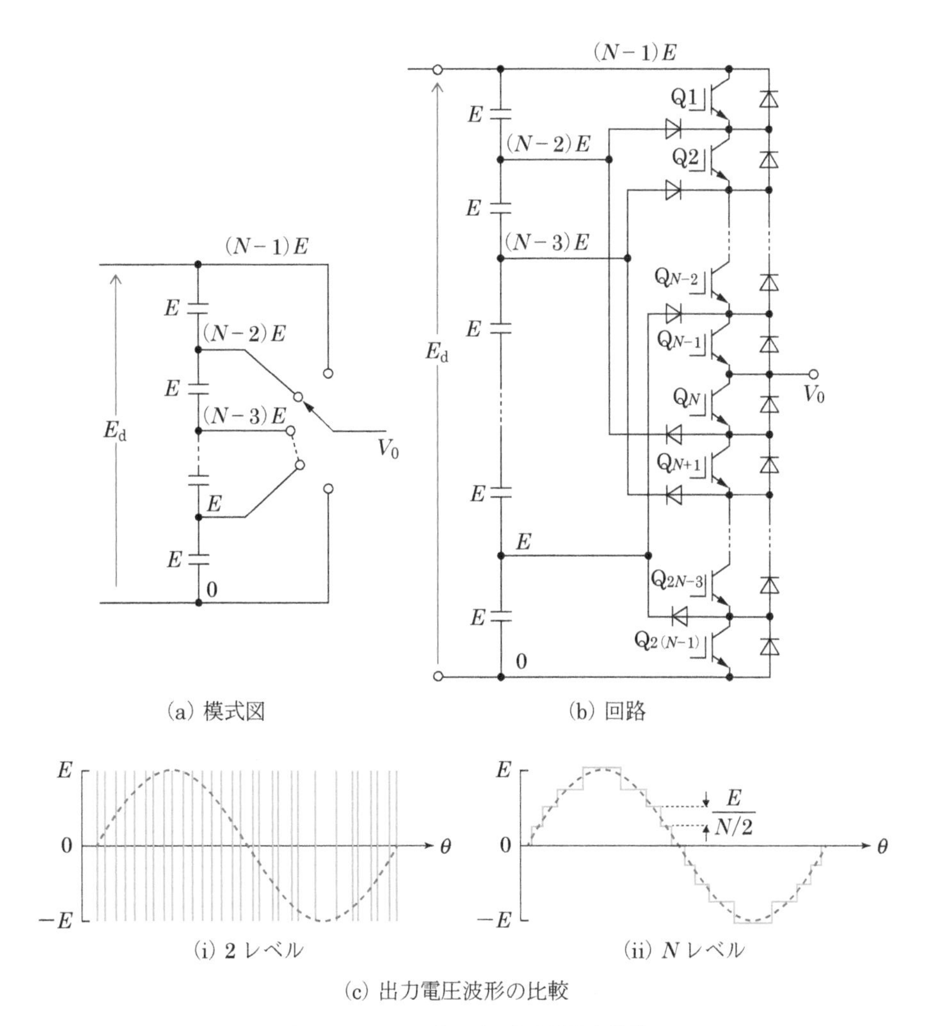

図4.7　Nレベルインバータの回路と動作

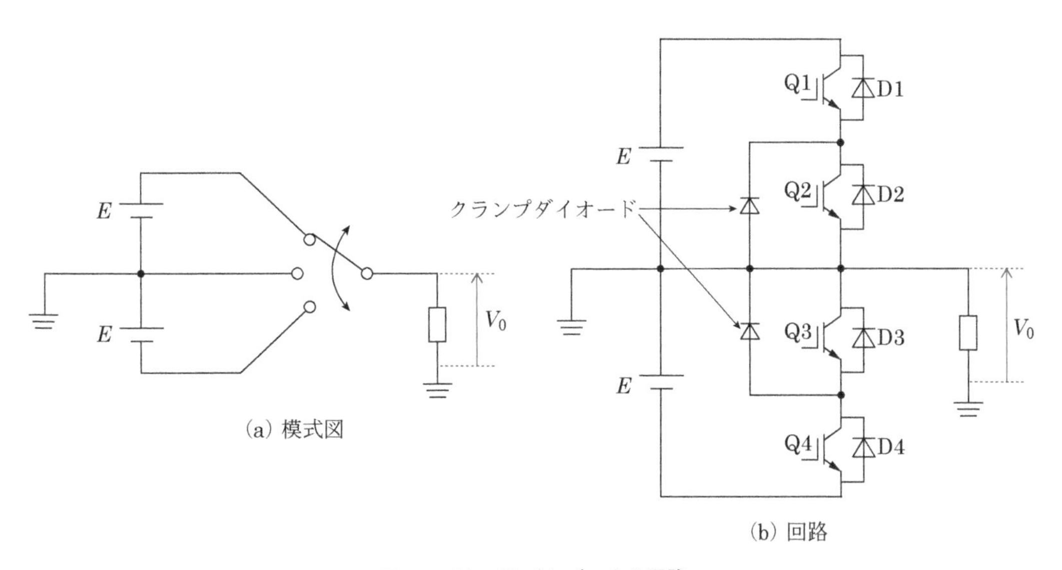

図4.8　3レベルインバータの回路

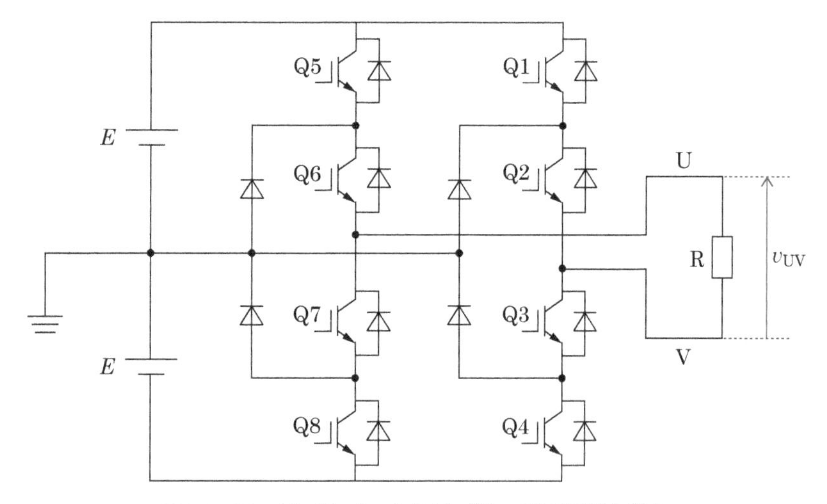

図4.9　3レベルインバータ(フルブリッジ)の回路と動作

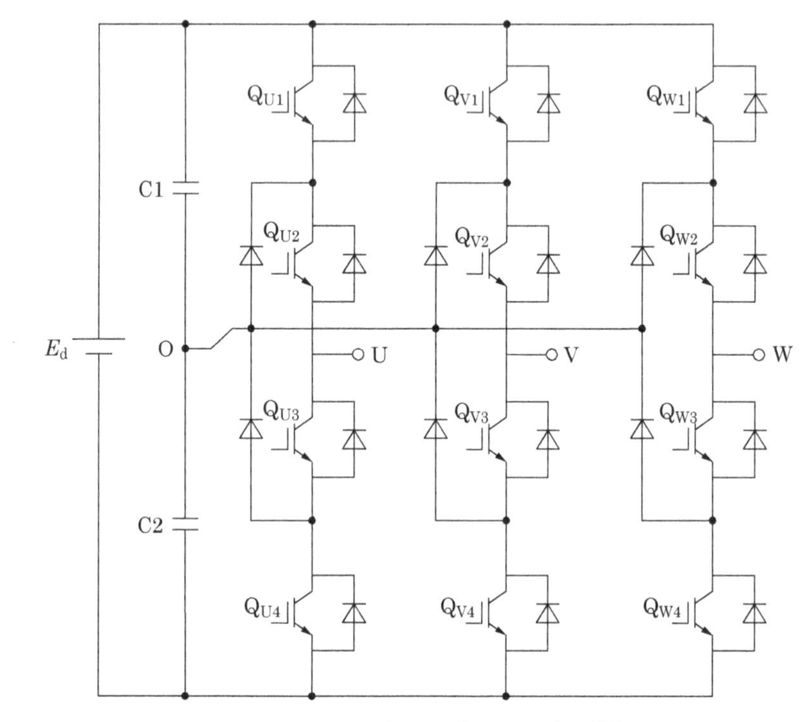

図4.10　3レベル三相インバータの回路と動作

ミングを2π/3ずつずらして制御すれば，3レベル三相インバータ回路を構成することができる。この回路の構成を図4.10に示す。

マルチレベルインバータでは，分割した直流電圧のバランスが極端に崩れると，交流側に偶数次の高調波が現れたり，スイッチング素子に悪影響が及ぼされたりする。そのため，直流コンデンサに流れる電流の平均値が0となるように制御するなど，分割した直流電圧を一定に保つ工夫が必要である。

4.3 電流形インバータ

表 4.1 に示したとおり，電流形インバータは，交流電圧を出力し，電圧の大きさと位相は負荷によって決定される。また，電流形インバータの電流は直流リアクトルで平滑化され，各相が動作モードに応じて切り換えられた矩形波電流として負荷に与えられる。

図 4.11(a)に電流形インバータ回路の構成を示す。電圧形インバータでは，供給電圧がスイッチングなどでなるべく変動しないように(定電圧源として動作するように)，直流電源と並列に直流コンデンサが接続されていた。一方で電流形インバータでは，一定の電流を平滑化して負荷に供給できるように(定電流源として動作するように)，直流電源と直列に直流リアクトル L が挿入されている。また，電圧形インバータのような逆並列ダイオードをもたないので，各スイッチにはオフ時の負荷インダクタンスの蓄積エネルギーを放出するためのダイオードがスイッチと直列に挿入されている。この構成により，電圧形インバータの電源

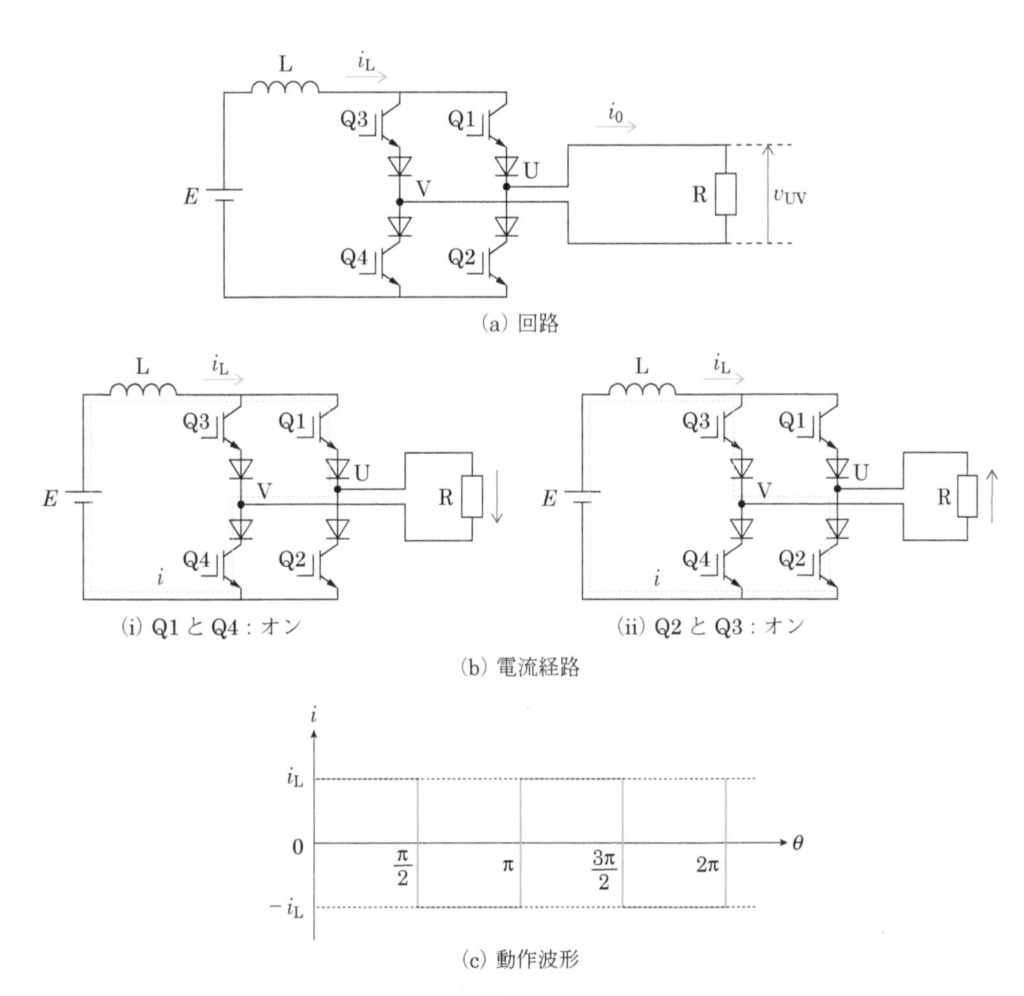

図 4.11 電流形インバータ

インピーダンスが非常に低くなるのに対し，電流形インバータの電源インピーダンスは非常に高くなる。

図4.11(b)に2つの動作モードにおける電流経路を示す。リアクトルの両端の電圧をv_L，これに流れる電流をi_Lとすると，$v_\mathrm{L}=L\mathrm{d}i_\mathrm{L}/\mathrm{d}t$となる。すなわち，リアクトルのインダクタンス$L$が十分大きい場合には，多少$v_\mathrm{L}$が変動しても$\mathrm{d}i_\mathrm{L}/\mathrm{d}t$は小さい。通常，電流形インバータでは，直流リアクトルによる平滑化の目的でLは十分大きく設定するため，各動作モード中のi_Lは一定($i_\mathrm{L}=I_\mathrm{L}$)と考えてよい。負荷に流れる電流はQ1とQ4がオンのとき(図4.11(b)(i))にはI_Lに等しく，Q3とQ2がオンのとき(図4.11(b)(ii))には$-I_\mathrm{L}$となり，負荷電流の波形は矩形波となる。出力電流波形の例として，上下スイッチの通流率が50%の場合の波形を図4.11(c)に示す。

次に，負荷出力電圧の波形を考える。電流形インバータであっても電圧源としてインバータが機能するために，出力側には負荷と並列にコンデンサが接続される(図4.12)。コンデンサCに電流が流入することでコンデンサCの両端(負荷Rの両端)の電圧が上昇し，それに従ってコンデンサCに流入していた電流が徐々に減少するとともに負荷Rに流れる電流が徐々に大きくなる。すなわち，図4.11(c)と同じく上下スイッチの通流率が50%の場合，負荷出力電圧v_UVの波形は，図4.13のように正弦波に似た波形となる。

図4.11から図4.13では電流形の単相インバータを考えたが，交流モータの駆動や電力用途においては単相交流ではなく三相交流が必要であ

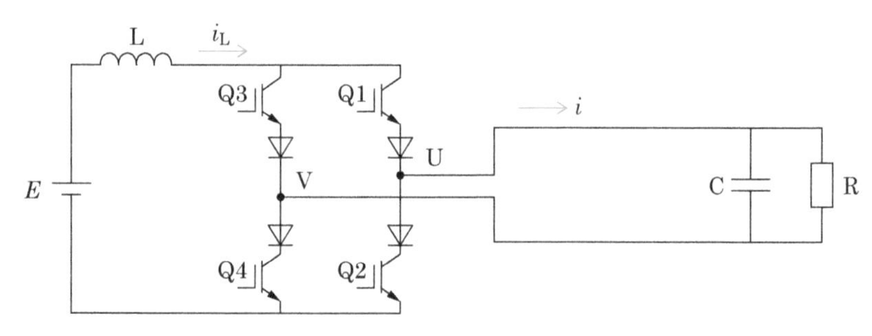

図4.12　電流形インバータにコンデンサが接続された回路

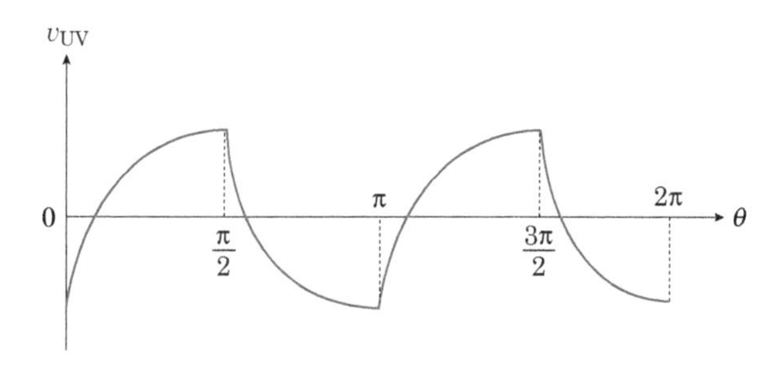

図4.13　コンデンサが接続された電流形インバータの負荷出力電圧波形

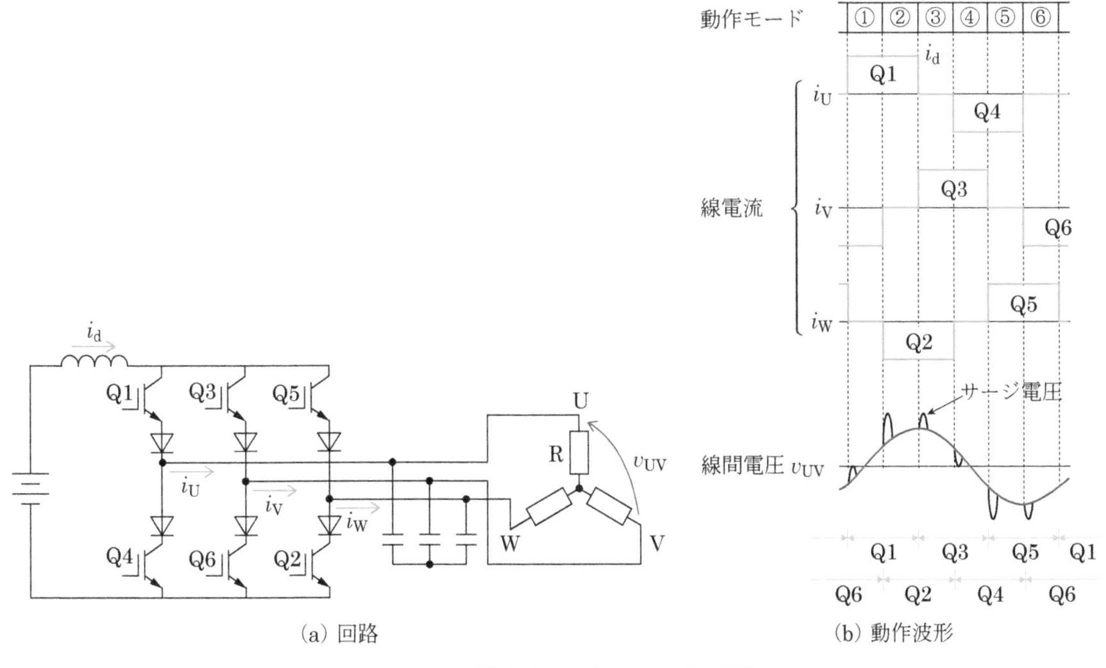

(a) 回路　(b) 動作波形

図 4.14　三相電流形インバータの回路と動作

る。そこで，電流形の三相インバータについて考えよう。

図 4.14 に三相電流形インバータ回路の構成および動作波形を示す。図 4.6 に示した三相電圧形ブリッジインバータと同様に，インバータには 1 サイクルあたり 6 つの動作モードがあり，それぞれのモードで上側の Q1, Q3, Q5 のうちの 1 個と，下側の Q2, Q4, Q6 のうちの 1 個が π/3 ずれて動作する。各スイッチは 2π/3 の区間導通するので，各相負荷電流は直流電流 I_d の波高値をもった，幅 2π/3 の矩形波となる。

各相の負荷電流の矩形波をフーリエ級数展開することにより，負荷電流の基本波実効値 I_1 は，直流電流 I_L を用いて

$$I_1 = \frac{\sqrt{6}}{\pi} I_L \tag{4.9}$$

と表される。

電流波形は矩形波であるため，多くの高調波分を含む。低次高調波の低減のために，次節で述べる PWM 制御方式が用いられる。

負荷出力電圧（線間電圧）の波形は正弦波に近いが，図 4.14(a)のように出力側にコンデンサが接続され，負荷にインダクタンス成分が存在するときは，図 4.14(b)のように線間電圧にサージ電圧*7 として現れる。これはゲートオフ時に負荷インダクタンスの蓄積エネルギー（転流エネルギー）はコンデンサに急激に蓄えられるためである。また，電圧の位相は負荷の力率*8 によって決定される。

*7　サージ電圧：異常な大きさの電圧や電流が電気回路内に瞬間的に発生することをサージと呼ぶ。この場合は定常状態を越えて発生する瞬間的なコンデンサ電圧を指す。

*8　力率：交流電力の効率に関する指標であり，皮相電力（抵抗に限らない負荷電流の位相に応じて生じる電力）に対する有効電力の割合で定義される。すなわち，供給された電力のうち実際に働いた電力の割合を意味する。

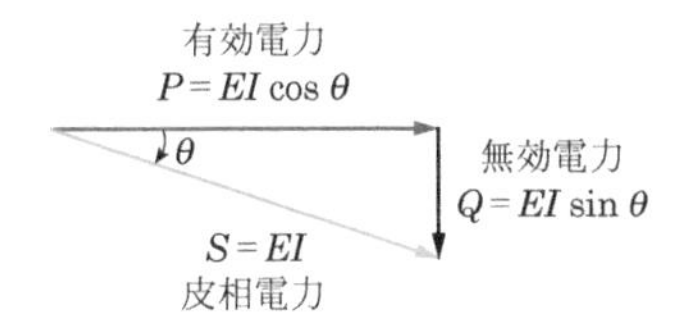

4.4　インバータの制御方法

4.2.1 項で述べたように，単相電圧形フルブリッジインバータ（図 4.5(a)）における負荷電圧 v は，図 4.5(b)に示したように A–B 間の電圧（A の電位と B の電位の差）となり，$E/2-(-E/2)=E$ の波高値をもつ方形波の交流電圧となる。これをフーリエ級数展開すると，

$$v=\frac{4}{\pi}E\left(\sin\theta+\frac{1}{3}\sin 3\theta+\frac{1}{5}\sin 5\theta+\cdots+\frac{1}{n}\sin n\theta+\cdots\right) \quad \text{(4.2の再掲)}$$

のように表され，大きさが次数に反比例するような多くの奇数次の高調波成分が含まれる。単相電圧形フルブリッジインバータにおける出力電圧 v の基本波成分の実効値 $V_1^{\,1}$ は

$$V_1^{\,1}=\frac{4}{\pi\sqrt{2}}E \quad (4.3')$$

のように直流電圧 E を用いて表される。ここで，V の右上にある数字 1 は単相を意味している。同様に，三相電圧形フルブリッジインバータの出力電圧（の基本波成分実効値）$V_1^{\,3}$ は，直流電圧 E を用いて

$$V_1^{\,3}=\frac{\sqrt{6}}{\pi}E \quad (4.8')$$

と表される。ここで，V の右上にある数字 3 は三相を意味している。すなわち，印加する直流電圧 E を制御できれば，出力電圧 v を制御できる。

直流電圧 E を制御するための代表的な手法が，トランジスタの切り換えタイミングをずらして印加電圧のパルス幅を変えるパルス幅変調（pulse width modulation, PWM）制御と，ベース電圧の振幅自体を直接制御するパルス振幅変調（pulse amplitude modulation, PAM）制御である。本節ではこれらについて解説する。なお，電流形インバータの場合，電圧形インバータに対して電圧と電流が入れ替わるだけでまったく同じ議論が適用できることから，本書では主に電圧形インバータを用いて説明する。

4.4.1　パルス幅変調（PWM）制御

単相電圧形ハーフブリッジインバータの PWM 制御

図 4.15 は PWM 制御のイメージを表している。図 4.15(a)に示す回路のスイッチの制御信号 Q1 として図 4.15(b)に示す矩形波を入力する。制御信号が高い（Q1 オン）とき，S1 は電源の正極（負極）と導通する。このパルス幅（スイッチをオンにする時間）を動的に変化させることで，インバータ回路からは矩形波電圧を出力し，その電圧をリアクトルで平滑化すると，図 4.15(c)に示すように，比較的滑らかな正弦波状の負荷電圧 V_0 が得られる。

図 4.16 は単相電圧形ハーフブリッジインバータの PWM 制御を表している。スイッチ Q1 と Q2 をオン／オフする制御信号は，「比較回路」

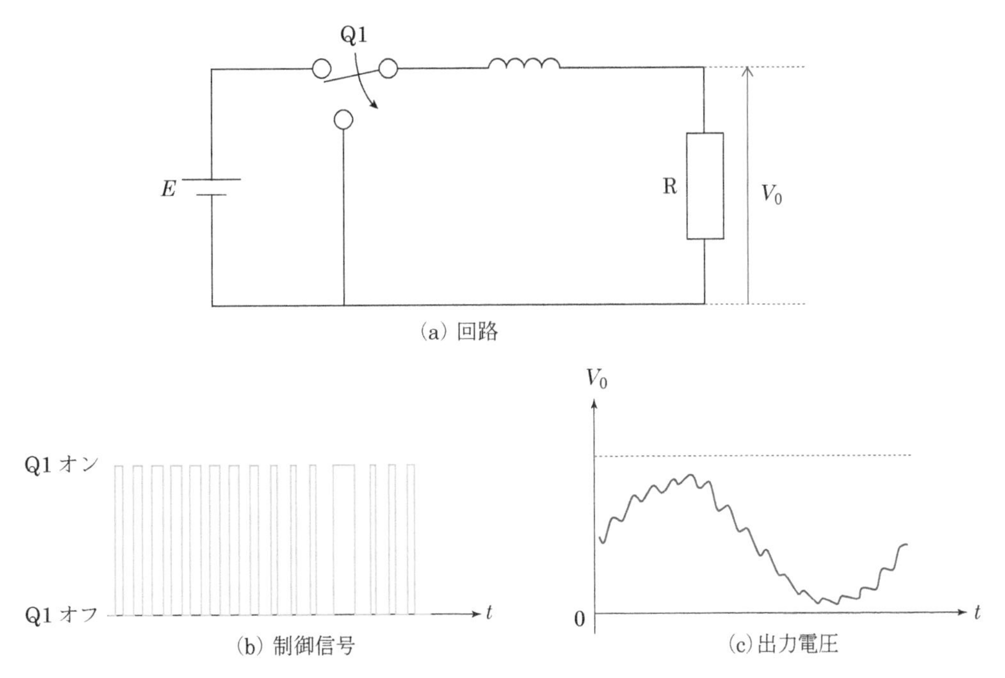

図4.15　PWM制御のイメージ

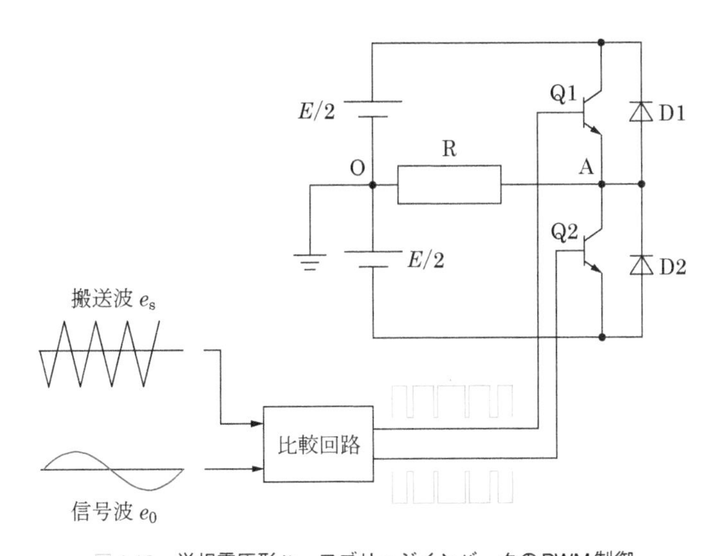

図4.16　単相電圧形ハーフブリッジインバータのPWM制御

の出力である。比較回路の入力の1つは，所望の出力電圧波形を表す「信号波」と呼ばれる信号 e_0 であり，例えば，負荷に対して供給する必要がある電力や，上位制御装置からの出力電力指令に応じた所望のインバータ出力電圧である。もう1つは「搬送波(キャリア波)」と呼ばれる信号 e_s で，比較回路では信号波 e_0 と搬送波 e_s の大小を比較する。信号波が搬送波を上回るときに比較器から出力されるQ1の制御信号は1(オン)であり，逆に信号波が搬送波を下回るときにはQ1の制御信号は

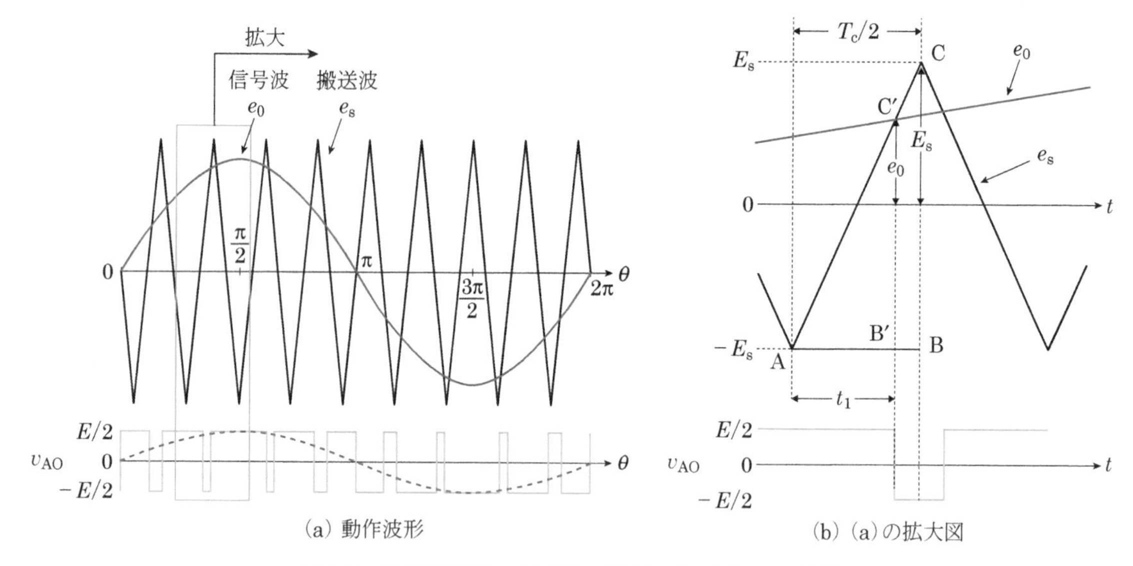

図4.17　単相電圧形ハーフブリッジインバータのPWM波形

0(オフ)となる。Q2への制御信号は，4.2.1項の「ハーフブリッジ」で解説したように，インバータ回路が短絡しないように，Q1への制御信号と1(オン)，0(オフ)が反対となる。

図4.17には単相電圧形ハーフブリッジインバータの信号波と搬送波の比較(上図)，および負荷出力電圧の波形(下図)を示した。図4.17(a)の緑色枠線で囲んだ領域を拡大して横軸をtに変換したものが図4.17(b)である。

Q1がオンのときQ2はオフであり，負荷電圧は$v_{AO}=E/2$である。一方で，Q1がオフのときQ2はオンであり，負荷電圧は$v_{AO}=-E/2$である。この関係を式で表すと，次のようになる。

$$v_{AO}=\begin{cases} e_0 \geqq e_s \quad (\text{Q1:オン}) \Rightarrow +\dfrac{E}{2} \\ e_0 < e_s \quad (\text{Q2:オン}) \Rightarrow -\dfrac{E}{2} \end{cases} \tag{4.10}$$

搬送波が三角波であるため，このような比較方式は三角波比較方式と呼ばれ，基本的かつ古典的な手法である。また，三角波の周波数f_cはキャリア周波数と呼ばれる。

図4.17(b)の区間におけるトランジスタの切り替わる時刻をt_1，搬送波である三角波の波高値をE_sとし，搬送波の半周期(キャリア半周期)$T_c/2$における局所的なインバータ出力電圧v_{AO}の平均値V_{AO}を計算する。図4.17(b)を参考に，搬送波の1/4周期における出力負荷電圧の面積を考えると，△ABC∽△AB′C′の関係*9を利用して

*9　△ABCと△AB′C′は相似形であるので，以下の式が成立する。

$$\frac{t_1}{T_c/2}=\frac{E_s+e_0}{2E_s}$$

$$\begin{aligned} V_{\mathrm{AO}} &= \frac{1}{T_{\mathrm{c}}/2}\left\{\frac{E}{2}t_1 - \frac{E}{2}\left(\frac{T_c}{2} - t_1\right)\right\} \\ &= \frac{t_1}{T_{\mathrm{c}}/2}E - \frac{1}{2}E \\ &= \frac{E_{\mathrm{s}} + e_0}{2E_{\mathrm{s}}}E - \frac{1}{2}E \\ &= \frac{e_0}{2E_{\mathrm{s}}}E \end{aligned} \tag{4.11}$$

となり，所望の信号波(変調波)の電圧波形 e_0 に比例することがわかる。

e_0 が振幅 E_0，角周波数 $\omega = 2\pi f$ (f は周波数)の正弦波

$$e_0 = E_0 \sin \omega t \tag{4.12}$$

で表されるときは，式(4.11)および(4.12)から，局所区間におけるインバータ出力電圧の平均値 V_{AO} は

$$V_{\mathrm{AO}} = \frac{1}{2}\frac{E_0}{E_{\mathrm{s}}}E \sin \omega t_1 \tag{4.13}$$

となる。ここで，

$$a = \frac{E_0}{E_{\mathrm{s}}} \tag{4.14}$$

を**振幅変調度**(amplitude modulation factor)といい，変調波の振幅 E_0 と搬送波である三角波の波高値 E_{s} との比として定義される。通常，$0 < a < 1$ であり，変調度 a を変えることにより任意の振幅の電圧を発生させることが可能である。

以上から，キャリア周波数 f_{c}($\gg f$)を高く(キャリア半周期 $T_{\mathrm{c}}/2$ を小さく)設定すればするほど，インバータ出力電圧 v_{AO} がより滑らかな正弦波になることがわかる。例えば，太陽光発電装置のような分散電源を電力系統に連系する場合はその電源品質(高調波が少なく，ひずみ率*10の低い電圧波形)が要求されるので，キャリア周波数の高周波化は1つの手段となる。ただし，半導体素子の動作能力範囲内で設定する必要があり，さらに，高周波数になればなるほど，スイッチング回数の増加にともなう損失も増大するので注意が必要である。例えば，モータ駆動用インバータなど，ひずみ率よりも効率が優先される場合には，キャリア周波数は用途に応じて設定するのがよい。例として，GTO では 1 kHz 以下，IGBT では数 kHz から十数 kHz，パワー MOSFET では数百 kHz などに設定される。

*10 ひずみ率(distortion factor)：波形のひずみの程度を表す値。一般には，基本波の実効値に対する高調波の実効値の割合である。

単相電圧形フルブリッジインバータのPWM制御

図 4.18 は単相電圧形フルブリッジインバータの PWM 制御を表している。Q1 と Q2 のゲート信号は図 4.17 のハーフブリッジインバータのときと同様で，Q4 は Q1 と同じ，Q3 は Q2 と同じ信号が与えられる。点 A の出力 v_{AO} は式(4.10)と同じ(図 4.17(a)下図)であり，点 B の出力 v_{BO} はその正負が反転した波形となる。図 4.17(a)下図のように出力波形が半周期の間に正負の値をとる制御方式をバイポーラ PWM 制御と呼ぶ。

一方で，出力電圧が半周期に正か負の一方の電圧値しかとらない制御手法はユニポーラ PWM 制御と呼ばれ，バイポーラ PWM 制御に比べて電圧波形の変化が少なく高調波成分が低下するため，広く用いられている。図 4.19 は図 4.18 と同じ単相電圧形フルブリッジインバータのユニ

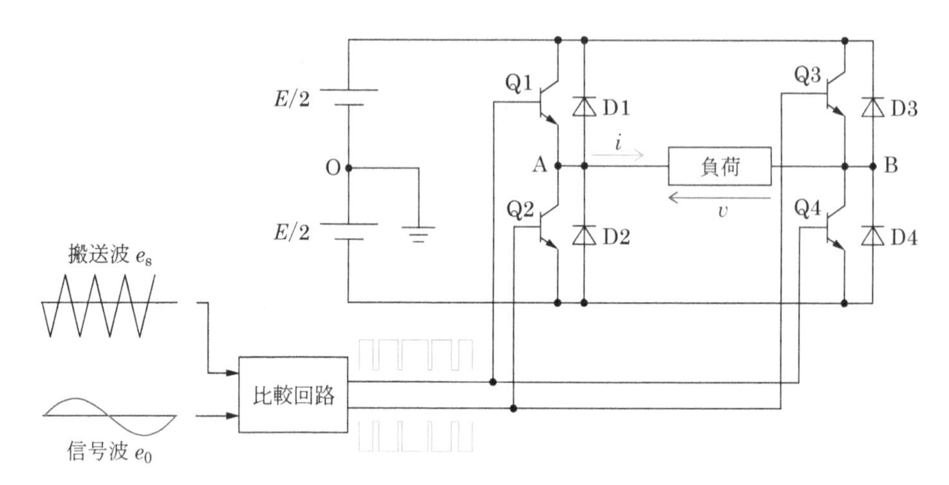

図4.18　単相電圧形フルブリッジインバータのPWM制御

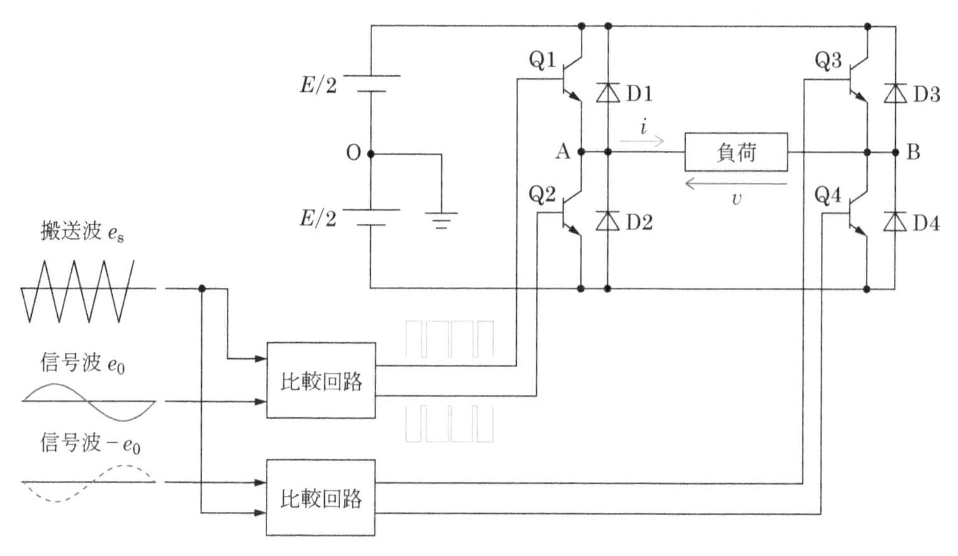

図4.19　単相電圧形フルブリッジインバータのユニポーラPWM制御

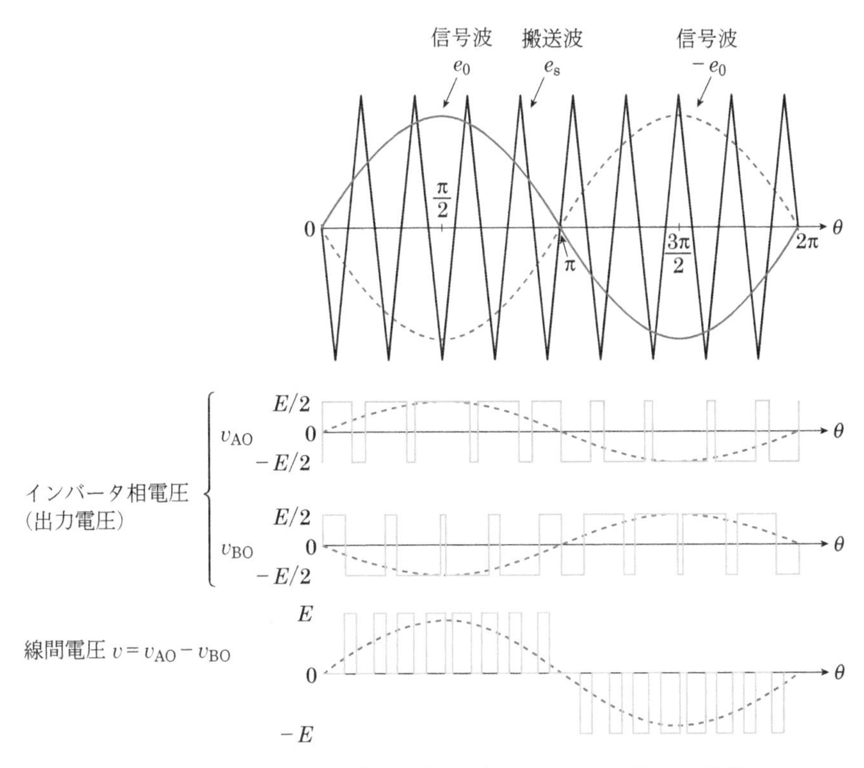

図4.20　単相電圧形フルブリッジインバータのユニポーラPWM波形

ポーラPWM制御を表す図で，図4.20はその動作波形である。制御信号には正と負の変調波 e_0 と $-e_0$ を用意し，出力波形を次のように決定する。

$$v_{AO}=\begin{cases} e_0 \geq e_s \quad (\text{Q1:オン}) \Rightarrow +\dfrac{E}{2} \\ e_0 < e_s \quad (\text{Q2:オン}) \Rightarrow -\dfrac{E}{2} \end{cases}$$
$$v_{BO}=\begin{cases} -e_0 > e_s \quad (\text{Q3:オン}) \Rightarrow +\dfrac{E}{2} \\ -e_0 \leq e_s \quad (\text{Q4:オン}) \Rightarrow -\dfrac{E}{2} \end{cases} \tag{4.15}$$

式(4.13)，(4.14)と同様に，局所区間におけるインバータ出力電圧の平均値 V_{AO} と V_{BO} および $v=v_{AO}-v_{BO}$ の局所平均 V を求めると，

$$\begin{cases} V_{AO}(t)=\dfrac{1}{2}aE\sin\omega t \\ V_{BO}(t)=-\dfrac{1}{2}aE\sin\omega t \\ V(t)=aE\sin\omega t \end{cases} \tag{4.16}$$

となり，ユニポーラの場合もインバータ出力電圧 v が変調波の振幅 e_0 に比例した正弦波となり，変調度 a を変えることにより任意の振幅の電圧を発生させることが可能である。

三相電圧形ブリッジインバータのPWM制御

図 4.21 は，図 4.6(a)に示した三相電圧形ブリッジインバータに適用するPWM制御の動作波形を表している。U, V, W の各相(レグ)を単相ハーフブリッジインバータとして考えればよい。各相の比較器に入力される信号波は，各相の負荷に与えたい電圧そのものである。一般的には正弦波を出力したいので，U, V, W 相の信号波 e_{UO}, e_{VO}, e_{WO} は，振幅が等しく各相の位相差が互いに $2\pi/3$ である正弦波とする。図 4.21 には「インバータ相電圧」のところに破線で e_{UO} と e_{VO} が描かれている。搬送波 e_{s} には共通の三角波信号を用いる。三角波の周波数(キャリア周波数)は信号波の周波数よりも十分高く設定する。これにより，信号波信号の1周期(いまの場合は正弦波1周期)中のPWMパルスが多く生成されることになり，よりきめ細やかな出力電圧を得ることができる。比較器から出力されるトランジスタのベース信号(オン信号とオフ信号)は次式で表され，インバータ相電圧 v_{UO}, v_{VO}, v_{WO} が決定される。図 4.21 では v_{UO} と v_{VO} が描かれている。

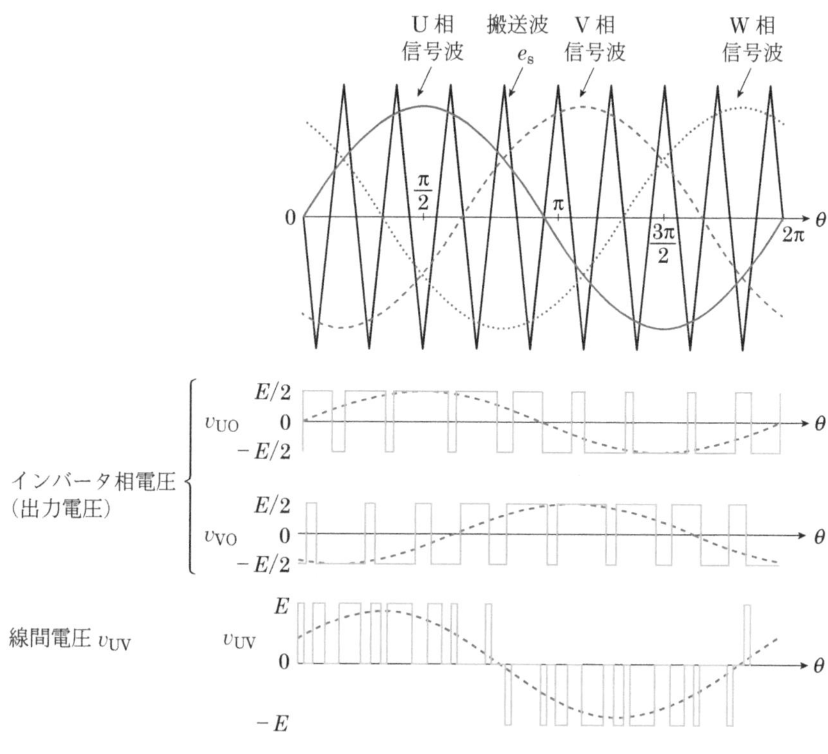

図 4.21　三相電圧形ブリッジインバータのPWM波形

$$v_{UO}=\begin{cases} e_{UO}\geqq e_s \quad (\text{Q1:オン})\Rightarrow +\dfrac{E}{2} \\ e_{UO}<e_s \quad (\text{Q2:オン})\Rightarrow -\dfrac{E}{2} \end{cases}$$
$$v_{VO}=\begin{cases} e_{VO}\geqq e_s \quad (\text{Q3:オン})\Rightarrow +\dfrac{E}{2} \\ e_{VO}<e_s \quad (\text{Q4:オン})\Rightarrow -\dfrac{E}{2} \end{cases} \tag{4.17}$$
$$v_{WO}=\begin{cases} e_{WO}\geqq e_s \quad (\text{Q5:オン})\Rightarrow +\dfrac{E}{2} \\ e_{WO}<e_s \quad (\text{Q6:オン})\Rightarrow -\dfrac{E}{2} \end{cases}$$

単相と同様に，変調度 a を変調波の振幅と搬送波の波高値の比で定義し，インバータ各相の出力電圧を求めると，

$$\begin{cases} v_{UO}(t)=\dfrac{1}{2}aE\sin\omega t \\ v_{VO}(t)=\dfrac{1}{2}aE\sin\left(\omega t-\dfrac{2}{3}\pi\right) \\ v_{WO}(t)=\dfrac{1}{2}aE\sin\left(\omega t-\dfrac{4}{3}\pi\right) \end{cases} \tag{4.18}$$

となり，相電圧 v_{UO}, v_{VO}, v_{WO} は変調波 e_{UO}, e_{VO}, e_{WO} と同位相で互いに $2\pi/3$ の位相差をもつ，振幅 $\pm E/2$ の矩形波となる。これから，U–V 間線間電圧は

$$\begin{aligned} v_{UV}(t)&=v_{UO}(t)-v_{VO}(t) \\ &=\frac{1}{2}aE\sin\omega t-\frac{1}{2}aE\sin\left(\omega t-\frac{2}{3}\pi\right) \\ &=\frac{\sqrt{3}}{2}aE\sin\left(\omega t+\frac{1}{6}\pi\right) \end{aligned} \tag{4.19}$$

となって，振幅が $\sqrt{3}/2$，実効値が $(\sqrt{3}/2\sqrt{2})aE$ となる。図 4.21 では変調度 $a=1$ として，v_{UV} が描かれている。ここで，この線間電圧は半周期で一定方向の電圧値しかとらないため，ユニポーラ PWM 制御であり，線間電圧 v_{UV} が相電圧 v_{UO} より $\pi/6$ 進んでいることがわかる。

ここで，例えば変調度 $a=1$ とすると，式(4.19)より，出力電圧の波高値は約 86.6%$(\sqrt{3}/2)$，実効値は 61.2%$(\sqrt{3}/2\sqrt{2})$ となり，直流電圧がずいぶん目減りして使われていることがわかる。これを改善する手法として，三次調波重畳法がよく用いられるので紹介しておく。

三次調波重畳法では，例えば図 4.22 と式(4.20)に示すように，基本波信号に三次調波信号を重畳し，最大値が E_0 となる合成信号を変調波として設定する。

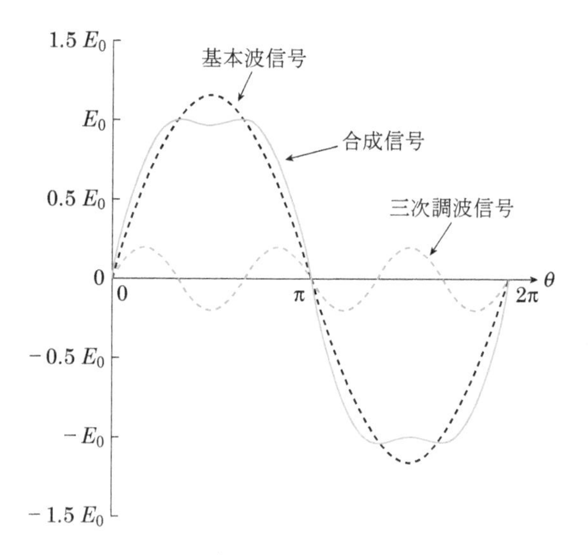

図4.22　三次調波を重畳させた制御信号

$$\begin{cases} e_{\mathrm{UO}}(t)=\dfrac{2}{\sqrt{3}}E_0\left(\sin\omega t+\dfrac{1}{6}\sin 3\omega t\right) \\ e_{\mathrm{VO}}(t)=\dfrac{2}{\sqrt{3}}E_0\left\{\sin\left(\omega t-\dfrac{2}{3}\pi\right)+\dfrac{1}{6}\sin 3\omega t\right\} \\ e_{\mathrm{WO}}(t)=\dfrac{2}{\sqrt{3}}E_0\left\{\sin\left(\omega t-\dfrac{4}{3}\pi\right)+\dfrac{1}{6}\sin 3\omega t\right\} \end{cases} \tag{4.20}$$

この場合の各相電圧は，式(4.13)と同様に考えて，

$$\begin{cases} v_{\mathrm{UO}}(t)=\dfrac{1}{2}\dfrac{E}{E_{\mathrm{s}}}e_{\mathrm{UO}}(t)=\dfrac{1}{\sqrt{3}}aE\left(\sin\omega t+\dfrac{1}{6}\sin 3\omega t\right) \\ v_{\mathrm{VO}}(t)=\dfrac{1}{2}\dfrac{E}{E_{\mathrm{s}}}e_{\mathrm{VO}}(t)=\dfrac{1}{\sqrt{3}}aE\left\{\sin\left(\omega t-\dfrac{2}{3}\pi\right)+\dfrac{1}{6}\sin 3\omega t\right\} \\ v_{\mathrm{WO}}(t)=\dfrac{1}{2}\dfrac{E}{E_{\mathrm{s}}}e_{\mathrm{WO}}(t)=\dfrac{1}{\sqrt{3}}aE\left\{\sin\left(\omega t-\dfrac{4}{3}\pi\right)+\dfrac{1}{6}\sin 3\omega t\right\} \end{cases} \tag{4.21}$$

となるので，U–V 間線間電圧は

$$\begin{aligned} v_{\mathrm{UV}}(t)&=v_{\mathrm{UO}}(t)-v_{\mathrm{VO}}(t) \\ &=aE\sin\left(\omega t+\frac{\pi}{6}\right) \end{aligned} \tag{4.22}$$

となって，$a=1$ のときに 100%の直流電圧を利用できることになる。

4.4.2　パルス振幅変調(PAM)制御

PAM 制御は矩形波の振幅を調整することにより出力電圧を制御する手法であり，PWM 制御のような矩形波を用いた制御に対して補助的に採用される。すなわち，PWM 制御によって生成する矩形波の振幅を，PAM 制御によって調整する。ここでは，直流電圧可変形の PWM 制御を，例えば，ルームエアコンのコンプレッサ(永久磁石形モータ)に適用する場合について紹介する。

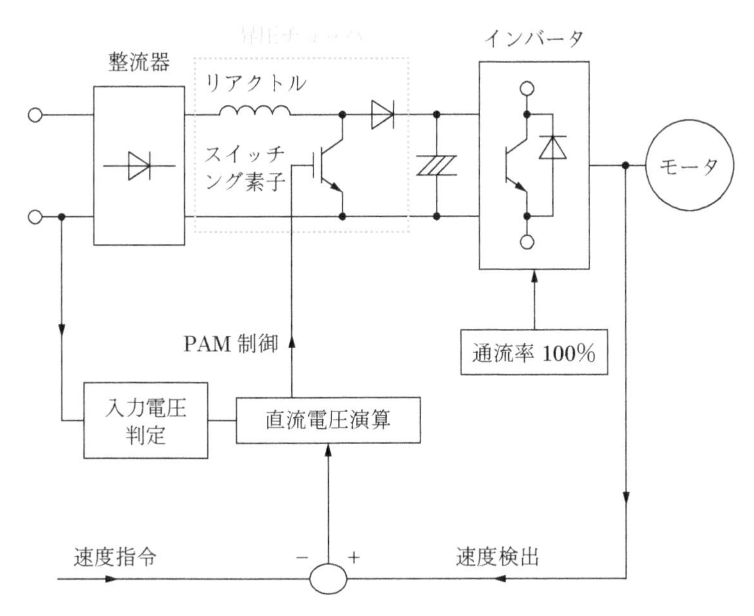

図 4.23 直流電圧可変形 PWM 制御インバータの回路

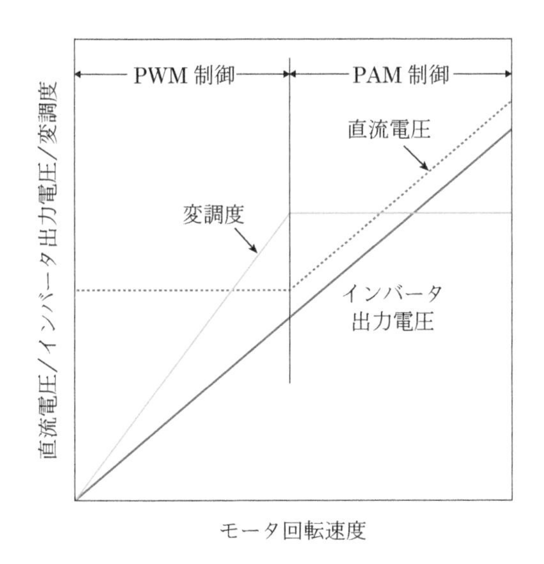

図 4.24 モータ回転速度と入出力電力および変調度との関係

図 4.23 は，ダイオード整流回路＋昇圧チョッパ回路（第 5 章 5.2 節参照）で直流電圧を調整する直流電圧可変形 PWM 制御インバータ回路の構成で，図 4.24 はその制御手法の切り換えを表している。エアコンのモータ（コンプレッサ）は，インバータの出力周波数により回転速度を変え，冷暖房機能の調整を行う。モータの回転速度が低い領域では，直流電圧（昇圧チョッパの出力電力，すなわちインバータの入力電圧）が一定になるように昇圧チョッパを制御する。このとき，インバータは PWM 制御され，出力周波数に比例するように出力電圧を調整する。反対に，モータ回転速度が高い領域の出力電圧の調整を PWM 制御が担うため

には，より大きな変調率が必要となってインバータの大形化を招く。そのため，このような領域では，PWM 制御の変調度を許容される最大値で一定に維持し，かつ昇圧チョッパでインバータ直流入力電圧をモータ回転速度に比例するように制御する（PAM 制御）手法もある。

図 4.23 の昇圧チョッパでは，PAM 制御だけではなく，直流電源の力率改善制御を併用することも可能である。整流回路の出力電圧波形から電源電圧位相を検出し，出力電流をこれに同期させることで力率を 100％にできる。

このように，PWM 制御と PAM 制御の複合制御は高効率と高出力を両立できるため，エアコンだけではなく多くの家電製品に導入されている。

4.5　PWM 制御の注意点

4.5.1　非同期式 PWM 制御におけるビート現象

インバータのキャリア周波数を固定し，変調波周波数を変化させるとき，これらの比 K_f が整数にならない場合も当然ある。K_f が十分大きい場合（例えば 10 倍以上の場合）は「非同期式 PWM 制御」として実用上問題にならない。

しかし，バイポーラトランジスタや GTO などでは比 K_f が数倍程度と高く設定できないため，K_f が整数にならない場合は搬送波と変調波の位相が一致せず，出力電圧が変調波の正弦波のような対称形とならないため，負荷電流が低い周波数で脈動するビート現象が発生することがある。ビート現象が発生するとインバータ電流が増加し，GTO サイリスタの電流遮断限界を超えたり，トルク脈動と呼ばれる振動や騒音が大きくなる現象が発生したりする。図 4.25 は，非同期式 PWM 制御と同期式 PWM 制御における，出力電圧波形の対称性の違いを表したものである。図 4.25（a），（b）ともに，1 番上のグラフは PWM 信号生成のための信号波と搬送波の比較，2 番目と 3 番目のグラフは出力相電圧，4 番目と 1 番下のグラフは出力線間電圧と出力電流を示している。図 4.25（a）の非同期式の場合は，信号波の位相と搬送波の位相が周期によって異なるため，出力線間電圧が非対称となって所望の正弦波のように出力されていない。これがビート現象の原因となる。一方で，図 4.25（b）の同期式の場合は，信号波の位相が 0 または π のときにキャリア波の谷（$3\pi/2$）が同期するように設定されており，これにより出力線間電圧が所望の正弦波に近くなってビート現象を回避できる。

ビート現象が問題となる場合には，信号波に搬送波を同期させる必要があるが，三相インバータの場合は，対称性のため，キャリア周波数の変調波周波数に対する比 K_f が 3 の倍数となるように設定する。図 4.26 は，搬送波と変調波のゼロ点を一致させた場合で，図 4.27 は搬送波の

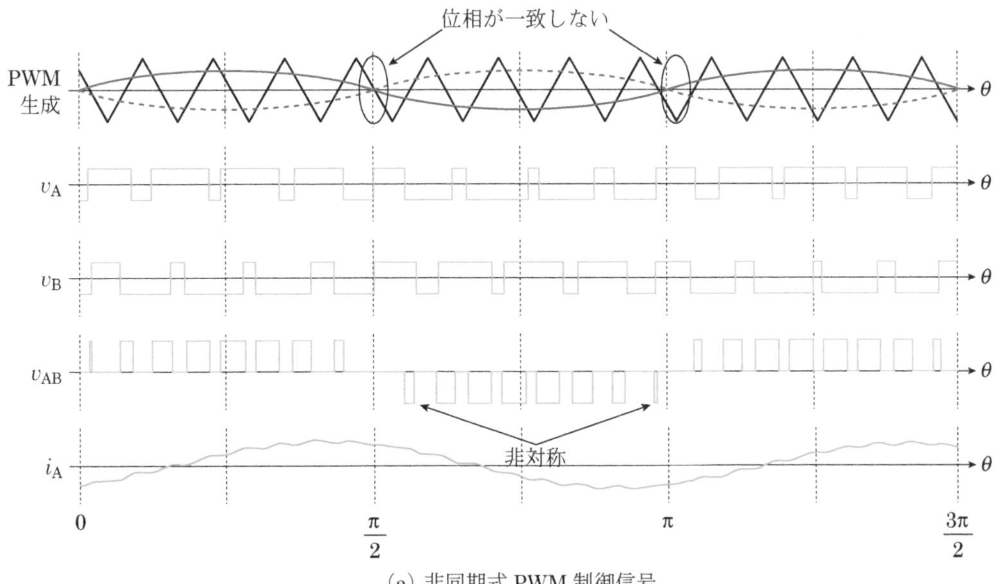

(a) 非同期式 PWM 制御信号

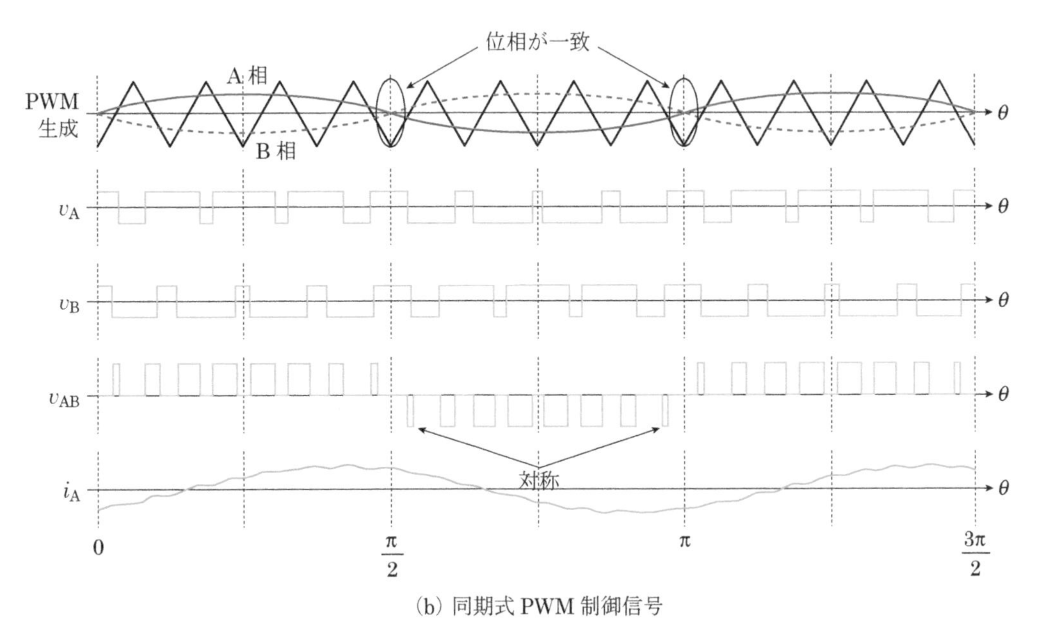

(b) 同期式 PWM 制御信号

図 4.25　非同期式PWMと同期式PWMにおける出力対称性の違い
［西方正司 監修，基本からわかる パワーエレクトロニクス講義ノート，オーム社(2014)，図5･30，図5･31を改変］

山と変調波のゼロ点を一致させた場合である。

搬送波と変調波のゼロ点を一致させる場合(図 4.26)は，K_f を奇数に設定すると，出力電圧の正弦波における正負の半波はそれぞれ $\pi/2$, $3\pi/2$ に対して左右対称であり，かつ，正の波形と負の波形が対称になって，偶数次の高調波を含まない理想的な出力が得られる。

一方で，搬送波の山と変調波のゼロ点を一致させる手法(図 4.27)も，マイコンにおける搬送波の生成が容易であることからよく用いられる。

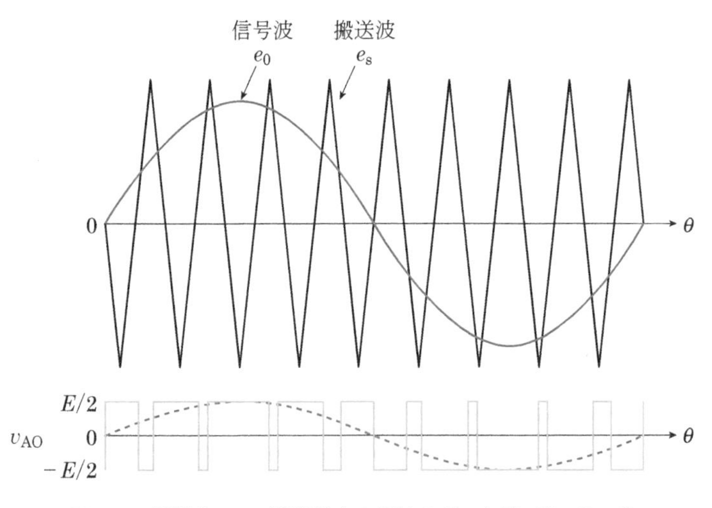

図4.26　同期式PWM（搬送波と変調波のゼロ点が一致，$K_f = 9$）

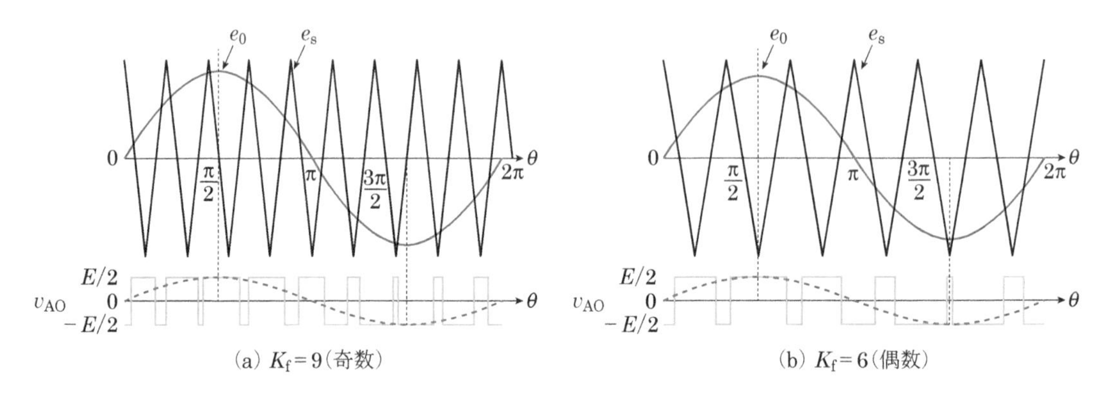

図4.27　同期式PWM（搬送波の山と変調波のゼロ点が一致）

しかしこの場合，K_f を奇数に設定すると（図 4.27(a)），出力電圧の正負の半波はいずれも左右対称にならない。また，K_f を偶数に設定すると（図 4.27(b)），この場合は正の波形と負の波形が対称にならず，偶数次の高調波が発生する場合がある。

鉄道車両の GTO 三相インバータのように K_f が小さい場合は，図 4.26 の手法で「K_f を 3 の倍数で奇数」に設定する。

汎用の IGBT インバータのように K_f が大きい場合は，偶数次の高調波の実害は小さいとして図 4.27(b)の手法を採用し，「K_f を 3 の倍数で偶数」に設定する。単相インバータのユニポーラ PWM 制御では，偶数次の高調波は波形の引き算で相殺されるので偶数でもよい。

4.5.2　デッドタイム補償

図 4.28(a), (b)は図 4.4(a), (c)を再掲したものであり，単相電圧形ハーフブリッジインバータの回路と動作波形を示している。図 4.28(c)は，デッドタイム Δ が基本波電圧や電流に与える影響を示している。

図 4.28(b)に示すように，デッドタイム Δ 中の電位は，電流が正のときには $-E/2$，電流が負のときには $+E/2$ となる。このデッドタイム Δ の影響は，図 4.28(c)に示すように，等価的な振幅 V_{d} の方形波のひず

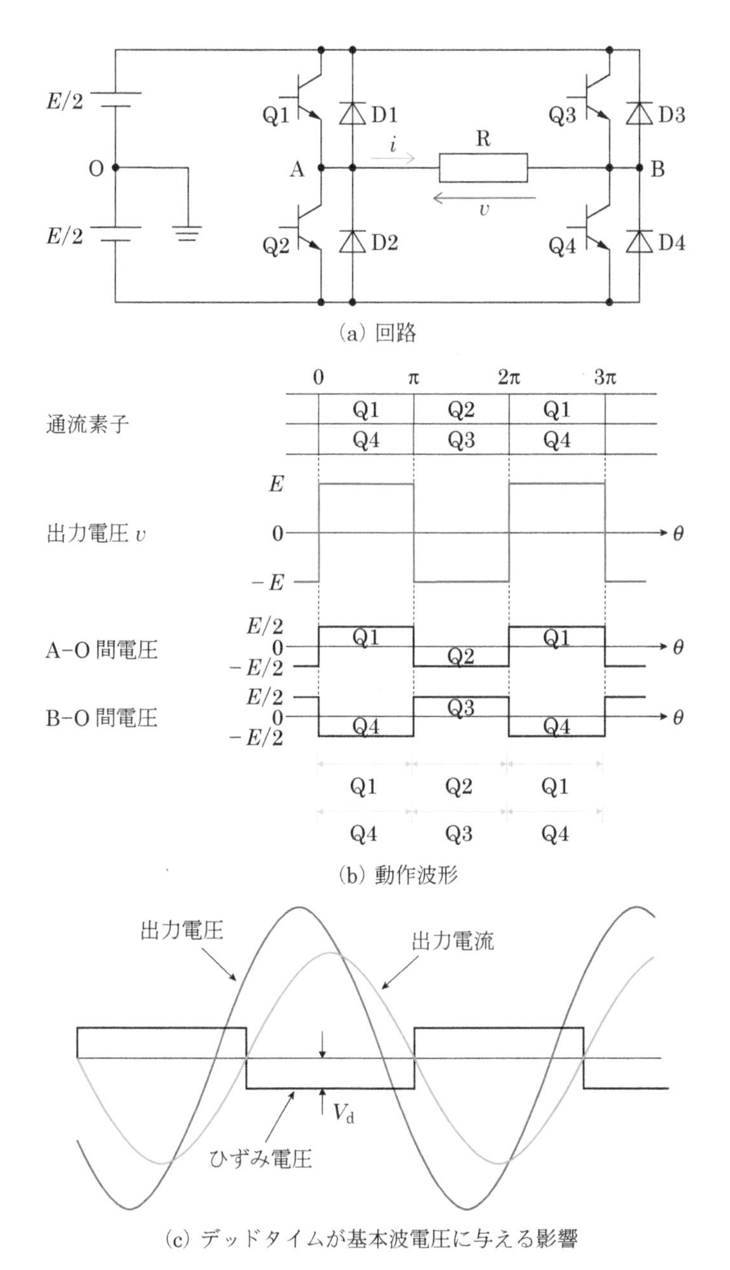

図4.28　単相電圧形インバータ(ハーフブリッジ)におけるデッドタイムの影響

表4.3　デッドタイム補償の方法

［電気学会 半導体電力変換システム調査委員会 編，パワーエレクトロニクス回路，オーム社(2000)，表5･13より改変］

方　式	電流方式	電圧方式
構成	v_1^* PWM IM i_1 ゲイン 極性検出	v_1^* PWM IM v_1 Δv_1 ゲイン フィルタ
動作	出力電流位相を検出し，電圧指令を補償する	検出したモータ電圧をPWM指令と比較し，電圧指令を補償する
特徴	ソフトウェア化が容易なため，小形化が図れる	補償の応答性が良い スイッチングのばらつきを含めた補償ができる
課題	電流波形や電流検出器のオフセットにより極性検出部が誤動作しやすい	高速演算が必要なため，ハードウェアで構成する必要があり，回路が複雑になる

み電圧となって現れる。その等価的な振幅 V_{d} は，PWM 周波数を f とすると，

$$V_{\mathrm{d}}=E\times\Delta\times f \tag{4.23}$$

で表される。この方形波のひずみ電圧が出力電圧や出力電流をひずませ，モータ負荷などにはトルク脈動が発生する。この問題は，PWM 周波数 f が高く，出力電圧が低い，モータ低速運転域での影響が大きく，トルク脈動低減のために，デッドタイム補償が必要となる。

表4.3に示すように，デッドタイム補償には出力電流から補償量を決定する電流方式と，出力電圧から決定する電圧方式の 2 つがある。コントローラに用いられる IC 技術の進歩により，最近では電圧方式が主流になりつつある。

4.5.3　インバータの損失

インバータ回路では高速でスイッチをオン/オフさせることにより高速応答，高効率，低騒音などの特性を得ることが可能である。スイッチがオンのときは，スイッチの両端にかかる電圧が0であり損失は0である。また，スイッチがオフのときはスイッチに電流が流れないので，この場合の損失も0である。しかし，図4.29(a)に示すようにスイッチがオフからオンへ遷移するのにT_{on}の時間を要するとすると，この間に電流が$0\to I$に変化し，電圧が$E\to 0$に変化する。また，図4.29(b)に示すようにスイッチがオンからオフへ遷移するT_{off}の時間中，電流が$I\to 0$へ，電圧が$0\to E$に変化する。図4.29(a)，(b)の遷移はそれぞれ，ターンオン，ターンオフと呼ばれ，この間の損失はスイッチング損失と呼ばれる。図4.30には実際のターンオン時の電圧・電流波形を示す。

ターンオン時の損失はオン/オフの周期をTとすると$(1/6)EIT_{on}/T$，ターンオフ時の損失は$(1/6)EIT_{off}/T$で求められる。

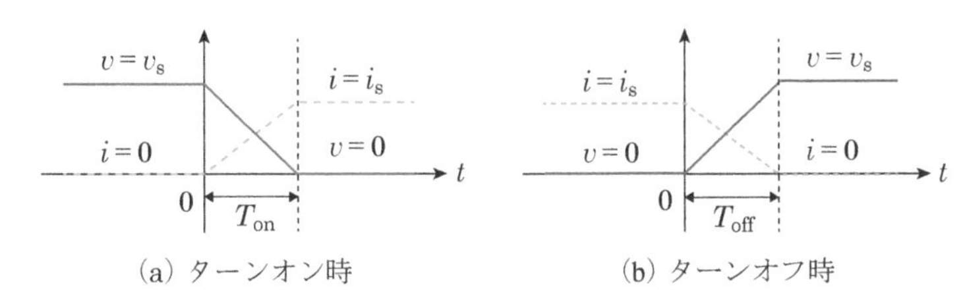

図4.29　スイッチの電圧・電流波形

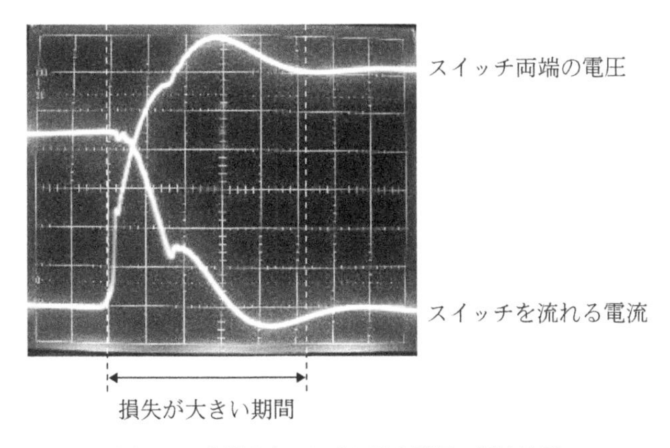

図4.30　実際のターンオン時の電圧・電流波形
［舞鶴工業高等専門学校 平地研究室技術メモNo.20070727］

❖ 章末問題

4.1　電圧形インバータのPWM制御とは何か，また，PWM制御の必要性について考えてみよう。

4.2　上の図は直流電圧源から単相フルブリッジインバータで誘導性負荷に交流を給電する基本回路を，下の図は各トランジスタが出力交流電圧の1周期Tの間に1回オン/オフする運転を行っている際の，ある時刻t_0から1周期の波形を示している。負荷電流$i(t)$と直流側電流$i_d(t)$が正となる方向を図中の矢印の向きとしたとき，以下について考えてみよう。

(i) 直流電圧がE[V]のとき，交流側の方形波出力電圧の実効値はどうなるだろうか。

(ii) (i)のときの負荷電流$i(t)$の波形と，直流側電流$i_d(t)$の波形を図示してみよう。

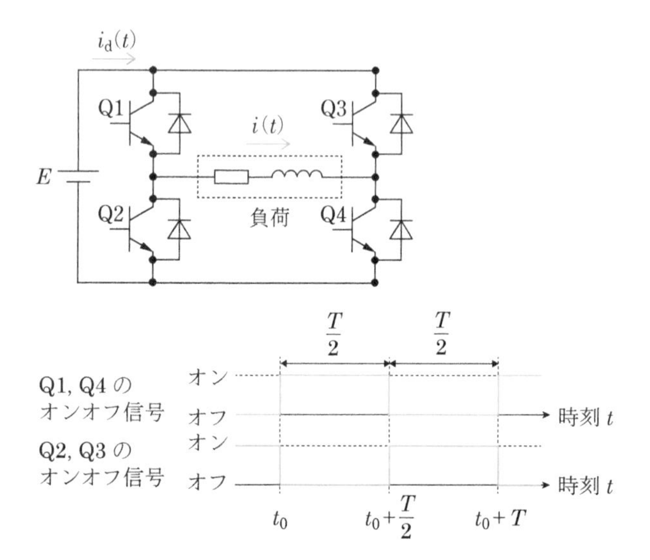

4.3 次の文章の空欄(ア)〜(オ)に当てはまる用語を考えてみよう。

図は直流電圧源から単相の交流負荷に電力を供給する(ア)の動作の概念を示したものである。(ア)は4つのスイッチQ1〜Q4から構成される。スイッチQ1〜Q4を実現する半導体素子は，それぞれ(イ)機能をもつ素子(例えばIGBT)と，それと逆並列に接続した(ウ)からなる。この電力変換器は，出力の交流電圧と交流周波数を変化させて運転できる。交流電圧を変化させる方法には主に2つあり，1つは直流電圧源の電圧Eを変化させて，交流電圧波形の(エ)を変化させる方法である。もう1つは，直流電圧源の電圧Eは一定にして，基本波1周期の間に多数のスイッチングを行い，その多数のパルス幅を変化させて全体で基本波1周期の電圧波形を作り出す(オ)と呼ばれる方法である。

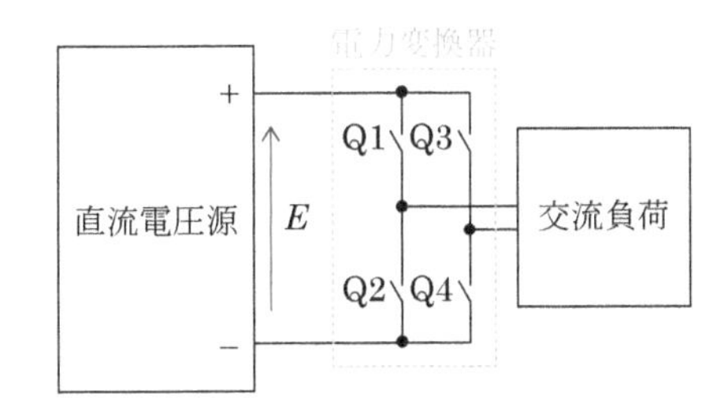

第5章　直流チョッパ回路

電力変換の要素の1つが電圧変換(調整)である。機器によって必要とする電圧はさまざまであり，大電力を扱う場合は電圧を高くして電流を小さくする必要があり，一方，電子機器などでは12～15Vとする必要がある。さらに機器によっては稼働状況に応じて細かな電圧調整が必要なものもある。

交流では，変圧器で容易に電圧を変換できる。変圧器は原理的には鉄心に銅線を巻いただけの単純な構造である。一方，直流ではパワーエレクトロニクス技術を応用したチョッパ回路を利用する。チョッパ回路は，半導体のスイッチングを用いて，直流を切り刻む(チョップ)することで電圧を変換する。チョッパは電圧を一定に安定して制御するだけでなく，自在に変化させながら制御することができる。その機能を応用して，例えば，電子機器では基板に実装された部品に対し，負荷状況に応じて供給電圧を常に最適に制御できる。直流モータの制御においては，チョッパによる電機子[*1]電圧制御が広く利用されている。本章では，直流の電圧変換を行うためのチョッパ回路について解説する。

＊1　モータは，電機子(armature)と界磁(field system)とが相互作用することで回転力(トルク)を発生させて回転する。界磁に磁石などで磁界を発生させ，それと直交する電流を電機子に流す。モータの種類によって回転子が電機子(整流子モータ)のものと，固定子が電機子(無整流子モータ)のものとがある。直流モータの制御は電機子の電圧・電流の制御によって行う。

5.1　降圧チョッパ回路

降圧チョッパ(buck converter)**回路**は，入力(電源)電圧[*2]を下げて出力するための回路である。降圧チョッパ回路のもっとも基本的な構成を図5.1に示す。スイッチSがオンとオフを繰り返し，左側の電源からの直流入力を切り刻む(チョップ)。

＊2　入力側(電源側)を一次側，出力側(負荷側)を二次側と呼ぶこともある。その場合，入力電圧を一次側電圧，出力電圧を二次側電圧と呼ぶ。

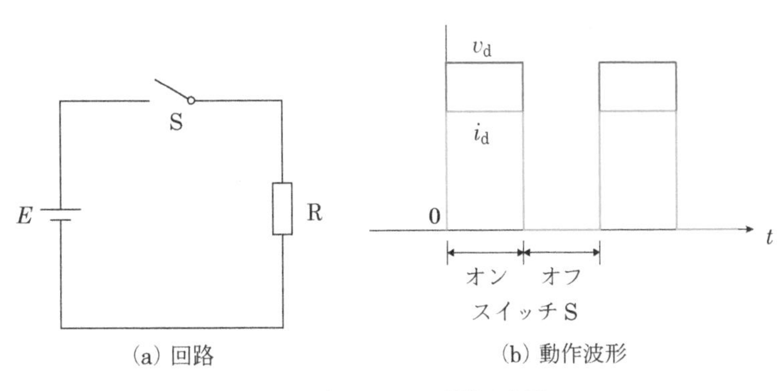

図5.1　降圧チョッパ回路の原理

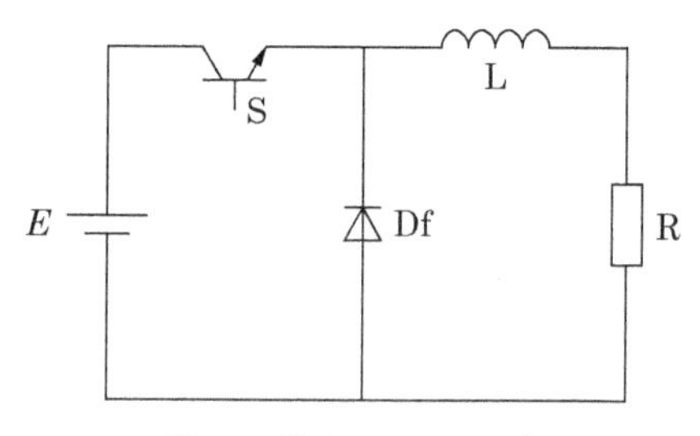

図5.2　降圧チョッパ回路

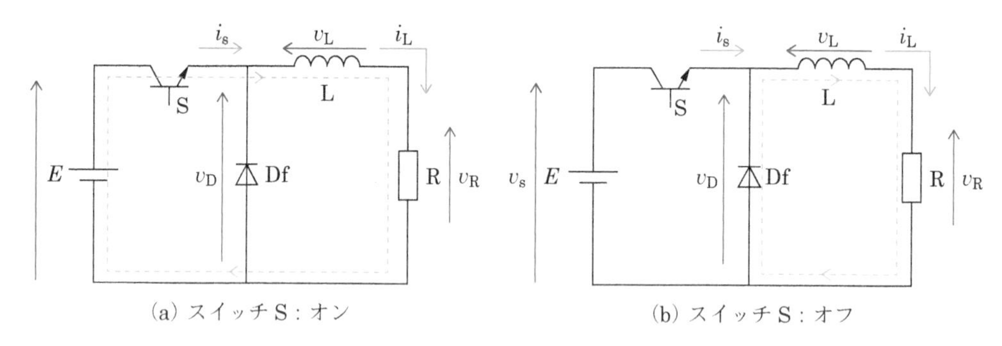

(a) スイッチS：オン　　(b) スイッチS：オフ

図5.3　降圧チョッパ回路の動作

この回路では，スイッチSがオンしている間だけ負荷に電圧がかかることから，出力電圧の平均値を低下させることができる。しかし，出力電圧も電流も断続的となってしまう。

負荷電圧が連続的となるように改良した降圧チョッパ回路の構成を図5.2に示す。回路はトランジスタ(スイッチ)，ダイオード，リアクトルおよび負荷で構成される。リアクトルは負荷電圧を平滑化するためのもの(平滑リアクトル)であり，ダイオードはスイッチSが開いている間に電流をリアクトルと負荷に流すためのものである。

降圧チョッパ回路の動作を図5.3に示す。スイッチSがオン(トランジスタ導通)のとき(図5.3(a))，ダイオードDfはカソード側の電圧がアノードよりも高くなる($v_D > 0$)ため，逆バイアスとなり導通しない。そのため，電流は青色の経路を流れ，負荷へ電力が供給されるとともに，リアクトルLが充電されていく。スイッチSがオフになると(トランジスタ遮断，図5.3(b))，リアクトルLが放電を始め，蓄積されていた電力が放出される。ダイオードDfは順バイアス($v_D < 0$)となり導通し，リアクトルからの電流はダイオードを通って流れる。このダイオードDfも整流回路と同様に環流ダイオードと呼ばれる。

図5.4には第3章の図3.6および図3.8と同様に，各部の電圧の変化を素子の傾きで模式的に示した。スイッチSがオンの間は電源の電圧$v_s = V_s$(一定)で，$V_s = v_L + v_R$となる。スイッチSがオフの間は，ダイオードにかかる電圧v_Dはリアクトルと負荷を合わせた部分の電圧($v_D = v_L + v_R$)であることに注意すると，$-v_L = v_R$であるから，$v_D = v_L + v_R = 0$と

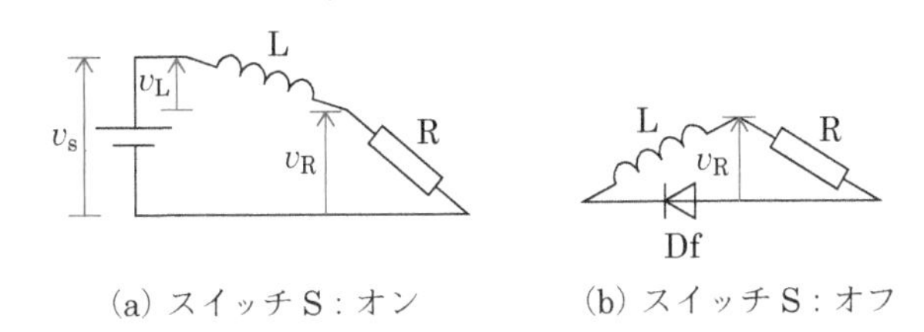

図5.4　降圧チョッパ回路の各部の電圧変化

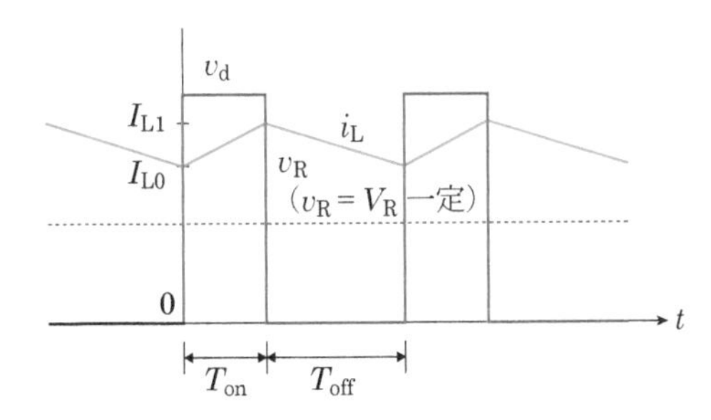

図5.5　降圧チョッパ回路の動作波形

なる[*3]。図 5.5 には降圧チョッパ回路の動作波形の概略図を示す[*4]。スイッチング周期 $T(=T_{on}+T_{off})$ が十分短いか，リアクトルのインダクタンス L が十分大きいときは，負荷電圧は一定 $(v_R=V_R)$ とみなせる。

ここで，回路方程式を用いて電流，電圧の変化を考えてみる。スイッチ S の動作を，$0 \leq t \leq T_{on}$ でオン，$T_{on} \leq t \leq T_{on}+T_{off}$ でオフとする。スイッチ S がオンのときの回路方程式は次のようになる[*5]。

$$V_s = L\frac{di_L(t)}{dt} + V_R \tag{5.1}$$

なお，$V_R = Ri_L(t)$ である。この式より電流 i_L は

$$i_L(t) = \frac{1}{L}(V_s - V_R)t + i_L(0) \tag{5.2}$$

となる[*6]。

一方，スイッチ S がオフのときの回路方程式は

$$L\frac{di_L(t)}{dt} + V_R = 0 \tag{5.3}$$

となり，電流 i_L は

$$i_L(t) = -\frac{1}{L}V_R(t - T_{on}) + i_L(T_{on}) \tag{5.4}$$

となる。

ここで，スイッチ S がオフからオンへ切り替わるとき $(t = T_{on})$ と，オンからオフへ切り替わるとき $(t = 0,\ T_{on}+T_{off})$ の電流 $i_L(t)$ をそれぞれ I_{L1} と I_{L0} とする。I_{L0} については

$$I_{L0} = i_L(0) = i_L(T_{on} + T_{off}) \tag{5.5}$$

＊3　実際にはダイオードの順方向電圧降下があるため，v_D は 0 とはならない。

＊4　リアクトルが挿入されているため，電流 i_L や電圧 v_R は時定数を $\tau = L/R$ とする指数関数的な変化 $\exp[(-(R/L)t]$ となり，増加と減少は，厳密には図 5.5 のような直線ではなく，下図のような形となる。

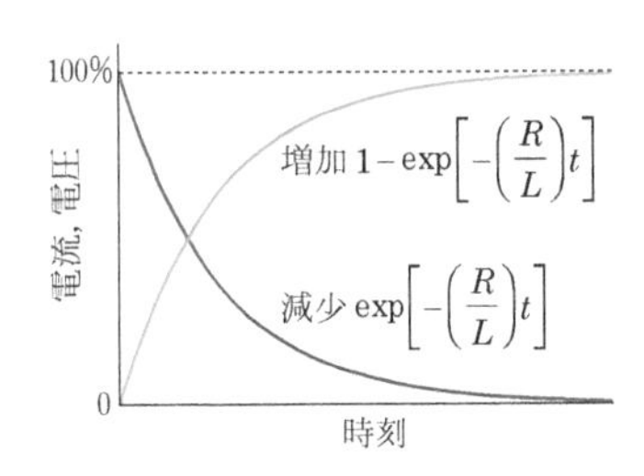

＊5　リアクトルの電圧は電流変化に比例する $(v = Ldi/dt)$。充電時と放電時で両端の電圧が逆転する。

＊6　式(5.1)より

$$(V_s - V_R)dt = Ldi_L(t)$$

であり，この両辺を積分すると，

$$\int_0^t (V_s - V_R)dt = \int_0^t Ldi_L$$

$$(V_s - V_R)t = Li_L(t) - Li_L(0)$$

よって，式(5.2)が得られる。

が成り立つ。I_{L1} については，式(5.2)に $t=T_{on}$ を代入すれば次のように求められる。

$$I_{L1}=i_L(T_{on})=\frac{1}{L}(V_s-V_R)T_{on}+i_L(0) \\ =\frac{1}{L}(V_s-V_R)T_{on}+I_{L0} \tag{5.6}$$

以上から，

$$V_R=\frac{T_{on}}{T_{on}+T_{off}}V_s=\frac{T_{on}}{T}V_s \tag{5.7}$$

となり，負荷電圧 V_R はスイッチSのオンとオフの時間の割合に比例することがわかる。ここで，T_{on}/T を**通流率**または**デューティ比**(duty factor)と呼ぶ。

以上の説明では，スイッチSがオンのときとオフのときの回路方程式から V_R と通流率の関係を求めたが，別のアプローチでも求めることができる。

以下では，リアクトルの磁束の変化に着目して考える。スイッチは周期的にオンとオフとを繰り返すのであるから，スイッチがオンの間に増加する磁束 $\Delta\Phi_{on}$ と，スイッチがオフの間に減少する磁束 $\Delta\Phi_{off}$ は等しい($\Delta\Phi_{on}=\Delta\Phi_{off}$)はずである。一般的に，リアクトルの磁束の変化は

$$\frac{d\Phi}{dt}=L\frac{di}{dt}=v \tag{5.8}$$

であるから，時間 t における変化の合計は vt となる[*7]。

＊7　式(5.8)より

$$d\Phi=v dt$$

であるから，両辺を積分すると，

$$\int d\Phi=\int v dt$$
$$\Phi=vt$$

が得られる。

したがって，図5.2の回路では，スイッチがオンとオフのときのリアクトルの磁束の変化は，それぞれ

$$\Delta\Phi_{on}=\int_0^{T_{on}}(V_s-V_R)dt \tag{5.9}$$

$$\Delta\Phi_{off}=\int_{T_{on}}^{T_{on}+T_{off}}V_R\,dt \tag{5.10}$$

となる。両者が等しいことから，

$$\int_0^{T_{on}}(V_s-V_R)dt=\int_{T_{on}}^{T_{on}+T_{off}}V_R\,dt \tag{5.11}$$

が成り立つ。その結果，

$$V_sT_{on}=V_R(T_{on}+T_{off}) \tag{5.12}$$

となり，式(5.7)が導かれる。

ここでは，負荷電圧 V_R は一定とし，電流 i_L についてのみ変動を考慮した。電流 i_L の変動は式(5.5)と(5.6)から，

$$I_{L1}-I_{L0}=\frac{1}{L}(V_s-V_R)T_{on} \tag{5.13}$$

と求まり，L に反比例し，T_{on} に比例する。すなわち，負荷の電流や電圧の変化を小さくするためには，リアクトルのインダクタンス L を大

◆ コラム 5.1　チョッパを用いない直流電圧変換

直流モータの制御においては，モータの電機子電圧制御が広く用いられるが，電圧を制御する方法として，チョッパが実用化されるまでは，図に示すような可変抵抗による制御が広く利用されていた。この方法は制御性に優れる反面，可変抵抗における電力損失が大きいという問題がある。

その後，チョッパによる電圧制御へ移行していったが，現在でも一部の用途では使用されている。

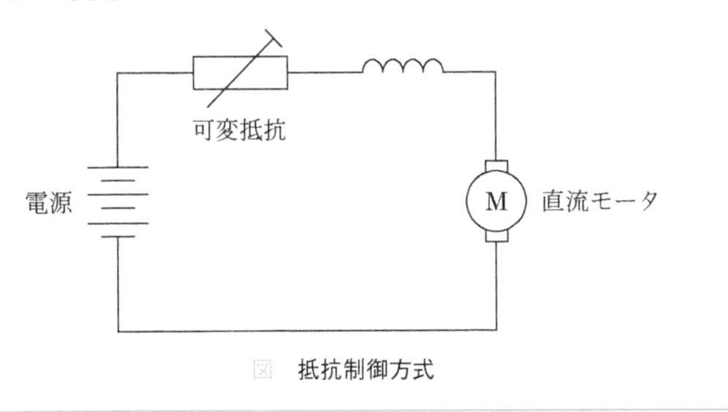

図　抵抗制御方式

きくするか，スイッチング周期 T を短くすればよい。

ただし，リアクトルのインダクタンスを大きくするということは，体積の大きいリアクトルを用いることとなり，回路が大きくなり，コストも増大する。一方，周期 T を短く，つまりスイッチング周波数を高くするには，高周波動作に対応できるスイッチング素子が必要となる。さらに実際には，回路の配線などによって意図せず発生してしまうインダクタンス(浮遊インダクタンスまたは寄生インダクタンスと呼ばれる)への配慮も求められることがある。

負荷電圧 $v_R(=V_R)$ と電流 $i_L(=I_L)$ が一定であるとすると，負荷で消費される電力は $V_R I_L$ となり，やはり一定となる。一方，電源から供給される電力は，スイッチがオンのときにのみ $V_S I_L$ で，スイッチがオフのときは 0 である。電源から供給される電力と負荷で消費される電力との差が，リアクトルにより充放電される電力である。

5.2　昇圧チョッパ回路

昇圧チョッパ(boost converter)回路は，入力(電源)電圧よりも大きな電圧を出力するための回路である。基本的な回路の構成を図 5.6 に示す。トランジスタ(スイッチ)，ダイオード，リアクトル，コンデンサおよび負荷で構成される。

昇圧チョッパ回路の動作を図 5.7 に示す。昇圧チョッパは，負荷電圧が電源電圧よりも大きい($v_R > v_s$)ことに留意する必要がある。

スイッチ S がオンのとき(図 5.7(a))，$v_R > v_s$ であるためダイオード Df は逆バイアスとなり導通しない。そのため，電流は左右の 2 つの回路に分かれて，それぞれ青色の経路を流れる。左側では電源によりリアクトル L が充電されていく。右側ではコンデンサ C に充電されていたエネルギーが放出され，負荷へ供給される。

スイッチ S がオフになると(図 5.7(b))，ダイオード Df が導通して，電流は青色の経路を流れる。リアクトルに充電されたエネルギーが放出され，負荷に電力が供給されると同時に，コンデンサが充電される。この状態では，電源からの電力とリアクトルに充電されたエネルギーの両方が，負荷とコンデンサへ供給される。図 5.8 に各部の電圧の変化を素子の傾きで模式的に示す。リアクトルが放電しているということは，リアクトルの電位は電源側よりも負荷側のほうが高くなっている($v_L = v_s - v_R < 0$)ということである。したがって，負荷側の電圧は電源電圧よりも高くなる。

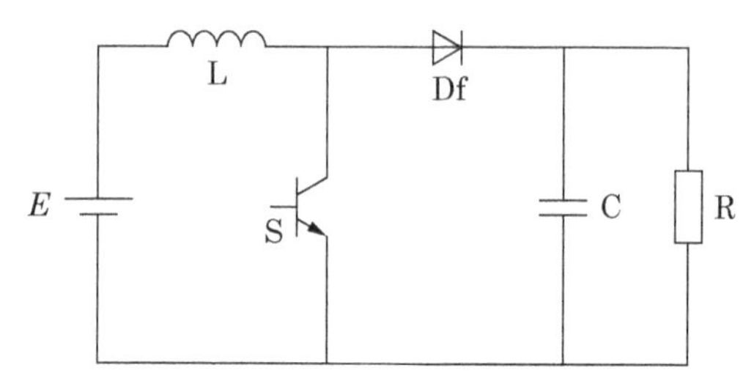

図5.6　昇圧チョッパ回路

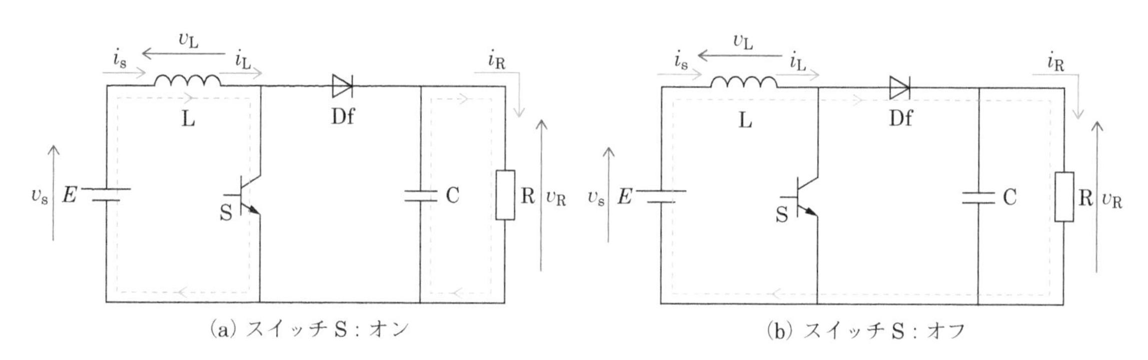

図5.7　昇圧チョッパ回路の動作

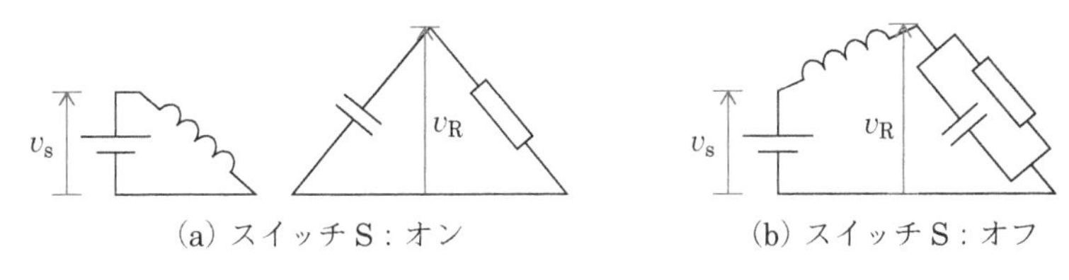

図 5.8　昇圧チョッパ回路の各部の電圧変化

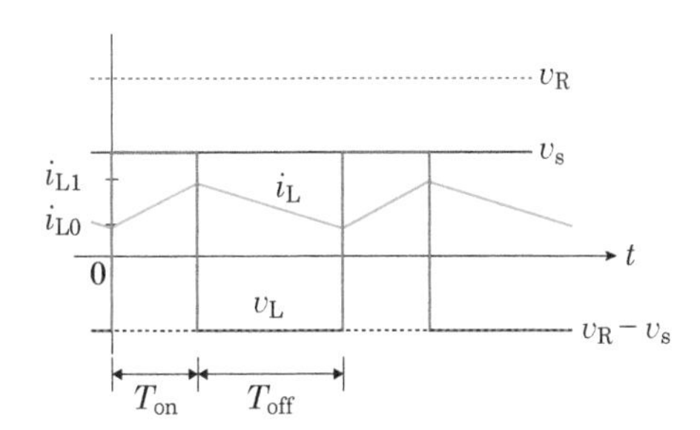

図 5.9　昇圧チョッパ回路の動作波形

以上の動作を繰り返すことにより，昇圧チョッパ回路の電圧，電流波形は図 5.9 に示すような形となる。

ここで，回路方程式を用いて負荷電圧 v_R を求めてみる。スイッチ S の動作を，$0 \leq t \leq T_{on}$ でオン，$T_{on} \leq t \leq T_{on}+T_{off}$ でオフとする。スイッチング周期($T=T_{on}+T_{off}$)が十分短いまたはリアクトルのインダクタンス L が十分大きいとき，負荷電圧 v_R は一定($v_R=V_R$)とみなすことができる。

スイッチ S がオンのとき，リアクトルを含む左側の回路では，

$$V_s = L\frac{\mathrm{d}i_L(t)}{\mathrm{d}t} \tag{5.14}$$

が成り立つから，電流 i_L は電源電圧 v_s($v_s=V_s$ 一定)を用いて

$$i_L(t) = \frac{1}{L}V_s t + i_L(0) \tag{5.15}$$

となる。

スイッチ S がオフのときの回路方程式は

$$V_s - L\frac{\mathrm{d}i_L(t)}{\mathrm{d}t} = V_R \tag{5.16}$$

となり，電流 i_L は負荷電圧 V_R を用いて

$$i_L(t) = \frac{1}{L}(V_s - V_R)(t - T_{on}) + i_L(T_{on}) \tag{5.17}$$

となる。

ここで，$i_L(t)$ について，スイッチは $t=T_{on}+T_{off}$ で再びオンとなるから，$t=0$ のときの $i_L(t)$ と $t=T_{on}+T_{off}$ のときの $i_L(t)$ は等しい。すなわち，

$$i_L(0) = i_L(T_{on}+T_{off}) \tag{5.18}$$

である。さらに，式(5.17)に $t = T_{on} + T_{off}$ を代入すると次式が得られる。

$$\begin{aligned} i_L(0) &= i_L(T_{on} + T_{off}) \\ &= \frac{1}{L}(V_s - V_R)T_{off} + i_L(T_{on}) \end{aligned} \tag{5.19}$$

最後の項 $i_L(T_{on})$ は，式(5.15)に $t = T_{on}$ を代入することで得られる。

$$i_L(T_{on}) = \frac{1}{L}V_s T_{on} + i_L(0) \tag{5.20}$$

式(5.19)と式(5.20)より

$$\begin{aligned} i_L(0) &= i_L(T_{on} + T_{off}) \\ &= \frac{1}{L}(V_s - V_R)T_{off} + \frac{1}{L}V_s T_{on} + i_L(0) \end{aligned} \tag{5.21}$$

が得られる。

以上から，負荷電圧(の平均値) V_R は

$$V_R = \frac{T_{on} + T_{off}}{T_{off}}V_s = \frac{T}{T_{off}}V_s \tag{5.22}$$

となる。すなわち，負荷電圧の平均値 V_R は，降圧チョッパとは逆に，スイッチSがオフの時間の割合に反比例する。

スイッチSがオンのときとオフのときのリアクトルの磁束の変化は

$$\int_0^{T_{on}} V_s\,dt = \int_{T_{on}}^{T_{on}+T_{off}} (V_R - V_s)\,dt \tag{5.23}$$

となり，ここからも式(5.22)が導かれる。

上の説明では，コンデンサCについて触れていない。コンデンサはスイッチSがオフのときに充電され，スイッチSがオンのときに放電して負荷Rへ電力を供給する。すなわち，スイッチがオフの際に負荷で消費されるすべての電力を蓄えておくこととなる。コンデンサが蓄積できるエネルギーは静電容量に比例する[*8]から，スイッチング周期を短く(スイッチング周波数を高く)することで，蓄積すべきエネルギーを少なくし，結果として使用するコンデンサの容量を小さくできる。

＊8　コンデンサに蓄積されるエネルギーは $\frac{1}{2}CV^2$ である。このことは，同じエネルギーを蓄積するためには，コンデンサの静電容量 C を大きくするか，電圧を大きく変動させる必要があることを示している。昇圧チョッパに用いられるコンデンサの電圧は負荷電圧 V_R と同じであるから，V_R の変動を小さくして電圧を安定させるためには，コンデンサの静電容量 C を大きくする必要がある。

5.3　昇降圧チョッパ回路

降圧チョッパと昇圧チョッパの両方の機能を1つの回路で実現するのが**昇降圧チョッパ**(buck-boost converter)である。基本的な回路の構成を図5.10に示す。スイッチSのオンとオフの時間割合を変えることで，昇圧・降圧チョッパのいずれとしても動作させることができる。

昇降圧チョッパの動作を図5.11に，各部の電圧の変化を素子の傾きで模式的に表現したものを図5.12に示す。負荷電圧 v_R は，図の下側が正であることに注意されたい。スイッチSをオンにすると，ダイオードDfは導通せず，左右2つの回路を電流が流れる。左側では電源からの電力によりリアクトルが充電され，エネルギーが蓄積される。右側ではコンデンサの放電により負荷へ電力を供給する。ダイオードDfの両

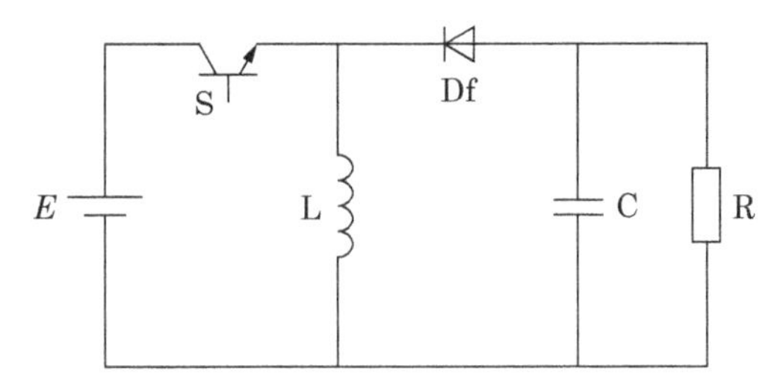

図5.10　昇降圧チョッパ回路

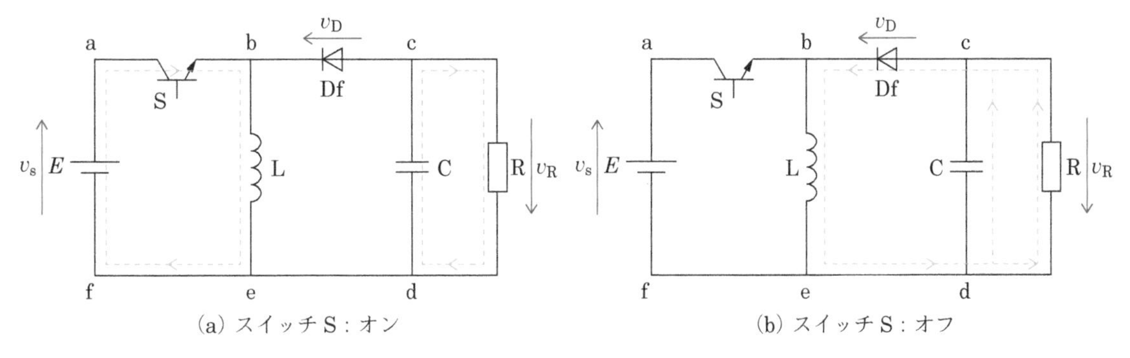

図5.11　昇降圧チョッパ回路の動作

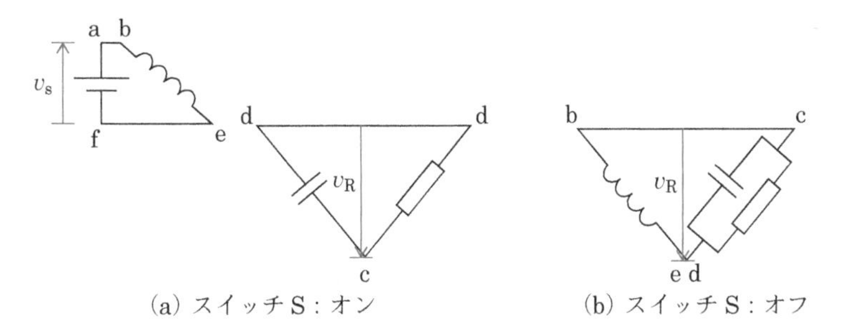

図5.12　昇降圧チョッパ回路の各部の電圧変化

端の電圧は $v_D = -(v_R + v_s)$ となり，逆バイアスとなって導通しない。スイッチSがオフになると，リアクトルが放電し，電力を負荷へ供給する。リアクトルは充電時と放電時とで両端の電圧が逆転し，放電時は下側が正となっていることに注意されたい。リアクトルからの電力は負荷へ供給されるとともに，コンデンサを充電する。

この回路では，電源からの電力が直接負荷へ供給されることはない。負荷へ供給される電力は，スイッチSがオンのときにリアクトルへ充電された電力である。したがって，リアクトルの磁束の変化より

$$\int_0^{T_{on}} V_s \, dt = \int_{T_{on}}^{T_{on}+T_{off}} V_R \, dt \tag{5.24}$$

が成り立つ。これより，

$$V_R = \frac{T_{on}}{T_{off}} V_s \tag{5.25}$$

が得られる。この式から，スイッチSのオンとオフの時間割合を変えることで，出力電圧を変化させられることがわかる。しかし，半導体素子などの制約により，電源電圧に比べてはるかに大きな電圧まで昇圧できるわけではない。

5.4　可逆チョッパ回路

双方向の電流に対応するチョッパが**可逆チョッパ**(reversible chopper)である。これまでのチョッパ回路は出力電圧を自在に変化させることはできたが，電気の流れは一次側(入力)から二次側(出力)への一方通行であった。可逆チョッパでは，二次側から一次側へ電力を供給する回生にも対応できる。

基本的な回路を図5.13に示す。これまでと同様にスイッチ，ダイオードおよびリアクトルから構成される。二次側にコンデンサが挿入されるべきであるが，ここでは簡単のため省略している。スイッチとダイオードは2個備えられており，スイッチによって順方向と逆方向を切り換えて使用する。一次側から二次側を見たときには降圧チョッパとなり，二次側から一次側を見たときには昇圧チョッパとなる。

可逆チョッパの動作を図5.14と図5.15に示す。降圧動作を行う場合は，スイッチS2をオフにして，スイッチS1をオン/オフ動作させる。ダイオードD1は逆バイアスとなるため常に導通しない。スイッチS1をオンにすると，電流は図5.14(a)の回路を流れリアクトルを充電する。このときダイオードD2は逆バイアスとなるため導通しない。スイッチS1をオフにすると，電流は図5.14(b)の回路を流れる。リアクトルからの放電によって負荷へ電力を供給する。これらの動作は図5.3に示した降圧チョッパ回路の動作と同じである。

回生動作を行うときは，スイッチS1をオフにして，スイッチS2をオン/オフさせる。ダイオードD2は逆バイアスとなり常に導通しない。スイッチS2がオンのときは，図5.15(a)の電流経路となり，二次側か

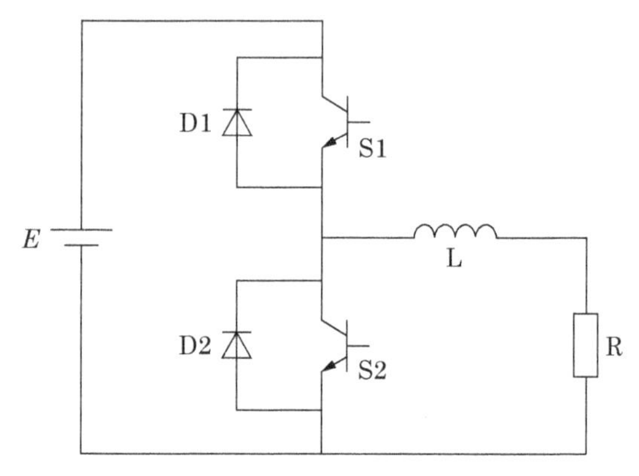

図5.13　可逆チョッパ回路

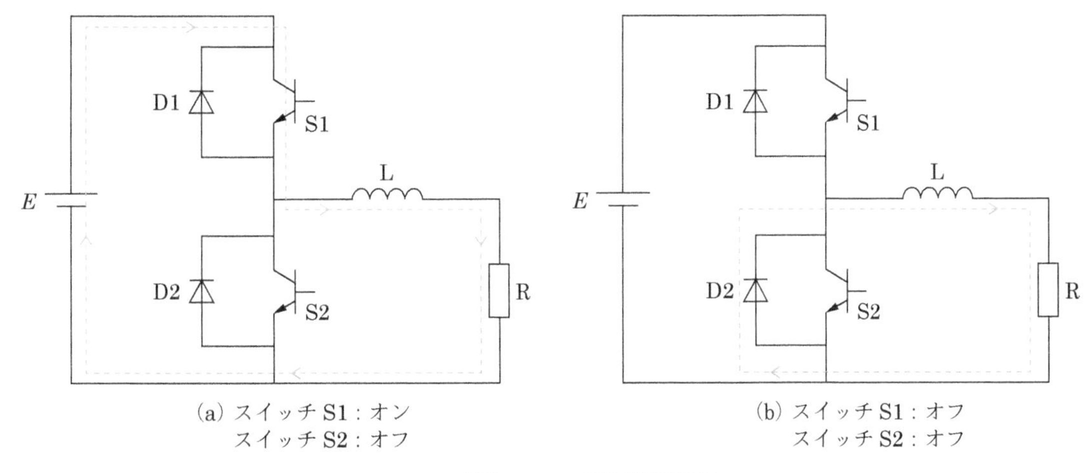

図5.14　可逆チョッパ回路(降圧動作)

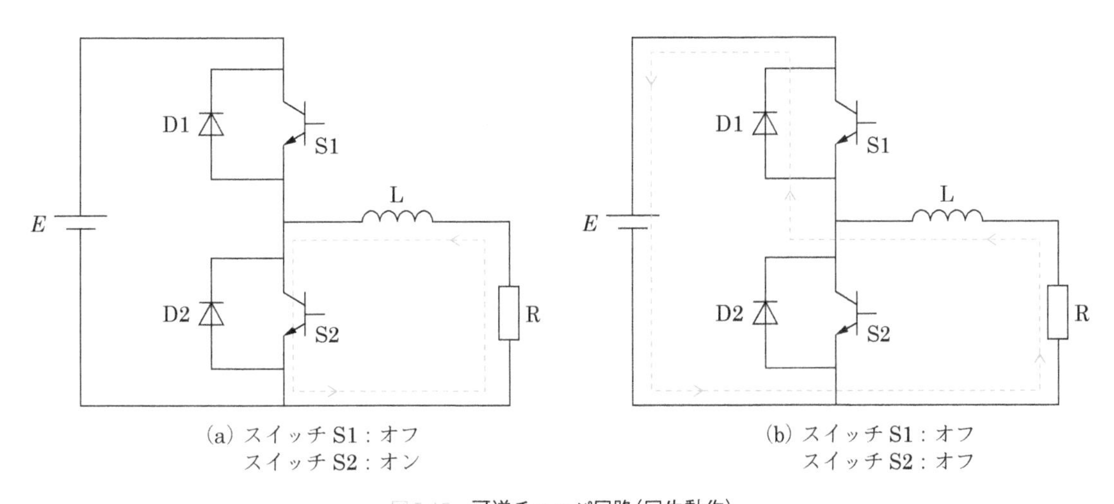

図5.15　可逆チョッパ回路(回生動作)
(回生動作のときは，本来，二次側に電源があるが，ここでは省略している。)

らの電力によってリアクトルが充電される。スイッチ **S2** がオフのときは，図 5.15(**b**)の電流経路となり，二次側からの電力とともにリアクトルからの放電電力が一次側へ供給される。回生動作のときは，二次側から一次側を見ると昇圧チョッパの動きをする。

可逆チョッパの必要性は直流モータの駆動を考えると理解できるであろう。電気鉄道車両(電車)や電気自動車は減速時にモータを発電機として利用して発電を行う(回生制動，第 **10** 章 **10.1.2** 項参照)。発電した電力を架線へ返したり，蓄電池に蓄えることで有効利用する。その際，モータは発電して電力を供給しているのであるから，図 5.15 の二次側には負荷だけではなく，電源があることになる。

そのような回生動作時の回路は図 5.16 のようになる。この図を二次側から一次側へ向かって見る(左右を反転して見る)と，図 5.6 の昇圧チョッパ回路と同じであることがわかる。

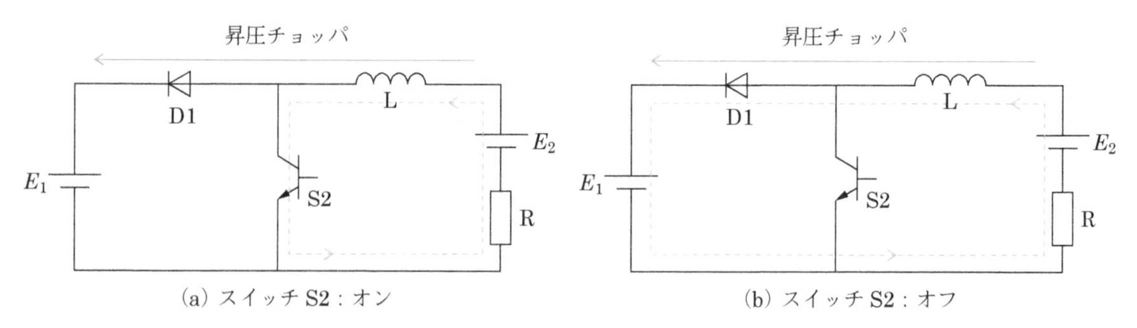

図5.16　可逆チョッパの回生動作時の回路

5.5　四象限チョッパ回路

可逆チョッパで実現できる双方向の電流への対応に加えて，電圧についても正負に対応でき，図 5.17 に示す四象限すべてに対応するチョッパが四象限チョッパである。正負両方の電圧に対応することにより，モータを駆動する際に，正転と逆転（車両であれば前進と後退）の両方に対応できる。回路構成は図 5.18 に示すように，可逆チョッパの二次側にアームを 2 つ追加したものとなる。

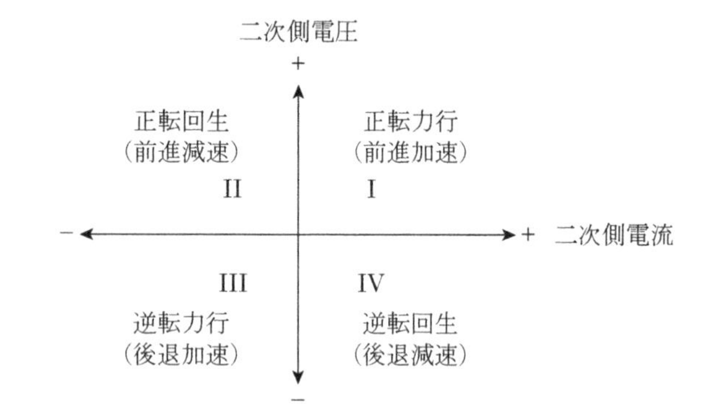

図5.17　電力における四象限

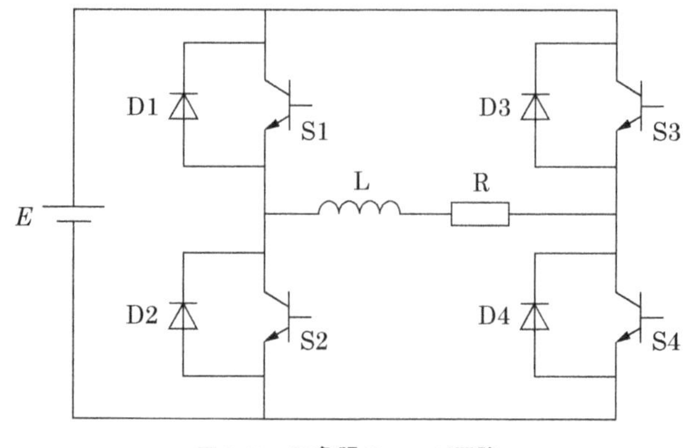

図5.18　四象限チョッパ回路

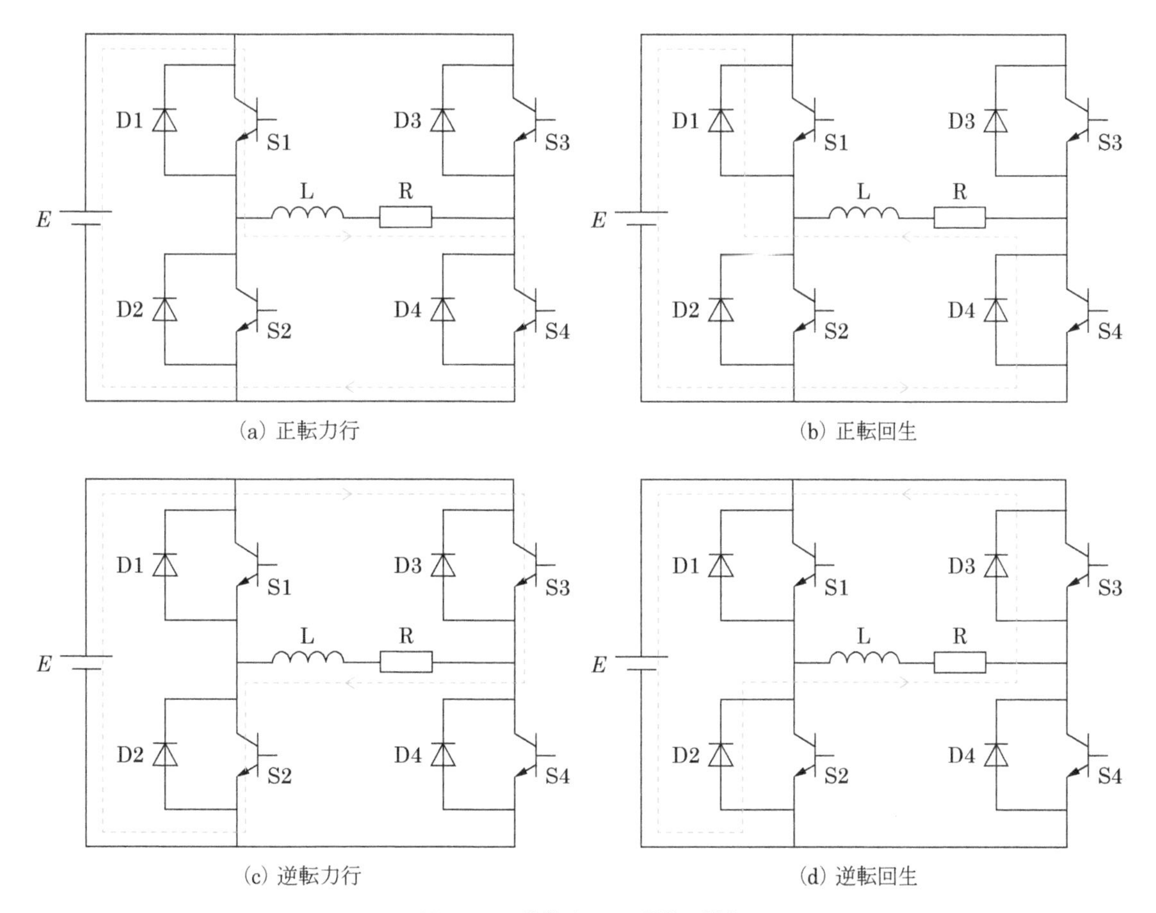

図5.19　四象限チョッパ回路の動作

四象限チョッパの各動作モードにおける電流経路を図5.19に示す。スイッチのオン/オフにともなう詳細な動作は省略するが，オンするスイッチの組み合わせにより電流経路をさまざまに切り換えることができ，複雑な制御も可能となる。

◆ コラム5.2　電車のモータ駆動方式

電車のモータ駆動の変遷にはパワーエレクトロニクス技術の進歩の歴史が反映されている。我が国の鉄道への電力供給は直流と交流が混在しており，大雑把には都市近郊は直流，長距離列車は交流となっている。車両についても直流モータを搭載したものと，交流モータを搭載したものとがある。

直流区間では，古くはコラム5.1で解説した抵抗制御を用いて直流モータを駆動していた。1970年代からチョッパ制御が導入され，直流モータの電機子電圧を制御する電機子チョッパ制御へと移行していった。1980年代に可変電圧可変周波数（VVVF）インバータ制御が実用化されると，直流をインバータによって交流へ変換し，交流モータ（誘導モータ）を駆動する方式が普及してきた（第10章10.1.2項参照）。

鉄道で使用される交流は単相交流であり，そのままでは交流モータを駆動できない。そのため，単相交流から直流モータを駆動するサイリスタレオナード（静止レオナード）方式が用いられていた。この方式では，サイリスタ整流器の位相制御により直流モータへ供給する直流電圧を制御することでモータを制御する。その後，単相交流を直流へ変換し，インバータにより交流モータを駆動する方式が用いられるようになった。新幹線もサイリスタ制御からVVVFインバータ制御へと移行してきた。

インバータの高性能化や高効率化（省エネルギー化）にも多大な努力がなされてきた。例えば，パワー半導体素子についても，サイリスタやGTOから始まりIGBTへと，新しいものが積極的に採用されてきた。さらには材料として炭化ケイ素（SiC）を用いた素子も登場している（第10章155頁コラム10.1参照）。

❖ 章末問題

5.1 図5.3に示した降圧チョッパ回路について，スイッチSのオンとオフのときの電流が流れる経路を図に描き，動作を確認してみよう。さらに，出力電圧が通流率に比例することを回路方程式から導いてみよう。

5.2 図5.7に示した昇圧チョッパ回路について，スイッチSのオンとオフのときの電流が流れる経路を図に描き，動作を確認してみよう。さらに，出力電圧が $T/T_{\rm off}$ に比例することを回路方程式から導いてみよう。

5.3 図5.11に示した昇降圧チョッパ回路について，スイッチSのオンとオフのときの電流が流れる経路を図に描き，動作を確認してみよう。スイッチのオンとオフの時間の割合で出力電圧が決まることを確認しよう。

5.4 図5.14，図5.15に示した可逆チョッパ回路について，降圧動作や回生動作のときの電流が流れる経路を図に描き，動作を確認してみよう。ダイオードやトランジスタは，どのようなタイミングで導通するだろうか。

第6章　パワーエレクトロニクスの応用例1：電源分野

パワーエレクトロニクス技術はさまざまな電圧階級や用途で使われている。基礎となる回路やその動作については，第5章までで説明した内容のとおりであるが，実際には用途に応じた各種の工夫がなされている。そこで，第6章から第10章の各章では，パワーエレクトロニクスの応用例について，その代表的なものを紹介するとともに，それぞれの用途に応じた回路や制御の工夫などについて説明する。

本章では，電源[*1]として使われるパワーエレクトロニクス機器に関連する技術について，直流電源と商用周波数交流電源を取り上げて説明する。可変速モータ駆動用などの交流電源に関しては第8章および第9章において，高周波交流電源に関しては第9章においても説明する。

＊1　電源は，商用電力系統やコンセントなどからの入力電力を，供給先の機器（負荷）にあわせた電圧や周波数に変換して出力する装置である。

6.1　直流電源

直流電源は負荷に直流電力を供給する回路である。通常は負荷の重軽によらず一定の直流電圧を供給する役割をもつ。入力は直流の場合と交流の場合とがあり，小容量の製品ほど直流入力であることが多い。電子回路などへの電力供給に用いられる数Wから数十W級の小容量電源（オンボード電源など）から，これらの小容量電源に電力を供給する数百Wから10 kW級の中容量電源（スイッチング電源など），数十kW以上の大容量電源（整流器など）まで，用途に応じてさまざまな製品が流通している。

以下では，電源の容量別にオンボード電源，スイッチング電源，整流器を取り上げ，それらの特徴を説明する。

6.1.1　オンボード電源

電子回路に対する小形化・高速化・省エネルギー化の要求から，回路の低電圧化が進行している。一方で，低い電圧による電力供給は配線の大断面積化（大電流化）を必要とする側面があり，負荷である電子回路が搭載される回路基板（circuit board）に設けられるコネクタの大形化（電流容量の増大），回路基板に設ける電源配線の幅広化（大面積化，低抵抗化）の必要性が生じ，回路基板は大面積化する方向になる（図6.1）。

このため，回路基板への電力供給の電圧を維持したままで，負荷となる電子回路の至近に配置された電源で低電圧に変換（降圧）する方式が多

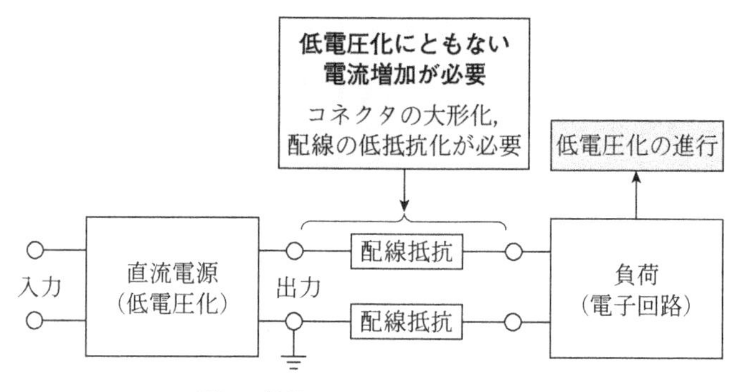

図6.1　電源の低電圧化にともなう電源配線の課題

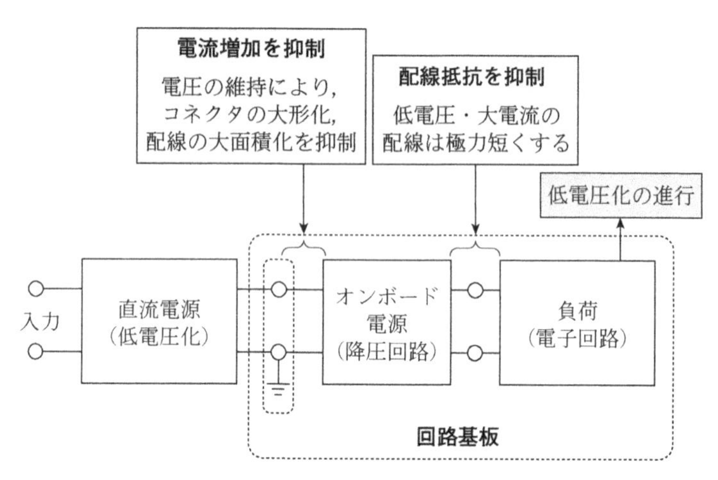

図6.2　オンボード電源による電力供給

＊2　大規模な集積回路に対しては，1つの回路に複数のオンボード電源から電力供給する場合もある。

オンボード式のDC/DCコンバータの例

インバータ回路（DC/AC変換回路），変圧器および整流回路（AC/DC変換回路）などの組み合わせ回路により，直流電圧を変換する。入力と出力は電気的に絶縁されている場合が多い。電圧制御・安定化を担う制御回路なども含めて1パッケージ化された機能部品として流通している。

く用いられている。回路基板上に搭載されることから，この電源を**オンボード電源**（on board power supply）と呼んでいる。オンボード電源の利用により，回路基板内に低電圧・大電流の電源配線（大面積の配線になる）を設ける必要がなくなるので，回路基板の実装密度が向上し，レイアウト設計も容易になる。

オンボード電源を適用する場合でも，低電圧の電源配線は極力低抵抗にしたい要求があるので，オンボード電源は負荷となる回路の至近に配置する[＊2]。このため，数Wから数十W級の小容量の電源が回路基板上に複数配置される構成となる（図6.2）。このように，オンボード電源は特定の電子回路（負荷）に対して電力を供給する役目を果たしているので，POL（point of load）電源と呼ばれることもある。

オンボード電源は情報通信機器，家電機器の制御回路などに多く用いられている。入力は直流の5, 12, 48 Vが多く，出力は直流の3.3, 5, 12 Vが多い。回路方式は，DC/DCコンバータやチョッパ回路である。

オンボード電源は，負荷の至近に配置する必要性から，小形化が強く求められる。このため，高スイッチング周波数化による受動部品（コンデンサやリアクトル）の小形化を図る。最近では，受動部品も含めて全

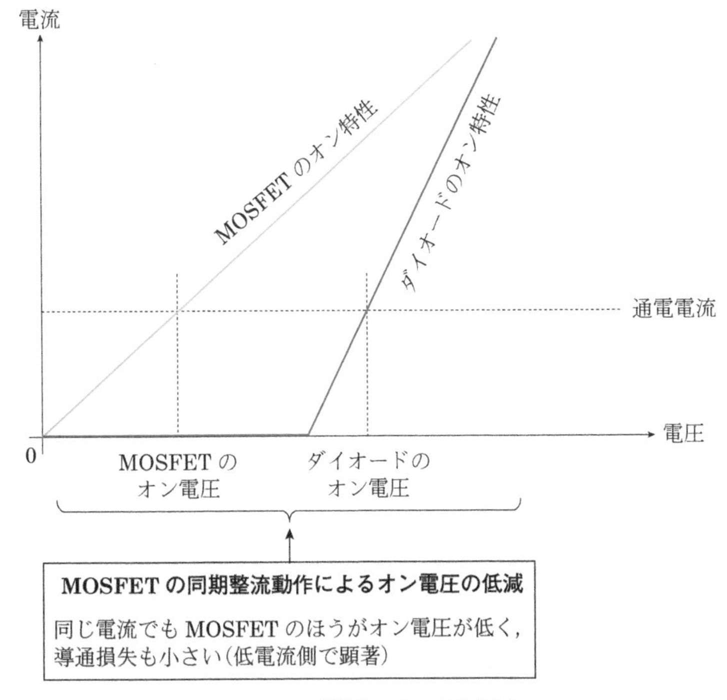

図6.3 同期整流による損失低減

体を1パッケージ化した形態の機能部品として流通している場合も多く，回路基板へ実装しやくなっている。一方で，パッケージの小形化は抜熱面積*3が小さくなることも意味するので，回路の低損失化(高効率化)が重要となる。このため，高速動作性能に優れる(すなわち，スイッチング損失が小さい)MOSFETが主として利用される。また，ダイオードのオン電圧による損失(導通損失)を軽減するために，ダイオードの整流機能をMOSFETに行わせる同期整流の技術が用いられる。具体的には，MOSFETに順方向電圧が印加されるとき(ドレイン・ソース間電圧が正のとき)にのみMOSFETをオン動作させ，逆方向の電圧が印加されるときにはMOSFETをオフ動作させる。この技術では，MOSFETに対する順方向電圧の印加を検出するしくみが必要となるが，MOSFETの優れたオン特性が利用できるので，導通損失の低減が実現できる(図6.3)。

フィルタ素子(リアクトルLやコンデンサC)の体積や損失の低減に対する要望も強くなっている。このため,変換回路を複数の並列回路(要素変換回路)で構成して，それぞれの回路動作のタイミングをずらすことで各要素回路から発生するリプル(脈動)成分が重ならないようにするインターリーブ(interleave)方式もよく使われている(図6.4)。インターリーブ方式では，N台構成の並列回路全体が等価的に出力リプルの小さい1台の変換回路として動作する。各要素変換回路は，全体の$1/N$の小容量となるので，並列回路からのリプル成分の振幅は，1台の大容

オンボード式のチョッパ形レギュレータの例

チョッパ回路を利用して直流電圧を変換するもので，スイッチングレギュレータとも呼ばれる。電圧制御・安定化を担う制御回路なども含めて1パッケージ化された機能部品として流通している。

*3 抜熱面積：発熱部分から熱を除去するために使われる伝熱の面積。同じ材料であれば，抜熱面積が大きいほど冷却効果が大きい。

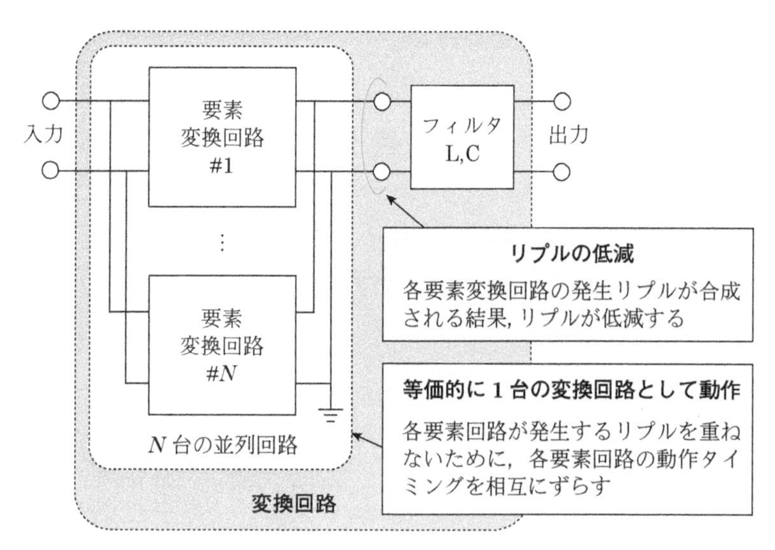

図6.4　インターリーブ方式によるフィルタ容量の削減

量変換回路のみで構成する場合と比べて $1/N$ になる。その結果，フィルタ容量の削減が可能となり，変換回路全体の小形化や低損失化につながる。

なお，図 6.4 では出力側のフィルタ容量の削減効果について説明しているが，入力側のフィルタについても同様の効果が期待できる。

近年では，スイッチング損失をよりいっそう軽減するためのゼロ電圧スイッチング（zero voltage switching, ZVS）やゼロ電流スイッチング（zero current switching, ZCS）の技術[*4]もよく使われる。しかし，これらゼロ電圧やゼロ電流を実現するために必要となる補助回路素子に対する要求性能は高くなる傾向にあり，素子の選定には注意が必要である。

技術動向としては，よりいっそうの小形化（低損失化が必須）に向けた取り組みと，入出力電圧の変換比の増大に向けた取り組みに努力が払われている。前者は従来の取り組みの延長線上にあるように思われるかもしれないが，近年はコンデンサやリアクトルの部品材料（すなわち誘電体や磁性体）の特性にまで遡った検討や，シリコン（Si）に代わる新規のパワー半導体材料である窒化ガリウム（GaN）や炭化ケイ素（SiC）など[*5]の適用を検討するなど，回路技術だけでは対応できない分野横断的な取り組みがなされている。後者については，給電効率の改善（商用電源から最終の消費回路に至るまでの電力を配る過程での損失低減）を図る観点から，電圧変換の段数を減らす検討が行われている。入出力電圧の変換比が大きい回路ほど効率を上げにくい傾向があるため，中間電圧の選び方や動作条件に応じた電源マネジメント[*6]など，給電システム全体としての最適化が必要となる。

また，家電製品などの待機時間の長い用途では，タイマなどの待機時も動作をつづける必要がある回路と，待機時には休止する回路を分離し，それぞれに電源を用意する例が多い（図 6.5）。すなわち，待機時用の小

＊4　種々の回路方式が提案されているため詳細は割愛するが，基本的には共振回路を利用して電圧あるいは電流のゼロ点を作り，このゼロ点に同期させてパワー半導体素子のオン/オフを切り換える。これにより，スイッチング損失を抜本的になくすことができる。

＊5　GaNやSiCなどは，ワイドバンドギャップ系の半導体材料であり，現在普及しているSi（シリコン）を用いたパワー半導体に比べて，格段に優れた性能のパワー半導体素子が実現できる。第2章34頁のコラム2.1も参照。

＊6　例えば，もっとも高頻度で使われる出力のときに最大効率が得られるように，電源の最大効率点を設計したり，並列接続した複数電源の稼働数を負荷の重軽に応じて動的に切り換えたりするなどの工夫が行われる。

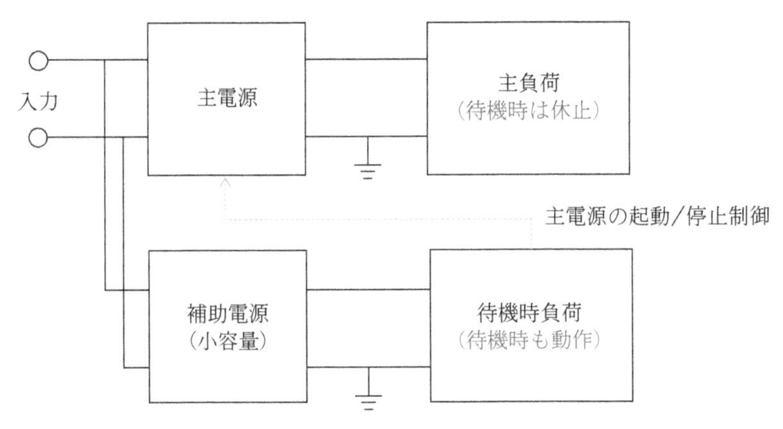

図6.5 待機時における電源の休止

容量(数W級)電源と動作時に必要な電源とを完全に分離し，待機時には必要最小限の回路と電源のみを使い，その他の回路は電源も含めて休止する。これにより，待機時の消費電力*7を大きく削減し，省エネ化を図っている。

待機時の負荷には，主電源の起動/停止の制御を行う回路が含まれていることが多い。この制御回路により，待機時においても，リモコン操作による主電源の起動を可能としている。

*7 電子回路や電源は，待機時であっても損失を発生する。また，変換効率が低くなるため，電源を軽負荷で使用することは得策でない。

6.1.2 スイッチング電源

スイッチング電源(switch-mode power supply, SMPS)は，ほとんどの電子機器の電源に利用されている。容量は数十Wから10 kWを超えるものまで多彩である。通常は商用交流(50 Hz/60 Hz)を入力とし，直流を出力する*8。出力電圧は5, 12, 48 Vが多く使われる*9。

スイッチング電源は，図6.6に示すように，複数の電力変換回路の組み合わせで構成される。具体的には，①交流入力を直流に変換する整流回路(AC/DC変換回路)，②直流を高周波の交流に変換するDC/AC変換回路，③電圧を変える機能と絶縁の機能をあわせもつ高周波変圧器，

*8 直流入力・直流出力の回路を含めてスイッチング電源と分類する場合もあるが，本書ではDC/DCコンバータと区別するため，交流入力とした。

*9 現在では，この直流出力を直接利用する形態は少なくなっており，スイッチング電源の出力は多数のオンボード電源の入力に接続されている場合が多い。

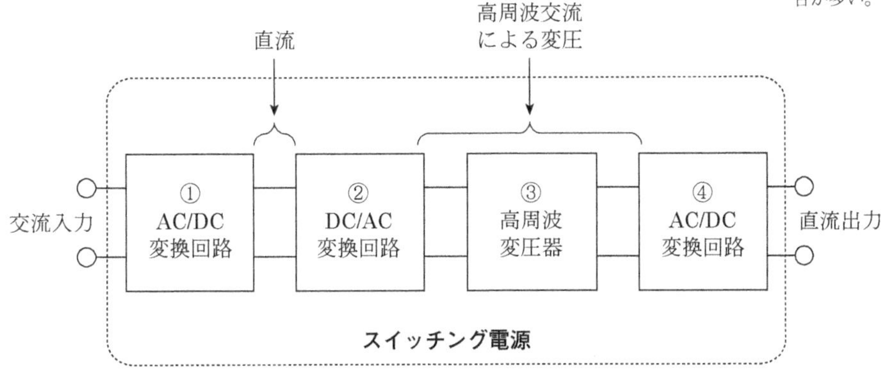

図6.6 スイッチング電源の基本構成

④高周波交流を再び直流に変換するAC/DC変換回路から構成されている。②～④をひとまとめにしてDC/DCコンバータと考えることも可能である。なお，図中の「交流入力」とは商用電源一般のことを指している。

スイッチング電源の特徴の1つは，高周波交流の利用により，③の変圧器（磁性部品）が小さくできることから回路全体の小形化が実現できることである。変圧器を利用するので，その巻数比の選択により降圧・昇圧のどちらも実現できるほか，高周波変圧器の部分に多巻線変圧器を用いることで，複数の直流出力を取り出す方式も実現可能である。①，②，④の要素回路（あるいは①と②～④の回路）は，第3章から第5章で解説した基本回路と同じであるので，それらの回路の結線や動作については，各回路の説明を参照されたい。

スイッチング電源の整流回路部分①にはコンデンサ入力形の回路を利用する場合が多いので，単純な整流回路の適用では入力電流（一般的には商用電源側の電流）波形は良くない。入力電流の波形を改善する目的で，突入電流（起動直後に①のAC/DC変換回路の出力端の直流コンデンサを充電するために，短時間ではあるが流れる過電流）を抑制する回路や力率改善（power factor correction, PFC）回路を①のAC/DC変換回路に含めるのが通常である。

加えて，商用交流側からのノイズ侵入を抑える機能と，スイッチング電源からのノイズ流出を抑える機能をもった入力フィルタを設ける必要がある[*10]（図6.7）。入力フィルタが扱う必要のあるノイズ成分は多岐にわたるので，設計には注意が必要である。

＊10　ノイズに関しては，用途に応じた規制（IEC（国際電気標準会議），CISPR（国際無線障害特別委員会）など）が存在し，この規制を満足する必要がある。

出力容量が大きいスイッチング電源では，負荷側での短絡故障などにより，発火などが起こる危険性がある。また，スイッチング電源の負荷には多数のコンデンサが設置されている場合が多く，負荷への給電を開始した直後には，それらコンデンサの充電に起因する突入電流も流れる。このため，出力側にも短絡故障などに備えた過電流保護機能が設けられている。よく使われる保護としては，出力の電圧・電流の出力特性に垂下特性をもたせる方式がある。

垂下特性とは，出力電流の検出値が過電流設定値に達した際に，自動

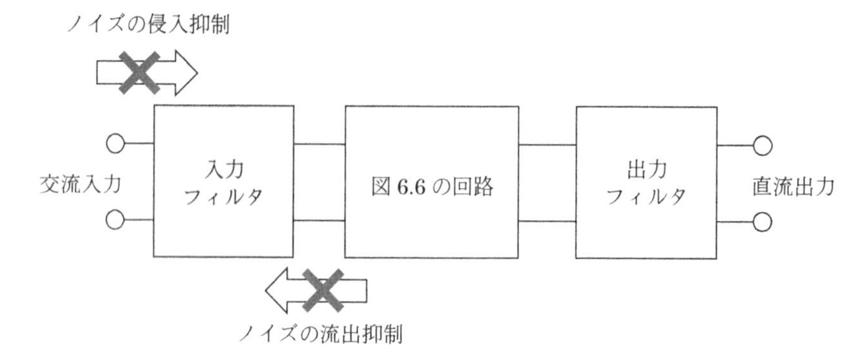

図6.7　スイッチング電源の入力フィルタ構成

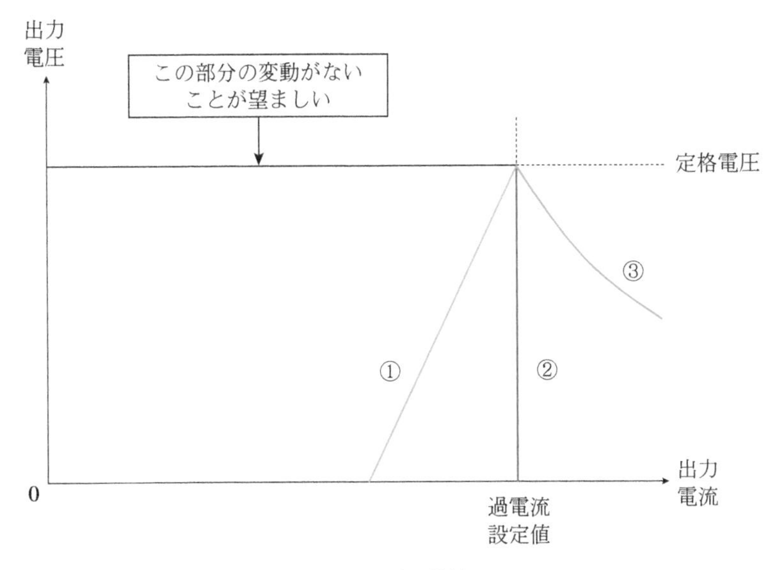

図6.8　垂下特性
過電流設定値は定格電流の1.2倍程度に設定されることが多い。

的に出力電圧を下げる特性である。図 6.8 に示すように，垂下特性には，①スイッチ・バック特性（出力電流を過電流設定値以下に下げる特性），②定電流特性（出力電流を一定値に抑える特性），③定電力特性（出力電力を一定値に抑える特性）などがあり，それぞれに必要な制御回路が具備される。

負荷の突入電流や故障電流などの過電流が収まった際には，自動で出力電圧を定格値に戻す設計となっている。こうした機能は，主に図 6.6 中の② DC/AC 変換回路の制御によって実現される。なお，故障の内容によっては垂下特性だけでは保護しきれないので，ヒューズの併用も必要である。通常，垂下特性の設計はヒューズ選定と密接に関係するので，ヒューズの溶断特性（過電流の継続時間と溶断との関係を示す特性）の考慮も必要である*11。

スイッチング電源の技術動向は，基本的に小形化と低損失化の追求である。特に体積の大きな部品であるリアクトルや変圧器，コンデンサに対しては，小形化と低損失化の両立*12 に向けた努力が種々払われている。特に近年は，スイッチング素子の高速動作化が進んでいる背景から，従来材料では要求される性能を満たせなくなることが増えている。このため，磁性体や誘電体の材料特性にまで遡った改善が求められている。

特に，それぞれの部品に対する周波数特性*13 向上への要求は非常に高まっているが，部品や材料の性能を評価するための条件が，部品の使用状況（電力変換器の回路方式やその運転条件によって変わる）によって大きく異なる点に十分な注意が必要である。

例えば，直流リアクトルの周波数特性向上の場合，直流電流に重畳した交流電流に対する周波数特性の向上が求められるので，磁性材料につ

*11　ヒューズの溶断特性と垂下特性の設計が合わない場合，故障電流が継続して流れているにもかかわらず，ヒューズが溶断しないという状況に陥る可能性があり，非常に危険である。

*12　部品が小形化すると放熱面積が小さくなるため，抜熱が困難となり，部品温度が上昇してしまう。このため，低損失化が同時進行しないと小形化が進まなくなる。

*13　スイッチングにより波形を作るパワーエレクトロニクス回路では，本質的に電圧や電流に幅広い周波数成分が含まれている。また，電圧や電流の絶対値が大きい場合も多く，部品性能の電圧依存性や電流依存性が無視できない場合も多い。このため，パワーエレクトロニクス回路用部品の性能評価は，単一条件の評価だけでは不十分であることが多いのが実状である。

◆ コラム6.1　直流バイアスに重畳した交流の影響

6.1.2にある通り，パワーエレクトロニクスで使われる部品の電圧や電流の波形は，直流成分に交流成分が重畳した状態であることが多い（下図参照）。

こうした条件での部品定数（部品の抵抗成分，インダクタンス成分，コンデンサ成分の値）は，直流成分のみの場合の部品定数や，交流成分のみの場合の部品定数のどちらとも一致しないのが通常である。また，直流成分や交流成分の大きさによっても，部品定数は変化する。加えて，パワーエレクトロニクス用途の場合，交流成分は単一の周波数成分とは限らない点にも注意が必要である。

カタログなどに示される部品定数は，単一周波数の交流成分に対する定数だけが示されていることが多く，直流成分なしの条件である場合も多い。このため，部品選定の際には，その部品の使用条件に合っているかを十分に確認する必要がある。

特に，部品発熱や電力変換効率に直接影響する抵抗成分には注意が必要である。部品定数を把握するために，部品特性の実測が必要になることも多いのが実情である。

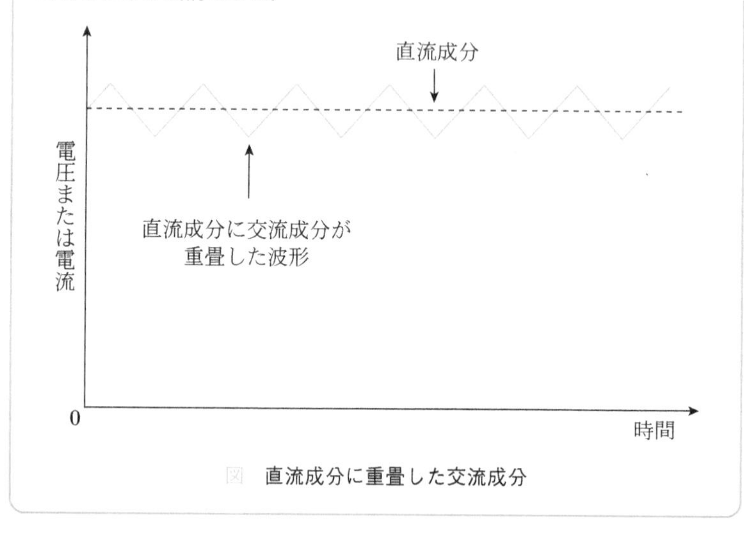

図　直流成分に重畳した交流成分

いては直流バイアス磁界に重畳した交流磁界で周波数特性を議論しなければならない。さらに，バイアス磁界や重畳する交流磁界の大きさが運転状態により変動する点も考慮が必要であり，単純な交流通電試験での議論では不十分である。同様に，直流コンデンサの周波数特性は，直流バイアス電圧に重畳した交流電圧で議論する必要がある。一方，交流フィルタに用いられるリアクトルやコンデンサは，通電条件が交流で変化するので，直流用途の部品とは異なる評価条件が必要である。

6.1.3　整流器

数十kW級以上の直流電源になると，高電圧・大電流が要求される場合が多いので，スイッチング電源では対応が難しくなる。これは，スイッチング電源の高周波変圧器に用いられる磁性体の制約*14によると

*14　スイッチング電源の大容量化には，体格の大きな高周波変圧器が必要になる。しかし，特性の良い磁性材料で体格の大きなコアを作るのは技術的に困難である。また，体格の大きなコアはコア材内部の温度が上昇しやすいという課題もあるため，熱的な制約からも大容量化しにくいのが実状である。

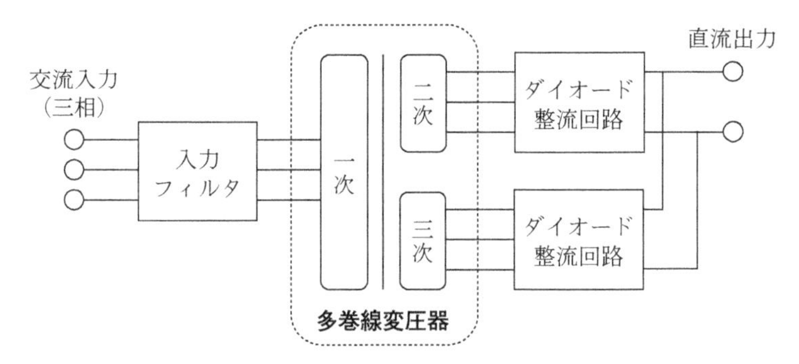

図 6.9 多重化による高調波の抑制

ころが大きい。高い電圧（数百～数万 V）や大きな電流（数百～数千 A）への対応が要求される産業機器，電気鉄道，電力輸送などの用途では，商用の三相交流からダイオード整流器やパルス幅変調（PWM）整流器を使って直流を得ることが多い。ただし，電力変換容量が大きいため，対策をせずに整流器を使うと電圧電流波形のひずみを抑えるためのフィルタ回路が巨大になってしまう*15。このため，大容量の設備では，フィルタ以外のひずみ抑制対策を併用する。

ダイオード整流器の場合，交流入力側の電流波形に多くの高調波成分を含む。このため，多重化によって高調波の発生を抑える方式が用いられる。具体的には，絶縁変圧器を利用して多相交流を作り，二次側に複数の三相のダイオード整流器を接続する。二重化の例を図 6.9 に示す。この図では，多巻線変圧器で作った六相交流に対し，2 つのダイオード整流回路を並列接続している。多重化の結線により商用交流側の波形ひずみは，1 台の三相ダイオード整流器の場合に比べて大きく改善され，入力フィルタ設備の容量や体格（体積）が軽減される*16。なお，変圧器の漏れインダクタンスは，整流器に対しては直列フィルタ（高次の高調波を抑制）の役目も果たすことを利用し，意図的に漏れインダクタンスを大きくした変圧器を設計する場合が多い。

PWM 整流器にはダイオード整流器に比べると高調波成分の発生が小さいという利点がある。また，整流器の制御性も良いので，突入電流などへの対応もしやすい。こうした点から，近年ではよく利用されている。しかし，大電力のスイッチングを行う場合，素子のスイッチング周波数の制約*17 のために，キャリア周波数を十分に上げられない場合も多い。高次（11 次程度以上）の高調波成分だけであれば直列フィルタで抑制できる場合が多いが，低次の高調波成分が問題になる場合は，(1) 並列フィルタ（低次高調波用フィルタ）の設置，(2) 前述の多重化の利用，(3) アクティブフィルタ*18 の設置（図 6.10）などの対策を検討する。

アクティブフィルタによる交流側の電力波形改善は，ダイオード整流回路においても適用可能である。ただし，ダイオード整流回路のほうが PWM 整流器よりも波形ひずみが大きいので，必要となるアクティブフィルタの容量が大きくなる点に注意が必要である。

*15 スイッチング電源で使われる PFC 回路もスイッチング素子の容量制約から適用が困難となってくる。

*16 低次の高調波成分に対応するフィルタは容量や体格が大きくなるので，多巻線変圧器を考慮に入れても，設備全体が小形化されることが多い。

*17 パワー半導体素子のスイッチング周波数上限は，主に素子の冷却の上限により決まる。一般に，冷却性能の上限値からパワー半導体素子の発熱上限（許容される最大損失；導通損失とスイッチング損失の和）が決まる。許容される最大スイッチング損失が決まると，これに対応したスイッチング周波数が上限値となる。

*18 アクティブフィルタは，抑制したい高調波ひずみ成分を相殺するために，高調波源に対して逆位相のひずみ波を出力する電力変換器である。波形を的確に出力しなければならないので，制御性の良い変換器でなければ実現できない。アクティブフィルタの変換器容量は相殺すべき高調波ひずみに対応する容量で十分なので，高調波発生源となる変換器の容量に比べるとかなり小さい。このため，アクティブフィルタのキャリア周波数を高く設定でき，制御性が確保できる。

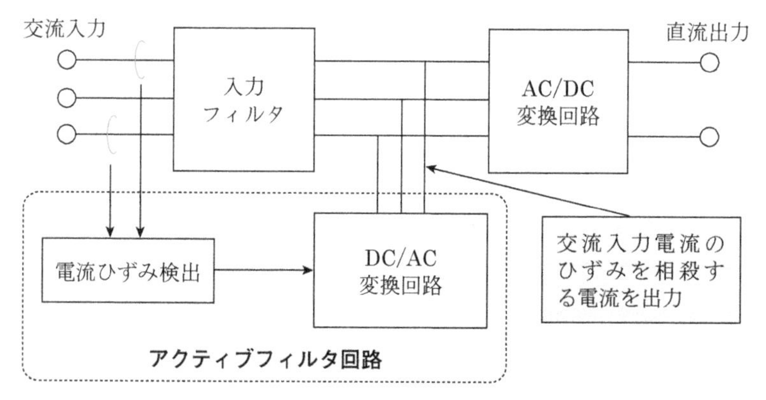

図6.10　アクティブフィルタによる高調波の抑制
アクティブフィルタ回路の構成は，PWMインバータと同じである。

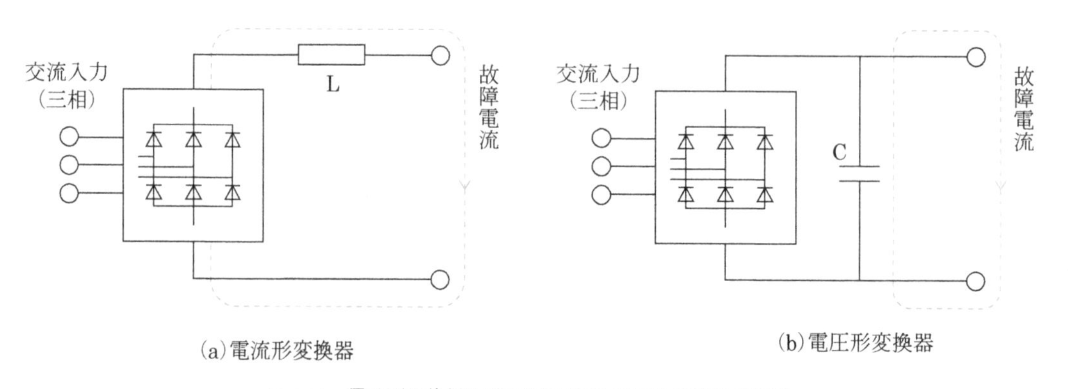

図6.11　電流形変換器と電圧形変換器の短絡故障時の挙動

前節で指摘したとおり，出力容量の大きな電源は，負荷側の故障の影響が大きいので，その対策がきわめて重要である。特に，直流の短絡故障は遮断が難しく，遮断に必要な機器(遮断器やヒューズ)の体格も，直流用では同容量を扱う交流用に比べて大きくなる。また，遮断に要する時間も長くなる。スイッチング電源で用いられる垂下特性による対応も困難である場合が多い。大容量のスイッチング素子はスイッチング周波数が上げられないため，必然的に変換器の制御性も上がらなくなる。こうした事情から，大容量設備では電流形の変換回路が使われることも多くなる。

電流形回路の利点は，直流出力側に大容量の直流リアクトルがあるので，負荷側で短絡故障が起こった場合でも，その効果で故障電流が抑制される点である。短時間であれば，直流リアクトルは定電流源としての挙動を示す。このため，故障電流が過大となることがなく，故障電流の除去は比較的容易である。これに対し，電圧形回路の負荷側で短絡故障が起こると，直流出力側にある大容量の直流コンデンサから非常に大きな故障電流が供給されてしまうため，故障電流の除去対策は格段に難しくなる(図6.11)。

すなわち，電流形変換器の場合は，故障電流が直流リアクトルLを経由して流れるために故障電流の急激な増加は抑えられるのに対し，電圧形変換器の場合は直流コンデンサCの働きで故障電流が急激に増加することになる。

6.2 商用周波数交流電源

商用系統よりも高い電源品質(電圧や周波数の安定度)を要求する負荷の電源として用いられる高安定の交流電源がある。この交流電源は，商用系統側で発生した電圧や周波数の変動を負荷に波及させない役目を果たしている。こうした高安定電源を必要とする具体的な負荷設備としては，オンライン決済用などのサーバ設備，プラント内の重要保安設備の制御回路・計装設備，生命維持などに必要な医療用設備などがある。いずれも電源の不具合に起因する設備の不具合発生が社会的に大きな影響をもたらしたり，人命に影響したりする懸念のある重要度の高い負荷である。商用系統で発生する瞬時電圧低下(瞬低)や瞬時停電(瞬停)などの各種外乱*19の影響が負荷に波及しないように補償する機能を担う装置には，無停電電源(uninterruptible power supply, UPS)*20装置および定電圧・定周波数(constant voltage and constant frequency, CVCF)装置と呼ばれるものがある。UPS装置が停電補償を中心に動作するのに対し，CVCF装置は電圧や周波数の変動補償も含めて安定化する動作を行う。

両者の差は制御部分の差によるものであり，回路の基本的構成は共通である*21。そこで，以下ではCVCF装置を例に，回路の構成を説明する。図6.12に示すように回路は，①交流入力を整流して直流を作る整流回路(AC/DC変換回路)，②直流バス(直流給電の共用部分)に接続される蓄電池(蓄電池と直流バス電圧の電圧が合わない場合は，②と蓄電池の間に双方向DC/DC変換回路を挿入する)，③直流バスの電圧を交流に変換するDC/AC変換回路から構成される。ここでは単相回路を例

*19 商用電力系統では，供給される電圧や周波数が一定範囲に収まるように制御されている。しかし，故障除去などに起因して，短時間(数サイクル程度)ではあるが，供給電圧や周波数の変動，停電の発生などが起こる場合がある。

*20 uninterruptible power system と表記される場合もある。

*21 UPSとCVCFは，しばしば混同して用いられているので，注意が必要である。

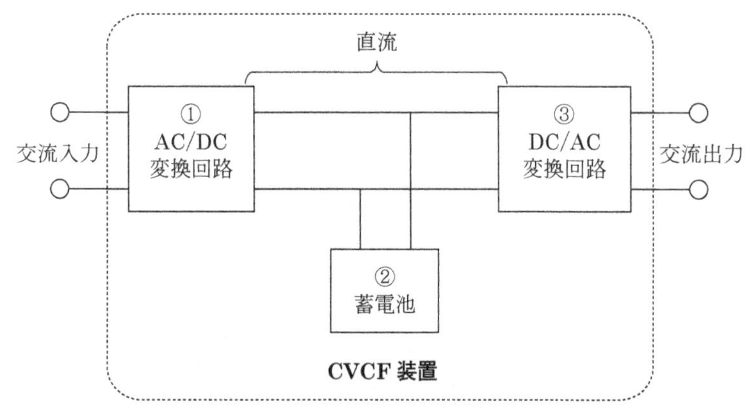

図6.12 CVCF装置の回路構成

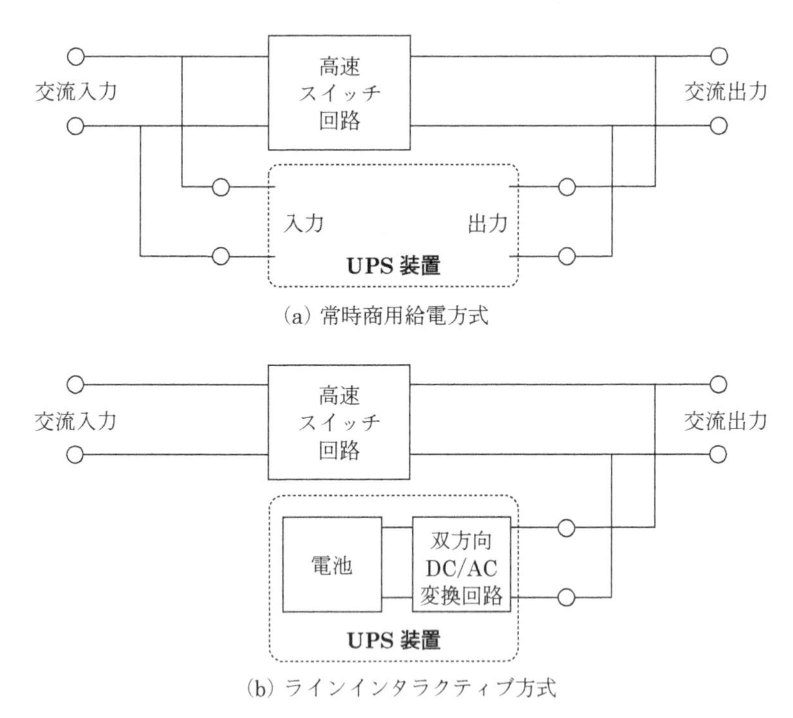

図6.13　常時商用給電方式およびラインインタラクティブ方式の回路構成

に図示しているが，容量が大きな場合は，①および③の部分は三相回路となる。

なお，この回路は，①と③からなるAC/AC変換回路の直流部分に，②の蓄電池部分（または蓄電池と双方向DC/DC変換回路の部分）を付加したものと見ることもできる。

商用電源側（交流入力側）に異常がない状況（正常な状況）では，電力は①のAC/DC変換回路から③のDC/AC変換回路を経由して負荷に供給される。一方，商用電源側に異常が生じた際は，①のAC/DC変換回路の動作を停止し，②の蓄電池から③のDC/AC変換回路によって電圧と周波数が安定化された高品質の電力が無瞬断で供給される。

なお，蓄電池は容量の確保やコスト*22面での課題がある規模の大きな施設では非常用発電機を併用した設備構成とすることも多い。停電発生直後の時間はCVCF装置から電力を供給し，その間に非常用発電機を起動する。その後は非常用発電機から電力を供給する。

＊22　蓄電池は劣化によって定期的な交換が必要となるため，初期コストだけでなく維持コストも高くなる場合が多い。

ここで示した基本構成の場合，①と③の電力変換器を常に動作させておく必要がある。商用電源に障害がない場合でも，電力は2つの電力変換器（①と②）を経由するため，これらの電力変換器の損失が問題とされる場合もある*23。こうした場合は，常時商用給電方式やラインインタラクティブ方式の構成（図6.13(b)）を採用することも多い。

＊23　UPSやCVCF装置が動作しなければならない事象は頻繁には起こらないため，通常時の電力供給の効率が下がってしまう。

図6.13(a)に示す常時商用給電方式の場合，UPS装置は図6.12のCVCF装置と同じ構成であるが，UPS装置の入力端のAC/DC変換回路の容量は蓄電池の充電に必要な容量で済むことから，CVCF装置の

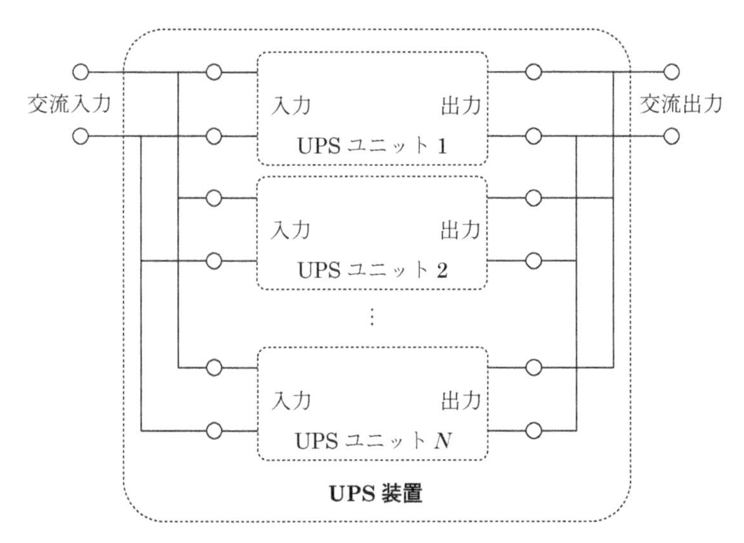

図 6.14　並列化による冗長構成

場合よりも小容量でよい。一方，図 6.13(b)に示すラインインタラクティブ方式では，双方向 DC/AC 変換回路が電池の充放電を行うため，UPS 装置部分の回路構成は常時商用給電方式に比べて簡素化される。どちらの方式も，CVCF 方式に比べると回路の小形化や低コスト化につながる。

これらの方式では，平常時には高速スイッチ回路（交流入力側に異常があった際に，すみやかに遮断する回路）経由で，負荷に直接電力が供給される。UPS 装置の変換器は蓄電池を充電するだけでよく，変換器損失は大きく低減される。その反面，商用電源の電圧や周波数の変動を完全には除去できない点[*24]や，高速スイッチ回路とこれに対応した制御回路が必要となる点に注意が必要である。また，停電などが発生してこの高速スイッチ回路が動作して，UPS 装置からの電力供給に切り換える際には，商用電源で起こる場合に比べて十分短い時間ではあるが，過渡的に瞬時停電（瞬停）や瞬時電圧低下（瞬低）が生じる点[*25]も考慮が必要である。

UPS 設備においても点検が必要となる場合があるが，UPS の導入目的からは，点検時においても補償機能の停止は避けたい。このため，図 6.14 のように全体を複数の並列ユニットに分けた冗長構成とし，全体が等価的に 1 台の装置になるようにすることも多い。冗長構成にしておけば，1 ユニット単位で点検ができるので，点検対象となる 1 ユニット分の容量減はあるものの，UPS や CVCF 装置としての全体的な機能は維持できる。

＊24　この点を考慮すると，常時商用給電方式やラインインタラクティブ方式はUPSではあるが，厳密にはCVCFとは言えない。

＊25　実用上，これらの現象は無視できる場合が多いが，負荷が要求する電源品質の安定性を十分に勘案する必要がある。

❖ 章末問題

6.1　電源回路には，保護を目的とした回路や部品が必ず必要である。この理由について調べてみよう。

6.2　電源回路に使われる保護用の回路や部品には，どのようなものがあるか調べてみよう。

第7章　パワーエレクトロニクスの応用例2：電力分野

本章では，パワーエレクトロニクスの応用例のうち，電力系統に関連する設備として使われる機器について紹介する。従来，電力系統は電力会社が所有・管理し，火力発電所や原子力発電所といった大規模発電所で発電された電力を，送電線を通じて電力需要地(都市部など)に送り，配電線で需要家(消費者)に供給してきた。現在では，需要家が自家発電設備を設置することも増えてきており，屋根に太陽光発電設備が載っている住宅も珍しくない。こうした状況から，電力の流れは複雑化しており，必要なパワーエレクトロニクス機器も増えている。この分野で利用されるパワーエレクトロニクス機器は容量や電圧階級がさまざまであるが，発電，送配電，負荷の3領域に分けて紹介する。

7.1　発電領域

発電領域で使われるパワーエレクトロニクス機器の代表例には，発電機における励磁電流制御装置と，分散電源(自家用あるいは近隣地域向けに電力を供給する比較的小容量の電源)の系統連系に使われるパワーコンディショナ(PCS)があげられる。以下では，その概要を紹介する。

7.1.1　発電機の励磁制御

火力発電所などの発電所では同期発電機(synchronous generator)が用いられ，発電機の回転子には，電磁石が使われている*1。電磁石を利用する場合には，電磁石を励磁する回路(電源)が必要となる。励磁回路は，直流で励磁を行う直流励磁方式(直流電源)と交流で励磁を行う交流励磁方式(交流電源)に大別される(図7.1)。どちらの場合も電磁石が発生する磁束を制御(すなわち，励磁電流を制御)するための電力変換器が利用されている。使われる電力変換器の容量は，励磁電流の制御応答性の要求にも左右されるが，発電機の出力容量に対して1割程度以下である。

図7.1(a)に示す直流励磁方式では，励磁電流が直流であるので，直流電源の回路を必要とする。AC/DC変換回路を利用して，発電機の出力状況に応じて励磁電流の大きさを制御している。直流励磁方式の発電機では，励磁回路の端子が2端子である。ただし，直流励磁方式では発電機の回転数(すなわち，発電機の出力周波数)は一定に保つ必要があ

*1　小容量の発電機では，電磁石の代わりに永久磁石を用いる発電機もある。当然，この場合には励磁回路は不要であるが，利用範囲が限定されているので，本節で扱う発電機の対象外とした。

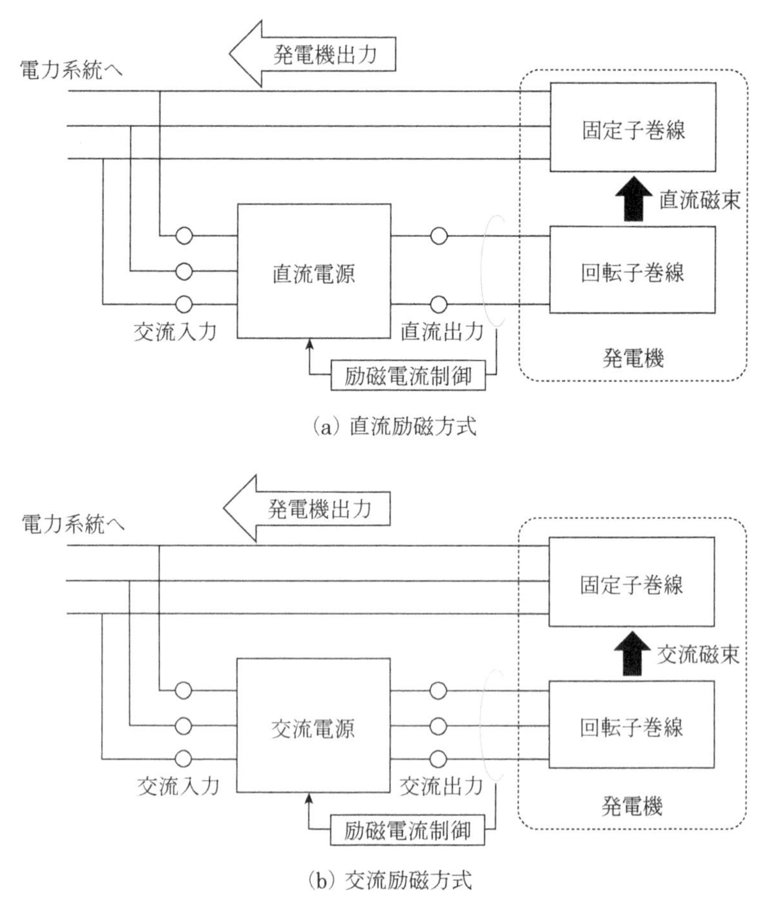

(a) 直流励磁方式

(b) 交流励磁方式

図7.1　発電機の励磁電流制御回路

る*2。こうした特徴から，ガスタービンや蒸気タービンで駆動される発電機に多く利用されている。

一方，図7.1(b)に示す交流励磁方式では，三相交流で励磁を行うため，交流電源回路が必要とされ，AC/AC変換回路が利用される。このAC/AC変換回路は，AC/DC変換回路とDC/AC変換回路の直列接続で構成(BTB*3 構成)されていることがほとんどである。交流励磁方式では，発電機の出力状況と回転数に応じて励磁電流の大きさと，その周波数(通常は±数Hz程度までの範囲)・位相を制御している。交流励磁方式は，発電機の回転数が必ずしも一定にならない場合に使われる。発電機の出力周波数から決まる回転数と，発電機の実回転数からの差分を励磁電流の周波数で補う方式である。このため，交流励磁方式の発電機は，励磁回路の端子を3端子(三相)とする必要があり，やや構造が複雑になる。この構造の発電機を二重給電形発電機(doubly-fed generator, DFG)と呼ぶ場合もある。

交流励磁方式の発電機には，発電機の回転数と系統周波数を一対一に対応させる必要がないという特徴があるので，発電機の可変速運転(回

*2　発電機の出力周波数と回転数の比例関係については，電気機器や発電工学に関する書籍などを参照されたい。

*3　直流を介して交流回路が「背中合わせ」で連系される回路であるため，back to back (BTB)と呼ばれている。

転数の変化を許容する運転)が可能である。こうした特徴から，水力発電や風力発電に用いられることが多い。

どちらの方式も，発電機の励磁巻線が誘導性(インダクタンス成分が支配的)を示すので，電源の出力端に使われるフィルタは簡略化が可能である。

7.1.2　風力発電用PCS

風力発電では，風の状況により風車の回転数が変化するため，発電機の軸回転数も変化する。こうした可変速の運転条件に対応するためには，前述の二重給電形発電機を利用する以外に，図7.2のように発電機の出力端に周波数変換(AC/AC変換)回路を接続する場合がある。このAC/AC変換回路は，発電機の交流出力(系統と同じ周波数とは限らない)を電力系統の周波数および電圧(振幅と位相)に一致させる働きをしている。発電機の出力を電力系統の仕様に合わせた電力に変換することから，パワーコンディショナ(power conditioning system, PCS)と呼ばれる*4。

*4　英語ではpower conditioning systemと表記されるが，日本語ではパワーコンディショナあるいはパワコン，PCSと呼ばれる。

この方式は，発電機の全出力をAC/AC変換回路が扱う必要があるので，変換器容量は前述の交流励磁方式の場合よりも大きくなる。しかし，発電機の出力周波数と電力系統の周波数が大きく異なっていても適用可能な方式である。

AC/AC変換回路は，基本的にはAC/DC変換回路とDC/AC変換回路から構成されている。直流区間が短い場合はBTB方式，直流区間が長い場合は直流送電方式となる。両者には送電安定性の観点で違いがあり，より高い安定性が要求される場合には直流送電方式が用いられる(図7.3)。

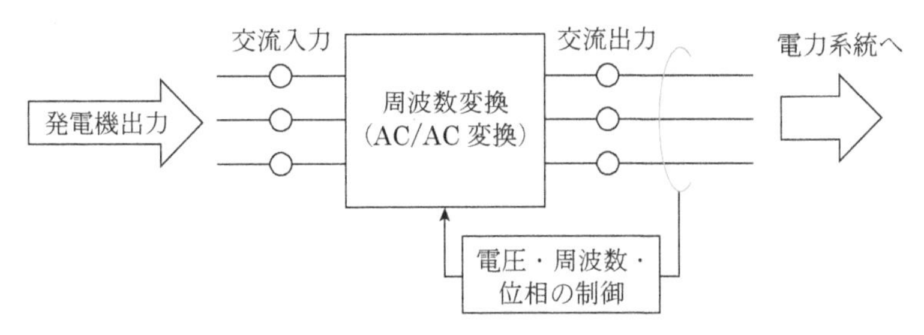

図7.2　風力発電用PCSの構成

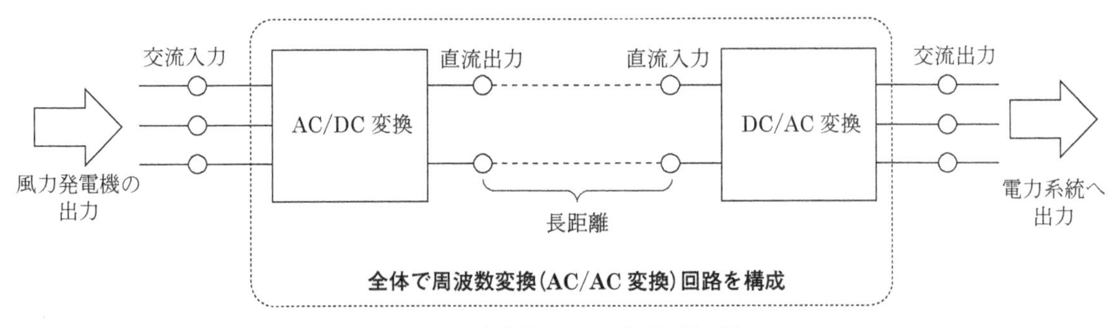

図7.3　風力発電における直流送電の例

具体的には，風力発電機側から電力系統側を見た際の交流送電線路のインダクタンスが大きい場合に，直流送電方式を適用する。これは，直流送電方式では線路のインダクタンスの影響を増やすことなく連系が可能となるのに対し，交流送電方式では線路インダクタンスの影響が大きくなってしまうことが原因で，系統が風力発電の出力変動の影響をより受けやすくなる*5ためである。

＊5　交流送電の場合の線路インダクタンスと電圧変動の関係については，電力系統工学に関する書籍などを参考にされたい。

海外（例えば欧州の北海）では，広大な土地や洋上に多数の風力発電機を並べたウィンドファームと呼ばれる大規模な風力発電施設がある。洋上ウィンドファームでは，洋上に設置された複数の風力発電施設と陸地の電力系統の間を直流海底ケーブルで輸送する直流送電の施設の例が多数ある（この場合，AC/DC変換の回路は洋上に配置される）。個々の風力発電機の出力を直流送電するのではなく，洋上で近隣の風力発電機の出力をまとめて直流に変換したうえで，大容量の直流ケーブルにより陸地に送っている。

7.1.3　太陽光発電用PCS

太陽光発電は，半導体の光起電力効果（photovoltaic effect）*6を用いて発電するものであり，発電パネルからの出力は，直流電力である。したがって，電力系統に連系するには，DC/AC変換回路（系統連系用インバータ回路）が必要である。加えて，発電パネルの出力電圧が日射条件や出力電流により変化することを考慮に入れる必要がある。そこで，変動する発電パネルの出力端にDC/DC変換回路（チョッパ回路が利用されることが多い）を付加して，直流電圧，すなわちDC/AC変換回路の入力電圧を系統連系に必要な値に保つ（発電パネルの出力電圧の変動に影響されないよう安定化させる）ように制御する。DC/DC変換回路では，発電パネルの出力電力の最大化を行う観点から，発電パネルからの電流を調整する最大電力追尾（maximum power point tracking, MPPT）制御*7も適用するのが通常である。一方のDC/AC変換回路では，交流出力の制御性を重視し，PWM制御が適用され，出力の電圧・電流の波形制御を行う。この組み合わせ回路によって実現されるPCSにより，発電パネルの直流出力の最大化と，発電パネルの直流出力を電力系統の仕様に合わせた交流電力に変換する機能を提供している（図7.4）。

＊6　光起電力効果とは，半導体のpn接合に光エネルギーを与えることで電位差を生じる現象である。我が国では太陽光発電をPVと略すことが多いが，このPVはphotovoltaicに由来する。

＊7　最大電力追尾（MPPT）制御：太陽光発電のパネルの出力特性は，下図のような垂下特性をもっており，日射条件や温度などにより変化する性質がある。下図に示すとおり，パネルから最大電力が得られる動作点は，出力特性の曲線と等電力線とが接する点である。最大出力点より電流が小さい場合には，電流を増やすと出力電力が増えるが，最大出力点より電流が大きい場合には，電流を減らすと出力電力が増える。この性質を利用し，パネルに流れる電流を微小変化させた際の出力電力の増減から最大出力点を探す制御が適用されている。これを最大電力追尾（MPPT）制御と呼んでいる。この制御の適用により，日射条件などの影響で出力特性が変化しても，最大出力点を自動的に探索できるしくみとなっている。

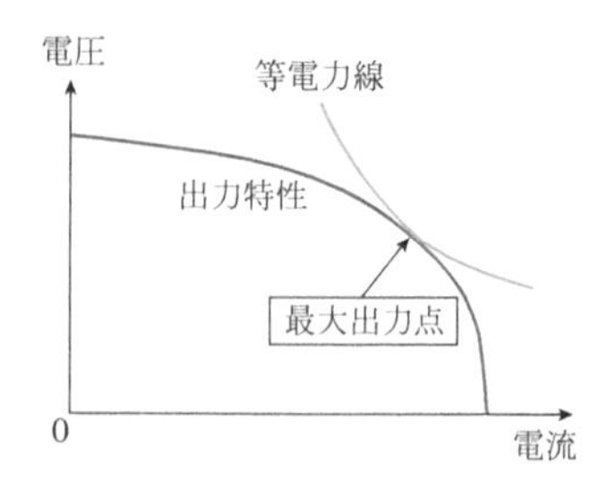

太陽光発電パネルの出力特性と最大出力点

DC/DC変換回路の入出力波形にはリプルが含まれるので，波形改善の観点から，DC/DC変換回路は並列多重で構成される場合がある。回路の並列多重化により，並列回路間の制御位相を相互にずらした運転ができ，多重化しない場合と比べて，発電パネルの出力電流や中間の直流回路への入力電流のリプルが低減される。並列化により装置構成は若干複雑になるが，リプル低減効果によってDC/DC変換回路の入出力に設置されるフィルタの負担が軽減されるため，PCS全体として小形化ができるといった大きな利点がある。

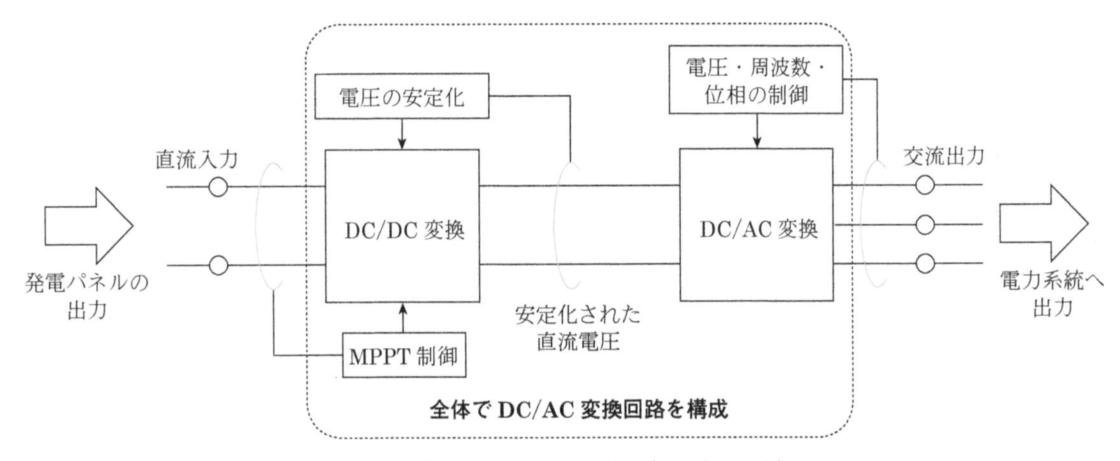

図7.4　太陽光発電用PCSの構成（三相交流出力）
小容量機器では単相交流出力の場合もある。

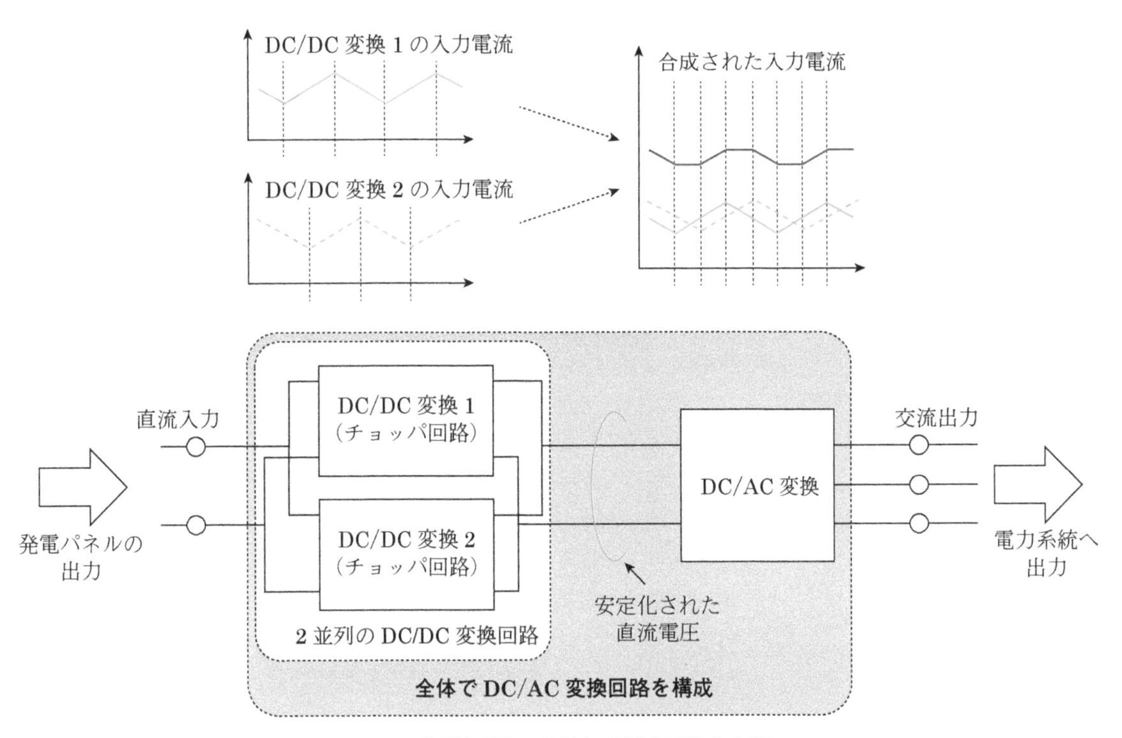

図7.5　並列多重化の効果（2並列多重構成の例）

2 並列多重化時の例を図 7.5 に示す。この図に示されるように，2 並列多重の場合は，2 台の DC/DC 変換回路の制御周期を半周期ずらし，等価的に 1 台の DC/DC 変換回路として動作させる。これにより，リプル低減効果を得ている。なお，図 7.5 では入力電流のリプル低減だけについて示しているが，出力電流のリプルに関しても同様の効果を得ることができる。

太陽光発電では，日射条件の時間的・季節的な変動が大きいことに起

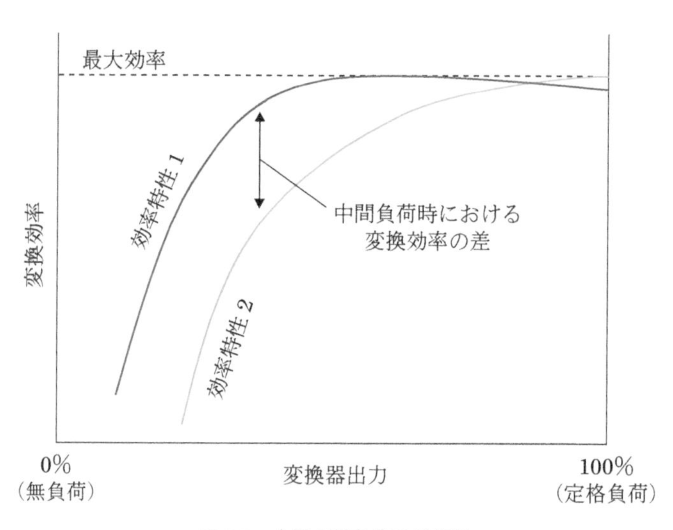

図7.6　**中間負荷効率の重要性**

中間出力状態での運転時間が長いので，最大効率が同じであっても効率特性1のほうが効率特性2よりも通年での変換効率が良い。

因して，定格出力(100%出力)で運転ができる時間は非常に短く，1年のうちの大半の時間は中間出力状態での運転となる。このため，太陽光発電用のPCSでは，運転時間の短い定格出力状態での効率よりも，運転時間の長い中間出力状態での効率のほうが重視され，年間を通じての変換効率をなるべく上げるように設計される(図7.6)。また，太陽光発電は夜間など発電できない時間帯も長いので，運転停止中の損失(待機時損失)を抑えるなどの工夫も重要である。

最近では，メガソーラやギガソーラ*8と呼ばれる大容量設備の導入も多くなってきている。これらの大規模設備では，多数の発電パネルが必要となることから，PCSの構成にはいくつかの方法がある(図7.7)。

もっとも簡単な方式は，図7.7(a)に示すような発電パネル群を複数に分割し，それぞれにPCSを設ける方式である。この方式は，PCS構成には特段の変更はないが，発電出力を最大化するMPPT制御が同じPCSに接続された発電パネル群に対して一律に適用されるため，同じPCSに接続される発電パネルの日射条件にばらつきのない環境で有効な方式である*9。この方式では，それぞれのPCSの直流入力側の電圧や電流が異なっていても，各PCSに内蔵のDC/DC変換・調整部分で次段のDC/AC変換に必要な一定値に変換される。

一方，土地の起伏などによる発電パネルの設置方向や設置角度のばらつきなどで発電パネルの設置環境に大きなばらつきが生じてしまう場合，個々の発電パネルの出力にばらつきが生じるため，MPPT制御を適切に機能させることが困難になる。この問題を解決するため，図7.7(b)に示すような複数群に分割された発電パネルごとにDC/DC変換回路を設け，その出力を1台のDC/AC変換回路に接続する方式が用いられる。この方式は，発電条件の近い発電パネル群それぞれにMPPT制

*8　太陽光発電の総出力容量がMW級またはGW級のため，このように呼ばれる。

*9　日射条件が等しい発電パネルを同じPCSに接続することが重要である。

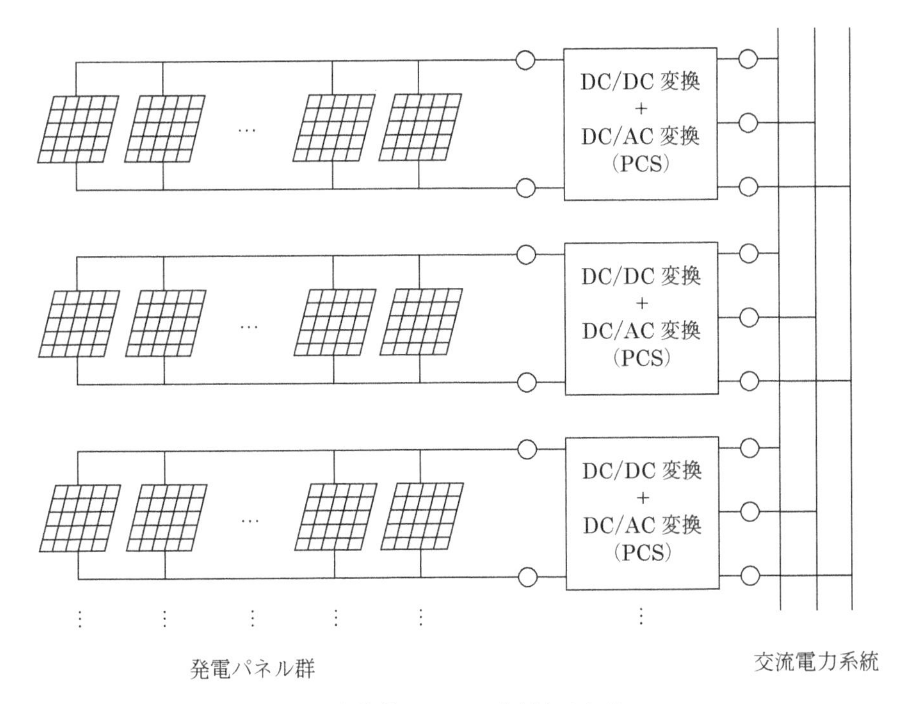

（a）複数の PCS に分割する方式

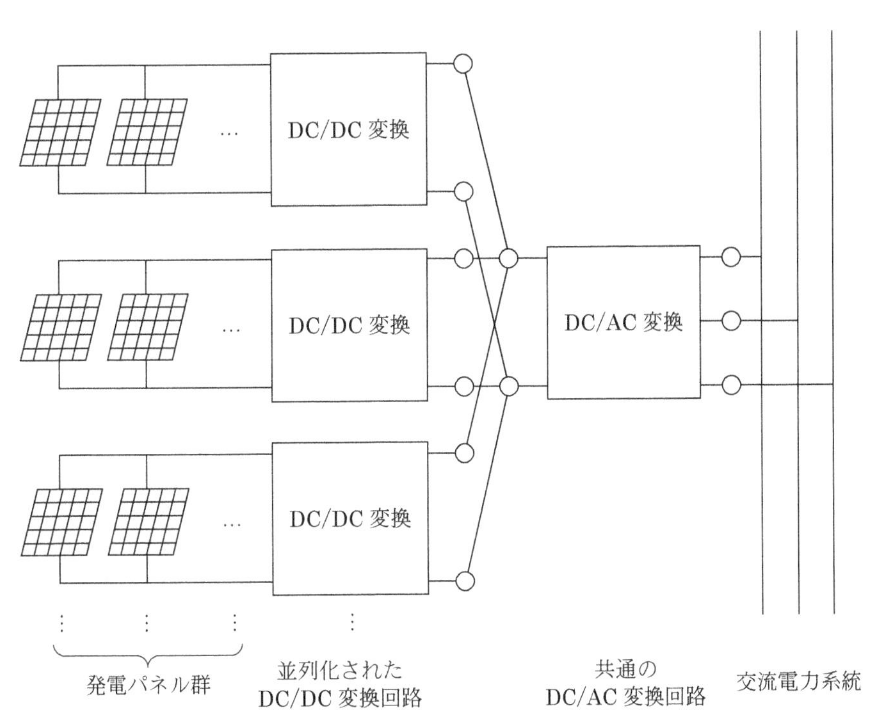

（b）直流回路のみを複数に分割する方式

図 7.7　メガソーラ設備の PCS 構成

御を行うことができる。これにより，図 7.7(a)の方式の弱点を補うことができる。

7.1.4　燃料電池発電用PCS

燃料電池(fuel cell, FC)は燃料(水素，メタン，メタノールなど)から直流電力と熱を得ることができる*10。燃料電池から得られる電力は直流であるため，燃料電池発電設備でもPCSが必要である。PCSの基本構成は太陽光発電で使われるPCS(図 7.4)と同じで，DC/DC変換回路とDC/AC変換回路の直列構成である。また，燃料電池出力の電流(PCSの入力電流)のリプルを低減する手法についても同じ方法(図 7.5に示した並列化)が用いられる。

ただし，燃料電池発電設備は，電力だけでなく熱エネルギーの利用も含めて運用を考える必要がある。このため，熱利用を重視した一定出力運転*11を行うことが多い。したがって，燃料電池発電用のPCSは，定格出力時の効率を重視して設計される。

7.1.5　PCSに求められる保護機能

PCSには，系統連系に際しての各種保護能力が要求される。具体的には，電力系統側に擾乱(電圧や周波数の変動など)*12が発生した際に，PCSの制御不能やPCSからの過電流供給を防止するなどの保護機能が必要となる。特に，容量が大きなPCSは，こうしたトラブルが発生すると周辺に大きな影響をもたらすので，保護機能に対する要求も厳しい。

代表的な保護機能には，一定程度以下の電圧や周波数の変動であれば，系統の状況に追従してPCS運転を継続する故障乗り切り(fault ride through, FRT)などがある。どの水準の変動まで対応すべきかについては，各種の規格・ガイドラインなどに定められており，必要な性能を備えていなければ，電力系統に連系できない規定となっている。

こうした規格・ガイドラインが整備されてきた背景には，太陽光発電や風力発電の普及拡大にともなってPCSで連系される発電設備*13の総容量が電力系統内で無視できなくなってきたことがある*14。すなわち，PCSで連系される設備の総容量が小さかったときは系統擾乱が生じた際にPCSの出力を止めるだけでも十分であった。しかし現在では，PCSを停止すると電源の大量脱落を生じてしまい，広域停電を招く可能性がある状況となった。このため，状況によってはPCSを停止せず，広域停電を回避する必要が出てきた。今後もこうした設備が増えると予想されるので，関連の規格・ガイドラインの改定が行われる見込みである。PCSの設計に際しては，こうした規格・ガイドラインへの対応にも十分注意する必要がある。

また，近年では仮想同期機(virtual synchronous generator, VSG)制御という技術の導入も始まっている(図 7.8)。この技術は，系統事故時における電力系統の不安定性*15増大の懸念を補うために，PCSに同期

*10　高温動作形の燃料電池では，発電のみに利用される場合もある。

*11　燃料電池発電設備は，熱エネルギーと電力を同時供給する設備(熱電併給設備)である。熱電併給設備は，熱エネルギーの有効利用が設備のエネルギー利用効率を左右するので，通常は輸送が困難な熱エネルギーの供給を優先して，熱需要の至近に設置する。そのうえで，熱エネルギー貯蔵と組み合わせた一定出力運転が行われる。

*12　電力系統の電圧や周波数は，一定の範囲に保たれるよう制御されているが，故障などに起因して大きな変動が発生することがある(停電の発生も考慮する必要がある)。擾乱の詳細に関しては，電力系統工学に関する書籍などを参照されたい。

*13　PCSによって連系される発電設備は，DC/AC変換回路(インバータ)によって，電力系統と接続されるので，これらをインバータ発電機と呼ぶことがある。

*14　PCSによって連系される発電設備が大きな割合を占める電力系統をinverter dominated power systemなどと呼ぶ。安定運用に関する研究開発が世界中で進められている。

*15　パワーエレクトロニクス機器であるPCSには，回転形の発電機が有する慣性がないため，同期化力と呼ばれる機能がない。この欠点のため，電力系統内の発電機に占めるPCS容量が大きくなると，電力系統の周波数や電力の動揺を抑制する能力が不足し，電力系統の安定性維持能力が不足する。詳しくは，発電工学に関する書籍などを参照されたい。

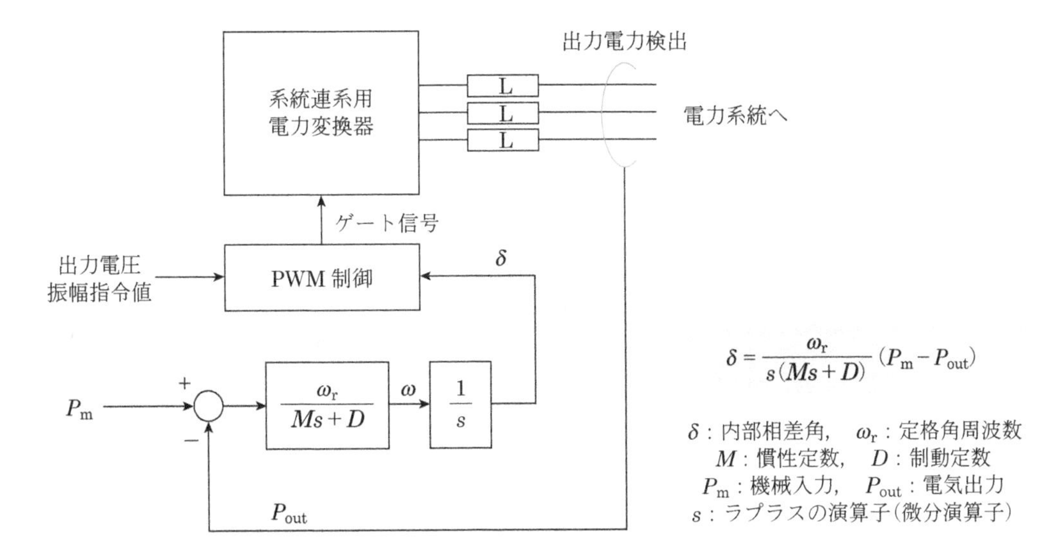

図7.8　同期機特性を模擬するVSG制御の例

青色部分の制御の追加により，電力変換器に同期機特性を付加する。この部分は，図中の式に示す機械入力と電気出力の差に応じて内部相差角が変化する特性を表している。この特性の詳細については，電気機器に関する教科書などの同期機の項目を参照されたい。

機特性を付与して，電力系統の周波数や電力の動揺を抑制しようとする考えに基づく制御上の工夫である。

VSG 制御の導入により，回転形の発電機がもつ動揺特性を PCS に付与できるので，電力系統の動揺時に PCS が同期発電機と同等の挙動を示すようになり，電力系統の動揺を抑制できる。なお，VSG 制御は PCS の電力制御能力が向上した結果，実現可能となった制御法である点には注意をされたい。

7.2　送配電領域

送配電の領域で使われるパワーエレクトロニクス機器の代表例には，直流送電および BTB 連系の設備，有効電力供給設備，無効電力供給設備があげられる。以下では，その概要を紹介する。

7.2.1　直流送電およびBTB連系

大容量の電力を長距離送電する場合は，交流よりも直流で送電したほうが有利な場合がある。交流送電では，線路インダクタンスで送電の安定性が左右され，長距離送電の場合は，インダクタンスが大きくなりすぎて送電の安定性が悪くなるためである[*16]。また，同じ容量の電力を送る場合には，交流よりも直流のほうが送電線路（鉄塔やケーブル）の建設費の削減が期待できる[*17]。ただし，直流送電を行うためには，直流線路の両端に AC/DC 変換および DC/AC 変換の設備が必要となり，その費用も考慮する必要がある。よって，一定距離以上の送電でないと，

＊16　先に述べたウィンドファームで直流送電が使われるのも同じ理由からである。

＊17　交流では3本の送電線路が必要となるのに対し，直流では2本の送電線路でよい。また，同じ電力を送る場合，絶縁耐圧が同じ線路であれば，直流のほうが細い（断面積の小さい）線路でよい。

周波数変換所の例（佐久間周波数変換所：J-POWER（電源開発（株））提供）

東日本の50 Hz電力系統と西日本の60 Hz電力系統の間で電力を融通する施設である。変換器はBTB構成となっている。大容量の変換回路であるので，サイリスタを利用したAC/DCおよびDC/ACの変換回路（サイリスタバルブ，右側の写真）が使われている。変換所の全景（左側の写真）から，かなりの敷地面積を交流フィルタ設備が占めていることがわかる。

送電線路の建設費削減の効果を活かせない点には注意が必要である。

また，異なる周波数で運用される交流系統の接続や，同じ周波数でも位相が異なる交流系統の接続をする場合には，交流どうしを直接接続することができないので，直流を介して接続する。

こうした場合に使われる電力変換器は，AC/DC 変換回路と AC/DC 変換回路の直列構成で実現される。回路の構成は図 7.3 と基本的に同じである。直流線路区間が長い場合は直流送電，短い場合は BTB（back to back）連系と呼ばれる。

直流送電は大容量の電力を長距離送る場合に使われる。直流線路における抵抗損失（送電損失）抑制の観点から，高い電圧が採用される傾向がある。一方，直流区間が短い BTB 連系では，低い電圧でも適用しやすい。低電圧の場合には，直流線路の抵抗損失が問題になるが，BTB 方式では直流区間が短いため，大きな問題とはならない。

なお，直流区間の電圧や電流の大きさの違いは，フィルタ設計に違いをもたらすので，注意が必要である。第 2 章で説明したとおり，パワー半導体素子のスイッチング速度には，素子の特性や性能によって制約がある。このため，大容量の変換回路ほど，スイッチング周波数を下げざるをえない。このことは，変換回路の波形制御性が悪くなることを意味し，結果としてフィルタの負担が大きくなる。すなわち，フィルタ容量をより多く必要とするようになる。特に，低次の高調波成分を除去するフィルタは，体格が非常に大きくなることから，影響が大きい。

また，高電圧の電力変換回路では，絶縁の確保が大きな課題となる[*18]。特に，多数のパワー半導体素子にオン/オフの制御信号を送る制御回路と主回路の間の絶縁の確保は重要であり，光ファイバによるゲート信号伝送や光トリガ素子（パワー半導体素子が光ファイバの信号で直接動作する）の適用などの工夫がなされる。

＊18　電力変換回路に使われるパワー半導体素子には，大きな対地電位が発生する。このため，絶縁の確保は安全面から必須の要件である。

なお，直流送電やBTB連系の設備は常時運用が求められることが多い機器である。このため，1台の設備で構成せずに，2台以上の設備に分割して並列化して設置することが多い。この構成により，設備の点検や修理などの際に並列設備の一部のみを停止する対応が可能となる。停止設備の容量分だけ能力が減るが，1台設備の場合とは異なり，設備点検などの場合においても機能の一部を維持することができる。こうした設備構成の工夫は，24時間365日の運用が必要なインフラ用設備ではよく行われる。

7.2.2 有効電力供給

送配電領域での有効電力供給設備は，送配電線を流れる有効電力の変動抑制の目的で使われる。現在は変電所などに設置され，有効電力の変動吸収を行う設備として，限定的に利用されている程度である。今後，化石燃料への依存度を下げ，風力・太陽光を起源とする電力の割合を高めようとすると，より多くの設備の導入が必要になると想定されている。風力・太陽光などの発電施設とともに設置して発電電力の変動を吸収したり，需要家側に設置して負荷変動を吸収したりする使い方も想定されている。

こうした用途に使われる電力変換器は，双方向形のAC/DC変換回路（電力の流れをAC→DCの方向にも，DC→ACの方向にも自由に制御可能な変換回路）である（図7.9）。通常は，波形制御性に優れるPWM制御が適用される。

直流側のエネルギー貯蔵素子には，大容量コンデンサや二次電池（充放電可能な電池）が使われる例が多いが，超電導コイルを利用する場合もある。超電導コイルを用いる方式は超電導磁気エネルギー貯蔵（superconducting magnetic energy storage, SMES）*19と呼ばれている。

それぞれのエネルギー貯蔵素子には，貯蔵電力量（Wh）と出力電力（W）に一長一短の関係があるので，吸収したい変動の性質に合わせて選

*19 超電導磁気エネルギー貯蔵は，制御応答性に優れるという特徴をもっている。この特徴を生かし，半導体製造工場などの特に高い電力品質を確保したい需要家において，瞬時電圧低下（瞬低）や瞬時停電（瞬停）の補償用途で用いられている。

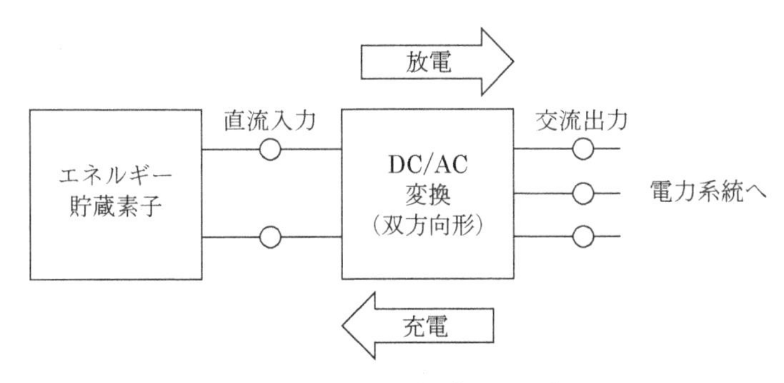

図7.9 有効電力供給設備の回路構成

エネルギー貯蔵素子の仕様によっては，双方向AC/DC変換回路との間に電圧調整のためのDC/DC変換回路を挿入する場合がある。

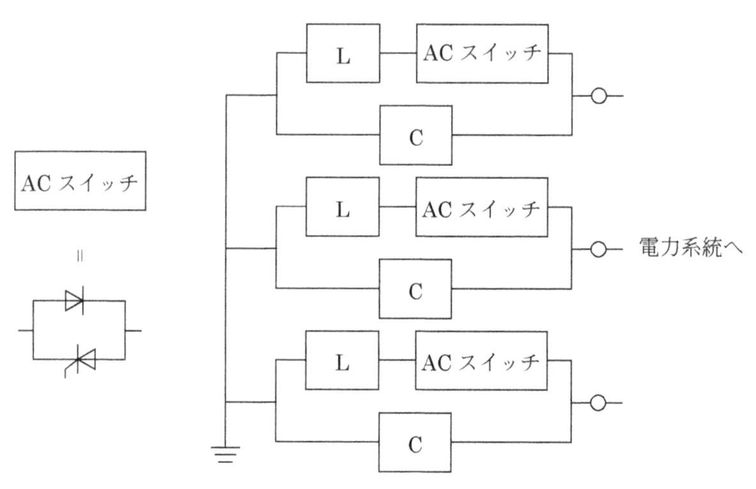

図7.10　ACスイッチを用いた無効電力供給設備の回路構成

択を行う。また，エネルギー貯蔵素子の仕様によっては，双方向形AC/DC変換回路とエネルギー貯蔵素子の間に，電圧調整用のDC/DC変換回路を挿入する場合もある。

7.2.3　無効電力供給

電力系統の電圧を調整する方法には，電力系統に対して無効電力を供給する方法がある。一般的に，電力系統の線路インピーダンスは，鉄塔や電柱による送配電の場合には誘導性（L性，インダクタンス成分が支配的）となり，ケーブルによる送配電の場合には容量性（C性，コンデンサ成分が支配的）となる。インピーダンスがL性の場合はC性の無効電力（進み無効電力）を，C性の場合はL性の無効電力（遅れ無効電力）をそれぞれ供給することで，線路インピーダンスの影響を補償することができる*20。

＊20　電力系統の線路インピーダンスと有効・無効電力の流れが電圧変動に与える影響については，電力系統工学に関する書籍などを参考にされたい。

使われる電力変換器の構成は図7.9と同じである。交流側の電流制御により，電力系統に供給する無効電力の大きさや，進み/遅れの調整を行う。なお，無効電力の供給のみを行う場合には，有効電力を出力する必要はないので，エネルギー貯蔵素子は小容量のコンデンサで十分である。

なお，前項で説明した有効電力供給の設備では，直流側にエネルギー貯蔵素子があるので，上述の電流制御を取り入れれば，同じ設備で無効電力の供給も可能となる。

上記とは別の無効電力供給方式として，図7.10に示すようなサイリスタのACスイッチ回路を用いた点弧角制御を利用する方法もある。リアクトルとACスイッチ回路の直列接続により，可変リアクトルを実現している。可変リアクトルの調整により，C性にもL性にも制御可能な回路である。

この方式は単純な回路である反面，交流側の電流波形は良くなく，フィルタ回路の設置が必要である。こうした事情から，前述のDC/AC変換回路による方式が適用しにくい高電圧の系統で用いられることがほとんどである。DC/AC変換回路による方式は波形制御性に優れる反面，高性能のパワー半導体素子を必要とする。高電圧・大容量のパワー半導体素子は性能に制約があるので，必要な性能のDC/AC変換回路の実現が困難となる場合があることに注意が必要である。

7.3　負荷領域

負荷の領域で使われるパワーエレクトロニクス機器の代表例としては，非接触給電設備，デマンドレスポンス(DR)機器があげられる。以下では，その概要を紹介する。

7.3.1　非接触給電設備

非接触給電(無線給電，ワイヤレス給電と呼ぶ場合もある)は，電線を介した給電ではなく，高周波磁気回路を介した給電方式である。コネクタなどの電気的な接触部分を必要としない点や，絶縁が容易である点などを特徴としている。携帯電話などの小容量機器への充電を中心に用いられているが，コネクタの脱着操作が不要になる特徴を活かして，大容量機器への適用も検討されている。例えば，電気自動車の充電などがあり，走行中充電も検討されている。

使われる電力変換器は，AC/DC変換回路である。図7.11に示すように，内部は商用周波数交流を高周波交流に変換するAC/AC変換回路(実際には，中間段階に直流を介したAC/DC/ACの回路であることが多い)と，高周波交流を直流に変換するAC/DC変換回路の組み合わせで構成される。中間の高周波交流部分に磁気回路を構成し，この部分のギャップ(通常はエアギャップ)で絶縁を確保している。この磁気回路を小形化するために，中間の交流部分の周波数は高く設定される。このた

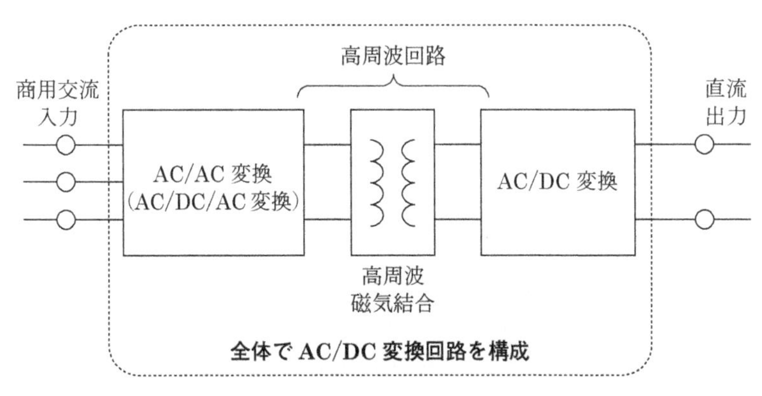

図7.11　非接触給電設備の回路構成
小容量機器の場合，商用交流は単相入力となる。

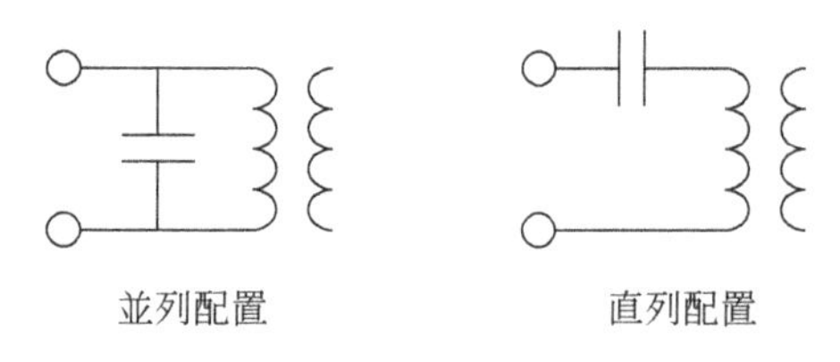

図7.12　高周波コンデンサの配置

ここでは一次側のコンデンサ配置のみを図示しているが，二次側の配置も同様の考え方が適用できる。

め，AC/AC および AC/DC 変換回路は高速動作が必要である。なお，給電先が交流負荷の場合は後段の AC/DC 変換の部分が AC/AC 変換になる。

また，ギャップによる絶縁の確保に起因して，磁気回路部分では励磁電流や漏れインダクタンス成分の影響が大きくなる。このため，これを補償するための高周波コンデンサが磁気回路の巻線部分に設置されることが多い。高周波コンデンサの配置は図 7.12 に示す並列配置形と直列配置形の 2 種類に大別されるが，それぞれ AC/AC 変換回路の出力仕様や高周波コンデンサの性能要求と密接な関係があり，一長一短もあるので，選択には注意が必要である。

非接触給電では，高周波交流による磁気回路の磁気結合を高く設計することが鍵となる。磁気結合にはギャップ距離の影響も大きいため，高周波磁気結合用コイルと補償用の高周波コンデンサの設計が，高周波交流の周波数の選択と並んで重要となる。なお，周辺機器への電磁障害を防止する観点から，磁気回路に利用できる周波数帯は限定される点に注意が必要である。

7.3.2　デマンドレスポンス(DR)機器

化石燃料による発電への依存度を低減するとともに，二酸化炭素(CO_2)排出を抑制する観点から，風力や太陽光による発電への期待が大きくなっている。しかし，これらの発電方式には，出力変動が大きいという課題がある。加えて，需要に合わせた発電ができないため，風力発電や太陽光発電の導入量が増えるに従い，需給バランス*21 の維持は困難になりつつある。

*21　電力系統では，需要(消費)と供給(発電)を常に一致させる必要がある。需要と供給のバランスが維持できなくなると，発電機の停止につながり，大規模停電を招く。このため，需要と供給のバランス維持は，電力系統の安定運用にとって重要である。詳しくは，発電工学に関する書籍などを参照されたい。

これまでは，発電出力の変動吸収や需給バランスの維持を電力貯蔵により行う手法が考えられてきた。しかし，電力貯蔵はコストが高いことから，電力貯蔵のみに頼る手法は現実的ではないと考えられるようになってきている。将来に向け，より積極的に風力や太陽光による発電を利活用するためには，風力や太陽光の発電出力に合わせて需要を動的に調整するしくみを併用することで，需給バランスの維持を行う必要がある。デマンドレスポンス(demand response, DR)は，この目的のために行う需要調整の技術である。

◆ コラム7.1 再生可能エネルギーの主力電源化に向けた取り組み

世界的なCO_2排出抑制の要望の高まりを受け，各国でCO_2排出抑制の目標設定がされている。

電力供給におけるCO_2排出抑制手段としては，水力，太陽光，風力などの再生可能エネルギーを利用した発電技術に期待が寄せられており，これらを主力電源として利用する検討が盛んになっている。

太陽光や風力に代表される自然エネルギーを起源とする発電方式は，CO_2排出抑制手段としての魅力が大きい反面，発電出力が安定しない(発電出力の変動が大きく，その制御が困難)という欠点がある。このため，単純に設備を増設すると，需要に対する発電出力の過不足が頻繁に発生する状況になる。そこで，太陽光発電や風力発電を電力供給の主力として使うために，電力の需給バランスを維持する能力を強化する技術と組み合わせることが必須となっている。

これまでは，太陽光発電や風力発電の施設にエネルギー貯蔵装置を併設して出力を需要に合わせる手法が主であった。しかし，近年では発電量に合わせた消費を行う技術も必要とされている。本文中で紹介したデマンドレスポンス機器がその代表である。

なお，最近のエネルギー貯蔵装置は蓄電池に限らない点に注意を要する。水素の利用(電力が余る際には電力を水素に変換・貯蔵し，電力が不足する際には貯蔵していた水素から燃料電池などで発電をする)なども有力な手段として検討されている。蓄電池以外の手段が検討される背景には，蓄電池のコストや蓄電池の製造に必要な資源の制約などの課題により，蓄電池技術だけではエネルギー貯蔵容量を確保できない懸念があるためである。

従来形の需要調整は，負荷機器のオン(稼働)/オフ(停止)を制御するにすぎなかったため，需要(電力消費)の調整能力と利便性の両立に難がある。しかし，近年では電力変換器を用いて，需要(電力消費)をきめ細かく制御する方式の検討が進められている。例えば，オン(稼働)/オフ(停止)以外に，80%負荷などの中間状態での運転も可能とし，負荷機器の利用者にとっての利便性と消費電力の調整を両立している。

利用される電力変換回路には，交流負荷の場合はAC/AC(AC/DC/ACを含む)変換回路が，直流負荷の場合はAC/DC変換回路が主に用いられる。回路の動作そのものは，これまでの説明と何ら変わりはないが，自身の消費電力をどの程度に抑えるべきかを判断する制御が必要である。需給バランスの維持は電力系統全体で考える必要があるため，この制御系への指令値を決めるには電力系統全体の状況を踏まえた判断を行うしくみが必要となる。現在は，このしくみについての検討*22が種々進められている状況である。

近年では，需給バランス維持の機能に加えて，送電網や配電網における電力の流れを最適に制御する機能も備える次世代の電力系統技術としてスマートグリッドの検討も盛んに行われている。デマンドレスポンス機器はスマートグリッドの実現に不可欠と考えられており，この面から

*22 系統の需給バランスを反映する周波数の検出に基づく方式や，集中型のコントローラからの制御指示に基づく方式など，種々の検討がなされている。

も大きな期待が寄せられている。

❖ 章末問題

7.1　FRT性能として，どのようなものがあるかを調べてみよう。

第8章　パワーエレクトロニクスの応用例3：産業分野

本章では，前章に引き続きパワーエレクトロニクスの応用例について，産業用の設備として使われるパワーエレクトロニクス機器に関する例を紹介する。

8.1　モータ駆動

モータ駆動機器において，モータが消費する電力は全消費電力の約6割を占めるといわれており，その容量範囲も回転速度範囲も広い。商用電力系統に直接接続される交流モータ駆動では商用電源の周波数(50 Hz/60 Hz)によって決まる一定の回転速度で利用されることが多かった。現在では，パワーエレクトロニクス技術の進展にともなって，可変速駆動が容易となり，広く利用されるようになっている。

以下では，パワーエレクトロニクスによるモータ駆動の代表例を説明する。

8.1.1　汎用モータの駆動

汎用モータは，主に動力源として使われており，使用台数も多い。汎用モータを商用電源で直接駆動する場合には，モータの回転速度は一定となり変化させることができない。しかし，駆動電源の周波数を変化させると，モータの回転数を変化させる運転(可変速駆動)が実現でき，利便性が大きく向上する。可変速駆動は，商用電源を異なる周波数に変換するAC/AC変換回路を利用することで実現している。実際の周波数の変換は，図8.1に示すように商用周波数を直流に変換する双方向形のAC/DC変換回路と，直流を所望の周波数に変換する双方向形のDC/AC変換回路の直列接続で行っている。モータからの回生も考慮して，直流リンク(AC/DC変換回路とDC/AC変換回路の間にある直流部分)には大容量のコンデンサが置かれる。この回路構成は各種用途で共通して利用可能であるため，「汎用インバータ[*1]」として広く流通している。ただし，モータに供給する周波数の調整法(フィードバックのかけ方)は，使用目的に応じて異なる。

例えば，ポンプやファン(ブロア)類を駆動する用途では，液体や気体の送出圧力が所望の値となるようにモータの回転速度にフィードバックをかける。すなわち，輸送したい液体や気体の流量が多い場合には高回

＊1　一般に広く流通している三相かご形誘導電動機(モータ)の駆動を念頭に，設計・量産されている。「汎用モータ駆動用のインバータ」の意味であり，「用途によらず使えるインバータ」の意味ではない。

汎用モータの構造例

モータケースと固定子の一部が切断されたカットモデルの写真である。中央の円筒構造部分が回転子となっている。写真の右側が出力軸，左側がモータ冷却用のファンである。固定子で発生する回転磁界の回転数が固定子の周波数で決まることから，可変周波数電源による可変速駆動が可能である。

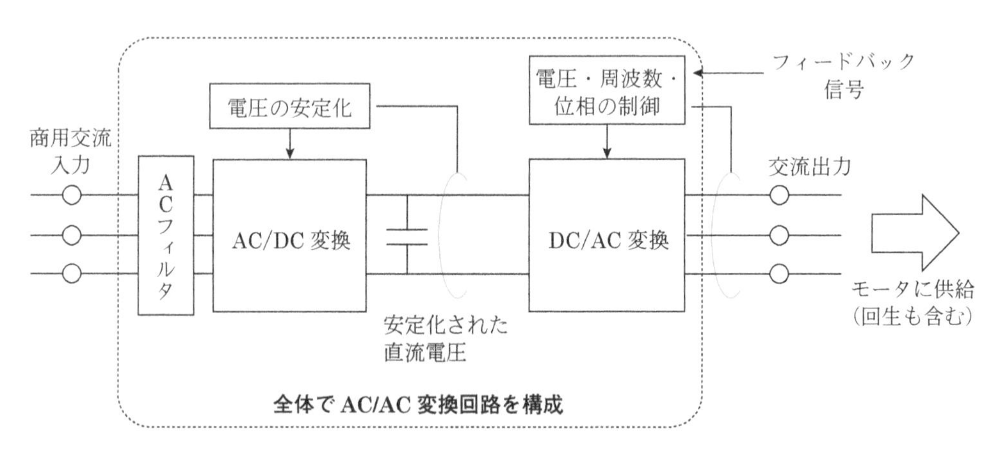

図8.1　汎用モータの可変速駆動

転速度に，流量が少ない場合には低回転速度になるようにする。パワーエレクトロニクスによるモータの可変速駆動技術が普及する前は，図8.2に示すようにモータは商用周波数で決まる回転速度での一定速運転をしたうえで，下流に設置されている絞り弁（バルブ）の開閉を調節する制御（ダンパ制御）を行うのが通常であった。ダンパ制御では，バルブ部分で圧力損失が発生するという欠点があるため，効率は必ずしも良くない。これに対し，モータの可変速制御による方式では必要最小限の回転速度での運転が可能となり，ダンパ制御の場合に比べてモータの消費電力が3割程度にまで削減される。

また，ベルトコンベアなどの搬送機器の用途では，搬送速度が所望の値となるようにモータの回転速度にフィードバックする。搬送負荷の重軽によらず搬送速度を維持できるように，モータの回転速度を一定に保

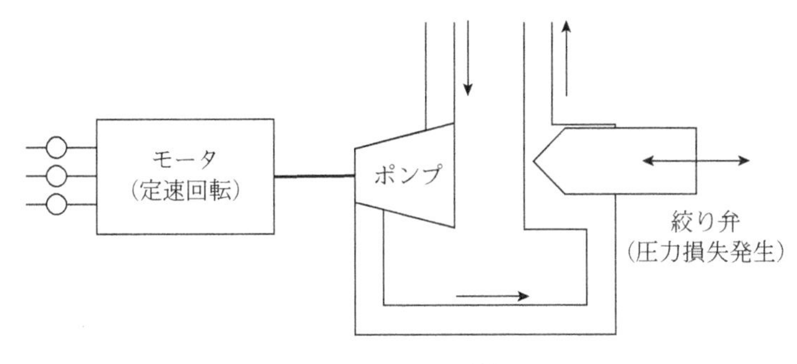

図 8.2 ダンパ制御

つ必要がある。このため，コンベア負荷が重い場合には駆動トルクを大きくし，負荷が軽い場合には駆動トルクを小さくする。

8.1.2 サーボモータの駆動

サーボモータは精密かつ高速な位置決めが必要な用途に使われるモータであり，ファクトリー・オートメーション(factory automation, FA)機器などの普及により，広く用いられている。サーボモータの基本構造は永久磁石形の同期モータである。速度制御の基本的な考え方は前述の汎用モータ駆動の場合と同じで，AC/AC 変換回路による可変周波数制御である*2。変換回路の構成は図 8.1 と同じである。

精密な位置決めを行う必要性から，位置決め精度に影響するギア類を極力排除した直接駆動(ダイレクトドライブ)方式が好まれ，モータの可変速運転範囲も大きく，正転/逆転の切り換えが多いという特徴がある。このため，前述の汎用インバータよりも制御性の良い(PWM 周波数の高い)変換回路が好まれる。また，位置検出用センサとの連動も重要となる。位置検出には，モータの回転角度と位置合わせを行う対象物の精密位置の把握を併用することが多い。前者はモータの回転角度からのおよその位置決め(粗動)を行う際に，後者は最後の微調整(微動)を行う際に，それぞれ用いられる。

サーボモータ駆動では，回転速度の調整範囲が広い(特に，低回転数域での制御性が要求される)点と，正転/逆転の切り換え頻度が高い点が特徴である。このため，使用される AC/AC 変換回路には，モータの連続定格の数倍の過電流を流す能力が必要である*3。過電流の継続時間は短いが，電力変換器の設計には大きな影響をもたらすので，注意が必要である。

*2 サーボモータの分野では，この AC/AC 変換回路をサーボアンプと呼ぶことが多い。

*3 モータの回転速度が小さい領域でのトルク発生を必要とするためである。詳しくは，電気機器やモータに関する教科書などを参照されたい。

◆コラム8.1　パワーエレクトロニクス機器のトラブル

産業用途の機器は，積算稼働時間が長いという特徴がある。このため，寿命設計や信頼性確保には種々のノウハウを必要とする。

パワーエレクトロニクス機器で発生するトラブルは，熱的な問題に起因することが多い。例えば，装置冷却機構の不良によって部品温度の上昇を招いた結果，部品劣化（寿命低下）を発生させるなどが典型例である。装置冷却機構の保守点検が大事になるが，保守点検には予想外にコストがかかる場合も多い。

こうした点から，装置冷却機構の簡略化への要望は大きい。簡略化の代表例は，水冷方式を強制空冷方式にしたり，自然空冷方式にしたりすることである。これらの簡略化を可能にするには，部品発熱を抑えることが肝要である。

通常のパワーエレクトロニクス機器の場合，もっとも大きな発熱をする部品はパワー半導体素子である。すなわち，パワー半導体素子の低損失化は，電力変換効率の観点だけでなく，寿命やトラブル抑制の観点からも重要である。

8.1.3　スピンドルモータの駆動

スピンドルモータは，切削加工機やバリ取り加工機などで用いられる高速回転の刃物や砥石などを駆動するモータである。この場合も，前述の汎用モータ駆動の場合と同じ考え方で，AC/AC 変換回路を利用する。変換回路の構成は前出の図 8.1 のとおりである。ただし，モータを高速回転させる必要があることから，AC/AC 変換回路の出力は高周波数となる（したがって，DC/AC 変換回路の高速動作性能が重要である）。このため，直流リンクに設置されるコンデンサには周波数特性の良いものが必要である。加えて，商用交流側へのノイズ流出抑制の観点から，AC/DC 変換回路の入力側フィルタの設計にも注意が必要である。

スピンドルモータは，工作物の加工時（刃物類が工作物に接触している状態）と非加工時（刃物類が無負荷で回転している状態）とで，トルクの変動が非常に大きい。このため，回転速度を一定に保つための電圧・電流の高速制御性が重要である。また，加工作業中に刃物類が折れたり固着したりすることも想定されるので，こうした異常時への対応能力に対する要求も設計に反映させる必要がある。前者の場合には過回転検出にともなう緊急停止，後者の場合には過電流耐量と緊急停止の機能などが要求される。

また，高速回転時に目が向きがちであるが，起動や停止にともなう運転条件への配慮も必要である。例えば，起動後の加速時には大きなトルクは必要ないものの，モータ回転速度を急速に上げる必要がある。また，減速時にはモータの慣性エネルギー（回転部分の重量は大きくないが，高速回転なので無視できない）を回生制動で回収する必要もある。どちらも，短時間で DC/AC 変換回路の出力周波数を急速かつ大きく変化させる必要があり，制御外れを起こさないよう，制御系の設計に注意が必要である。

高速回転を必要とする用途では，上記以外の制約が発生する場合もある。例えば，制御対象物の機械的共振の存在[*4]である。加速・減速を含めて広い回転速度数範囲を使う必要性から，途中の回転速度に機械的な共振点が存在する場合もある。こうした場合，加速・減速の途中で機械的共振を起こす回転速度を極力早く通過させたり，共振の誘発原因を排除するための電圧・電流波形の工夫をしたりといった対策が必要となる。

*4 機械的な共振がないのが理想であるが，現実には共振現象は排除できない。機械的共振の付近では対象物の振動が収まらず，故障や破損の原因になるので，製品試作後に種々の調整を行うことで対処する場合が多いのが現実である。

8.1.4 抄紙機

抄紙機とは，紙の製造工程で使う機器である。紙を抄く工程では，原料を薄く敷き伸ばし，厚さ調整や乾燥をする作業を連続で行っている。この工程で重要なのが，工程途中の要所に配置される送り機（ローラ）や，でき上がった紙をロール状に巻き取る巻取機の回転に使われるモータの可変速制御である。ここでは，製紙工程を例に説明するが，紙以外でもフィルムや糸の製造などの工程にも共通する事項である。

この場合も，汎用モータ駆動の場合と同様に，AC/AC 変換回路による周波数変換を利用する。変換回路の構成は前出の図 8.1 のとおりである。ただし，後述のとおり，モータの回転速度にきめ細かい調整が要求される点に注意が必要である。

製紙業における送り機や巻取機の制御で重要なのは，製品である紙の品質維持のための張力管理である。張力のかけすぎは紙の厚さむらや破れを，張力不足はしわの発生を招く。このため，連続製造の各段階での張力制御を精密に行う必要がある。具体的には，張力の大小を検出し，それに応じて送り機や巻取機の回転速度を調整する。張力が大きい場合は減速方向に，小さい場合は増速方向に調整する。巻取機の場合は，巻き取りが進むにつれてロール径も増えていくことも考慮に入れる必要がある。

8.1.5 圧延機

圧延機は鋼材などをローラの間に通して押し伸ばすことで薄板などに加工する装置である。圧延機のローラを回転させるモータの制御もAC/AC 変換回路により行われる。変換回路の構成は前出の図 8.1 のとおりであるが，MW 級以上の大容量モータの精密速度制御である点が特徴である。

製品品質を確保するため，圧延機のローラは一定速度で回転させる必要がある。しかし，駆動モータにとっては無負荷時（鋼材などがローラに挟まっていないとき）と負荷時（鋼材などがローラに挟まっているとき）の間で必要トルクがステップ状に変化する使い方となるので，速度制御には難しい面がある。

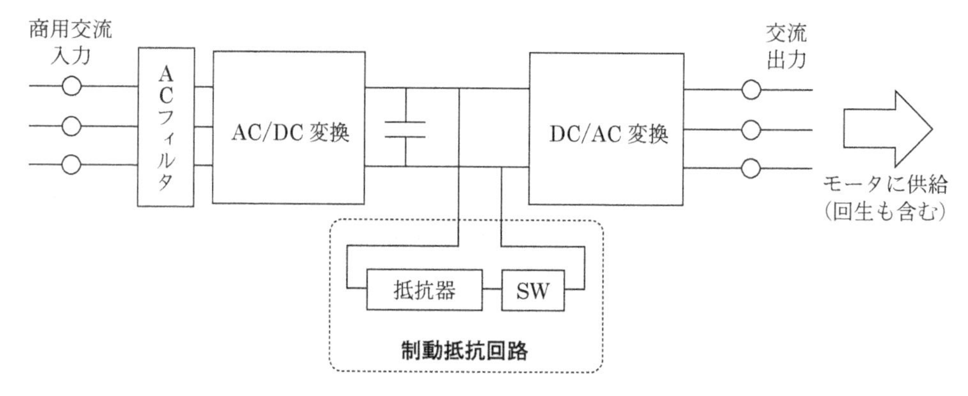

図8.3　制動抵抗器の回路

こうした事情から，DC/AC 変換回路には，大きな容量と高い制御性能の両立が必要とされる。しかし，第2章で説明したとおり，パワー半導体素子のスイッチング速度には，素子の特性や性能によって制約があるので，パワー半導体素子の工夫だけでは必要な変換器性能を得ることが困難である。そこで，モータのトルク応答性を改善するための制御法であるベクトル制御*5 の適用や，電流形変換器*6 の適用など，種々の工夫で対応を図っている*7。また，圧延ローラとモータをつなぐ軸における軸ねじれ現象*8 なども考慮する必要がある。

なお，圧延機のような大容量モータを使う機器では，起動・停止に対する考慮も必要である。起動の場合は，大質量のローラを回転させるために，AC/AC 変換回路は大きな電流を出力する必要があるが，モータの回転数が低いため電流が過大とならないよう制限をかける必要がある。また，停止に向けた減速時にはローラの慣性エネルギー(回転体の重量が大きいので無視できない)を回生制動で回収する必要があるが，回生エネルギーが大きすぎて商用電源側に戻しきれない場合もある。このため，図8.3に示すように直流リンク部分(AC/DC 変換回路と DC/AC 変換回路の間の直流部分)に制動抵抗回路を設けるなどして対応している。

図8.3からわかるように，制動抵抗回路は抵抗器とスイッチ SW の直列回路である。直流電圧が過大となった際にシリコン(Si)のサイリスタや IGBT のスイッチをオンにして，抵抗器でエネルギーを消費する回路となっている。抵抗器の容量など，駆動系の仕様を考慮して十分な余裕をもった設計とすることが肝要である。

*5　モータに供給する電流を励磁分電流とトルク分電流の2成分に分けて制御する方式であり，モータ制御の高性能化が可能な制御方式である。詳細はモータ制御に関する書籍などを参照されたい。

*6　電流制御を適用する場合は，電流形変換器のほうが制御性を上げやすい。電流形の欠点は，設備体格や重量が電圧形に比べ大きくなる点と，効率が不利になる点である。

*7　近年では，パワー半導体素子の性能向上を背景に，電圧形変換器でも実現されるようになってきている。

*8　トルクが急激に変化する場合，回転軸にはねじれの力が作用する。軸のねじれは，機械的疲労破壊の原因にもなる。機械系の共振現象につながらないよう，軸ねじれの発生を極力抑制するとともに，発生した軸ねじれを素早く減衰させるようにトルクの調整を行う必要がある。

8.2 産業用機器

産業用機器には，さまざまな種類の電源が利用されている。すべての例を説明するのは困難であるため，代表例としてレーザ加工機用の電源（高電圧・高周波電源）と，X線装置用の電源（超高電圧直流電源）を説明する。なお，誘導加熱（IH）用の電源については，次の第9章で説明する。

8.2.1 レーザ加工機用電源

レーザ加工機は，複雑な形状であっても高速に加工できるという利点から，板金の切断加工などに使われている。レーザを発振させるためには，交流放電の回路が用いられる。この放電回路には数kVで数百kHzから十数MHzの単相交流電源が必要とされる。

放電回路は，図8.4に示すように商用周波数の交流を直流に変換するAC/DC変換回路と，直流を単相の高周波交流に変換するDC/AC変換回路の直列接続から構成されている。この種の電源は出力周波数を高くできるよう，DC/AC変換回路には高速動作性能が要求される。このため，DC/AC変換回路のパワー半導体素子には高速動作性能を優先してSiのMOSFETが利用される[*9]。負荷である放電回路は容量性（C性）であるため，直列にリアクトルLを挿入して共振条件を作る（並列インダクタよりも直列リアクトルのほうが，放電回路の安定に有利である）。また，単相出力の回路のため，直流リンクのコンデンサの負担が大きい。このため，直流コンデンサの周波数特性にも配慮が必要である。加えて，商用交流側へのノイズ流出抑制の観点から，AC/DC変換回路の入力側フィルタの設計にも注意が必要である。

*9 スイッチング素子の性能の制約により出力電圧が不足する場合が多いので，変圧器で昇圧する。

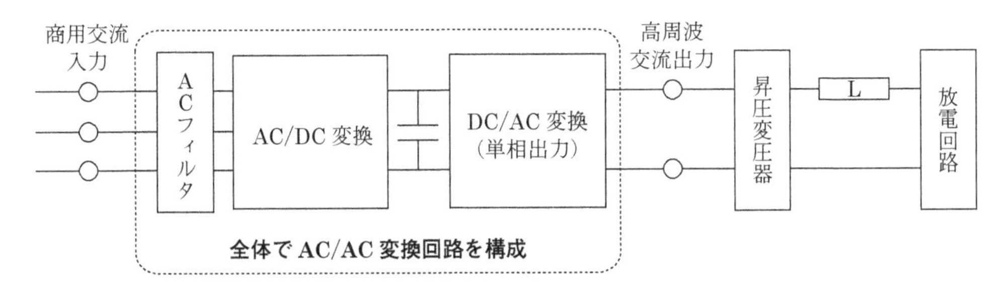

図8.4 レーザ加工機用電源の回路

8.2.2　X線装置用電源

医療用機器はもちろんのこと，産業界でも非破壊検査の要求からX線装置の利用機会が増えている。X線の発生には，数十kVの高電圧直流電源が必要となる。ただし，出力電流は数十mAと小さいことが多い。数十kVの直流電圧に対応できるパワー半導体素子がないことから，これまでに説明してきたAC/DC変換回路では要求される性能が実現できない。このため，図8.5に示すように高耐圧のダイオードとコンデンサを組み合わせたコッククロフト・ウォルトン回路（Cockcroft-Walton circuit）*10が使われている。

＊10　詳細は高電圧工学に関する教科書などを参照されたい。

この回路の特徴は，基本回路の直列接続で構成されている点と，n段の直列接続により入力交流ピーク値V_pの$2n$倍の出力が得られる点である。加えて，個々のコンデンサやダイオードの耐圧が出力電圧によらず交流入力の電圧ピーク値の2倍でよい点も魅力である。回路動作は，交流電源の半サイクルごとに偶数番号あるいは奇数番号のダイオードが準バイアスとなり，それぞれ偶数番号あるいは奇数番号のコンデンサを充電する，というものである。最終的に，交流入力電圧ピークの$2n$倍の直流電圧を得ることができる。出力の電流が大きい場合には，交流入力を商用周波数ではなく，AC/AC変換回路を介して高周波化して供給することもある。

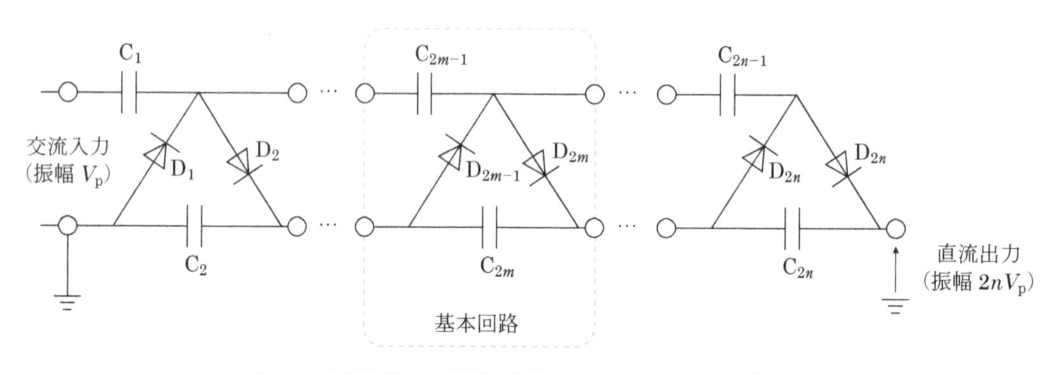

図8.5　X線装置用の高電圧電源回路（$n>m$；n, mは自然数）

❖ 章末問題

8.1　モータの可変速駆動を実現する制御方式にどのようなものがあるかを調べてみよう。

第9章　パワーエレクトロニクスの応用例4：家電・民生分野

本章では，家電・民生分野用に使われるパワーエレクトロニクス機器に関連する技術について説明する。回路構成に関しては産業用機器と共通点が多いが，比較的小容量であるために商用電源として単相交流を使うことが多い点が特徴である。また，小容量機器であることから回路を簡略化する工夫にも種々の選択肢がある。本章では，代表例としてモータ駆動と電源に使われている回路を説明する。

9.1　家電・民生機器用モータ駆動

モータ駆動に関しては第8章でも説明しているが，家電・民生の分野でも広く使われている。なお，自動車用の技術については，次の第10章で説明する。

モータ駆動回路の基本構成はAC/AC変換回路であるが，産業用機器と異なり，単相交流を三相交流に変換する回路が多用される。単相交流を直流に変換するAC/DC変換回路は，ダイオードブリッジまたは力率改善(PFC)回路付きダイオードブリッジの場合が多い。これに，直流を三相交流に変換するDC/AC変換回路を直列接続する。なお，小容量の機器では交流モータに代わり直流モータが使用されることも多い。この場合にはDC/AC変換回路の代わりにDC/DC変換回路(降圧チョッパ回路が適用されることが多い)が利用され，全体がAC/DC変換回路となる(図9.1)。

9.1.1　エアコン・冷蔵庫・冷凍庫

エアコン，冷蔵庫，冷凍庫などに用いられているヒートポンプは，コンプレッサ(圧縮機)で冷媒を加圧して液化する。ヒートポンプを使った機器の消費電力の多くはコンプレッサを駆動するためのモータで消費される。

ヒートポンプで多くの熱を移動させる[*1]際には液化量を多くする必要があり，コンプレッサ駆動用モータは高回転数で運転され，それほど多くの熱を移動させる必要がなければモータは低回転数で運転される。この回転数制御が柔軟に行えることが温度制御の安定性につながる(温度の上下変化を小さくできる)ことから，パワーエレクトロニクスによるモータの可変速駆動はヒートポンプの高性能化において重要な技術と

＊1　ヒートポンプは2つの場所の熱を移動させる働きをする。例えば，冷蔵庫は庫内の熱を庫外に移動させることで内部を冷やす。エアコンのしくみも同様で，室内外の熱の移動方向を操作することで冷暖房を行う。

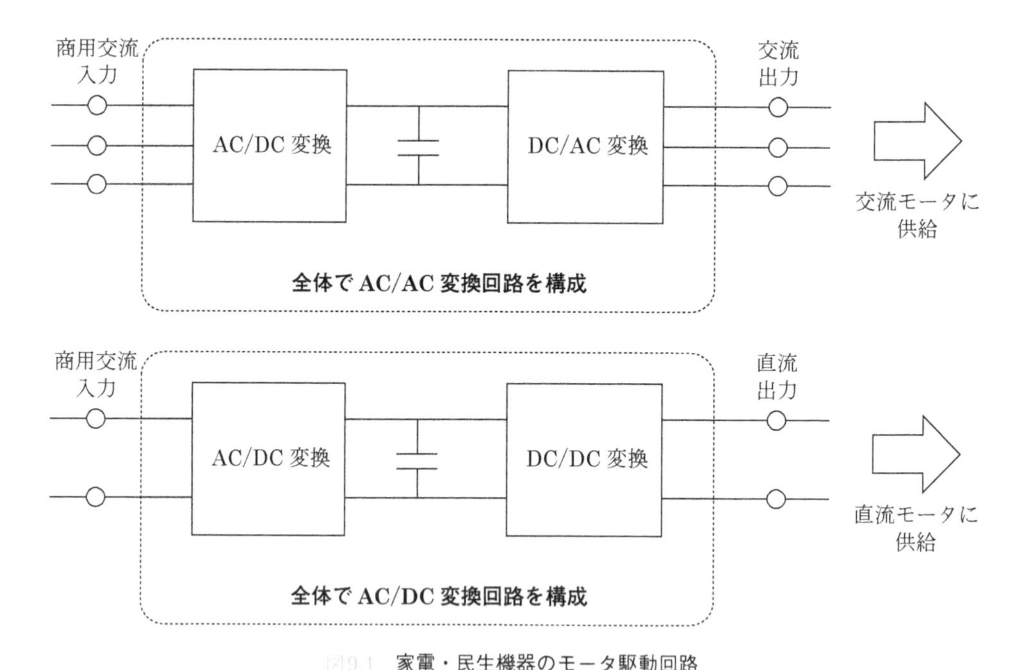

図 9.1　家電・民生機器のモータ駆動回路

なっている。可変速駆動の回路は前出の図 9.1 と同じである。

エアコンや冷蔵庫・冷凍庫などの場合，ヒートポンプが定格出力で動作する時間は短いのが通常である。温度制御を行いたい空間の温度が安定した後は，外からの熱侵入分に相当するだけの熱を移動すればよいので，軽負荷状態での運転となるためである。このため，可変速駆動の回路では，軽負荷運転時（定格より低い回転数での駆動時）の効率を重視した設計*2 が行われる。

*2　省エネルギーの指標として，通年の運転パターンや外気温条件などを対象とした測定の標準手法が定められており，機器が通年で動作した際の総消費電力量として評価できるようになっている。通年エネルギー消費効率（annual performance factor, APF）などの指標もある。

最近では，コンプレッサ容量を 2 分割して，軽負荷時には 1 台のみの運転とし，重負荷時には 2 台での運転とするなどの工夫を行う例もある。容量を 2 分割する際には，同容量に分割するのではなく，大容量と小容量のコンプレッサに分割することも多い。この方式では，大容量のコンプレッサは重負荷時にのみ運転され，通常は小容量のコンプレッサのみが運転される。これにより，コンプレッサの運転状態を高効率域に極力維持することができるので，省エネルギーに効果的である。

9.1.2　洗濯機・洗濯乾燥機

洗濯機などのモータでは，回転数や回転方向を種々に変える運転が要求される。パワーエレクトロニクスによるモータの可変速駆動は，洗濯・脱水などにおけるさまざまな洗い方や洗濯物の量の多少といった条件に柔軟に対応できることから，多機能機を中心に採用されている。駆動用の回路は前出の図 9.1 と同じである。

動作面から可変速制御の範囲はそれほど大きくはないが，負荷が大きく変わるという特徴がある。例えば，洗濯時と脱水時では負荷は大きく変わる。また，脱水時は脱水の過程でも負荷が変わる。このため，モータの負荷を推定するしくみ（例えば，回転数の応答から推定する方法など）を取り入れるなどの工夫がなされている。

9.1.3 ファン・ポンプなど

ファンやポンプ類は，換気や水道水供給などに多く使われている機器である。従来は単純なオン/オフ制御やダンパ制御（第8章図8.2参照）が主流であり，省エネルギー性と快適性などの両立が難しかった。しかし，パワーエレクトロニクス技術によるモータの可変速駆動が可能となったことで，常時適切な回転数での運転が可能となり，運転の柔軟性が大幅に増した。これにより，省エネルギー性と快適性の両立も可能となったため，広く利用されるようになってきている。特に，ZEB（net zero energy building：ネット・ゼロ・エネルギー・ビル）やZEH（net zero energy house：ネット・ゼロ・エネルギー・ハウス）などの省エネルギー・低環境負荷化を指向する建物では，気象条件などに応じた細かい調整ができる換気システムとして重要な技術となっている。駆動用の回路は前出の図9.1と同じである。

9.2 家電・民生機器用電源

前節では，電力を動力として利用する際に使われるパワーエレクトロニクスの説明を行った。電力は動力として利用する以外にも熱や光として利用する形態があり，ここでもパワーエレクトロニクスが使われている。本節では，これら用途の例として，IH（induction heating，誘導加熱）機器，ヒータ，および照明機器の用途に利用されている電源について説明する。

9.2.1 IH機器用電源

IHは，加熱用コイルで発生させた数十kHzの高周波の磁界を金属（アルミニウム，銅，鉄など）に鎖交させることで生じる渦電流により，金属を加熱する技術である。加熱したい部分を選択的に加熱でき，省エネルギー性に優れる点が魅力である。機器そのものの省エネルギー性だけでなく，放熱の抑制を通じた設置環境の改善も図られ，厨房の空調負荷の改善にも寄与する。小容量（数百W～数kW級）の調理家電機器から大容量（数百kW級）の産業用機器に至るまで，広い容量範囲で利用されている。

回路としては，AC/AC変換回路が利用される。これまでに紹介している例と同様に，電力系統の交流（50 Hz/60 Hz）を直流に変換するAC/DC変換回路と，直流を高周波の単相交流に変換するDC/AC変換回路の直列構成である（図9.2）。当然，DC/AC変換回路には高周波出力に対応するための性能が要求される。また，負荷となる加熱用コイル

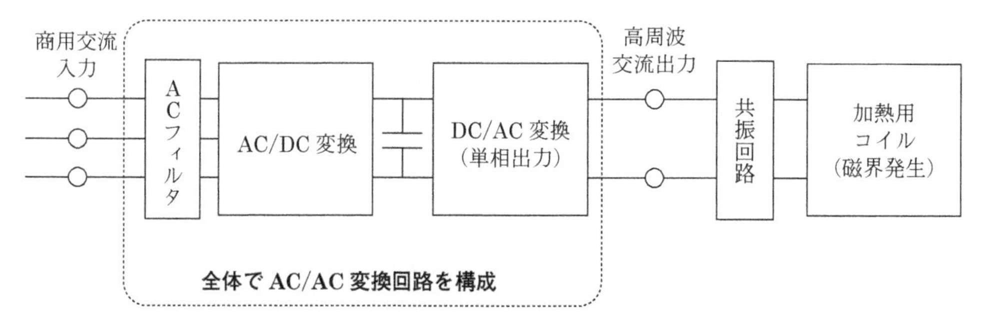

図9.2　IH機器用の電源回路の構成

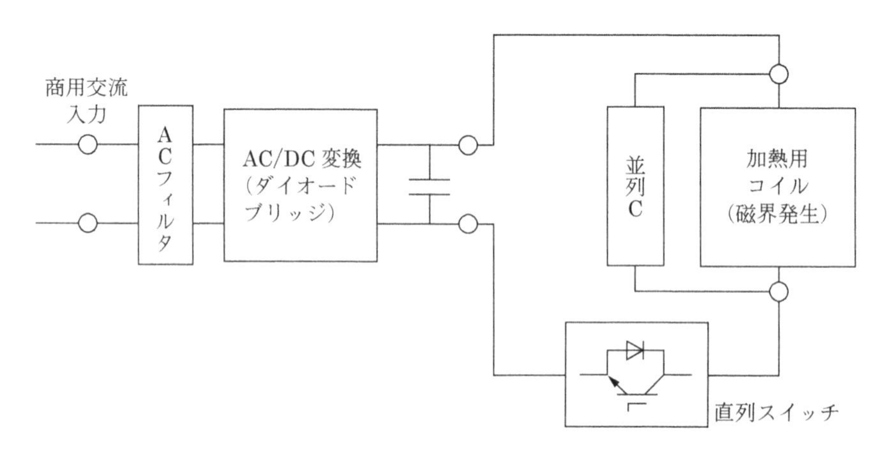

図9.3　調理家電用IH機器の電源回路の構成

は誘導性（L 性）負荷となるため，共振回路（直列コンデンサまたは並列コンデンサ）を設けることで，DC/AC 変換回路の負担を減らしている。直列コンデンサと並列コンデンサのどちらを用いるかは回路条件により選択される。直列コンデンサの場合は出力電圧が低くなる反面，出力電流は大きい。一方，並列コンデンサの場合は，出力電圧が高くなる反面，出力電流は小さい。

なお，調理家電などの小容量機器では，図 9.2 の回路を簡素化した，図 9.3 に示すような回路も利用されている。

この方式では，ダイオードブリッジによる直流電源，加熱用コイルと並列コンデンサ（「並列 C」と表記），直列スイッチで回路が構成されている。直列スイッチをオンにすると，加熱用コイルに電流が流れる。コイルの電流が所望の値になったところで直列スイッチをオフにし，加熱用コイルと並列コンデンサの間で並列共振を発生させる。これにより加熱用の高周波磁界が発生する。共振動作によりコイル電流が逆転した後，コイル電流が 0 になったら再度直列スイッチをオンさせることで，改めてコイル電流を必要な値にまで増加させる。

本方式では，利用するトランジスタの数が大幅に削減されていることがわかる。トランジスタ数の削減は，必要なゲート駆動回路の削減や制

◆ コラム9.1 熱源の選択 電熱ヒータ/ヒートポンプ/IH

電熱ヒータは，家庭用の熱源として長い歴史をもつ機器である。近年のパワーエレクトロニクス技術の進展にともない，ヒートポンプとIH（誘導加熱）という新たな熱源が利用可能となっている。これら新しい熱源の登場により，電熱ヒータの利用は徐々に減っている。

ヒートポンプの最大の特徴は，1 Wの消費電力で1 W以上の熱を得ることができる点である。消費電力1 Wで何Wの熱移動ができるかを表す成績係数（coefficient of performance, COP）と呼ばれる指標があり，近年ではCOPが5を超える機器も珍しくない（COP＝5のヒートポンプは，0.2 Wの電力で1 Wの熱を移動できるので，電熱ヒータに比べた省エネルギー効果は格段に大きい）。一方で，ヒートポンプには大きな温度差を作る用途には向かないという欠点がある。このため，冷暖房などの用途には優れるが，調理家電などの用途では使いにくい。

高温を得たい用途には，IHが適している。IHは，磁界を加える場所だけを選択的に加熱できることから，加熱効率を高くできるという特徴がある。電熱ヒータに比べるとしくみが複雑なので，IHを使う機器は価格が高くなるが，加熱効率の高さや安全性（非導電性の紙などは加熱されないので，火災の危険性が大幅に減る）を背景に利用が進んでいる。

御回路の簡素化も意味するので，小形化や低コスト化に寄与している。

9.2.2 ヒータ用電源

近年ではヒートポンプ方式の熱源が増加しているが，ニクロム線などによる抵抗発熱を熱源に利用する回路（電熱ヒータ回路）も暖房用器具（電気ストーブ，こたつ，電気カーペット，電気毛布など）や調理家電（ホットプレート，オーブン，トースタ，電気ポットなど）を中心に多数利用されている。これらの用途には，交流電力調整器やAC/DC変換回路が利用されている。

交流電力調整器は，逆並列接続されたサイリスタなどにより，交流位相制御や導通サイクル制御を行う回路である。どちらの制御方式も，熱源となる抵抗への通電電圧の実効値を連続的に調整可能であることから，ヒータ（抵抗器）からの発熱を調整することができる。

一方，AC/DC変換回路は，商用周波数交流を直流に変換するAC/DC変換回路（多くはダイオードブリッジ整流回路である）と，直流電圧を変換するDC/DC変換回路（チョッパ回路を利用する場合が多い）の直列接続で構成される。DC/DC変換回路により出力の直流電圧を調整することで，ヒータからの発熱を調整するしくみである（図9.4）。

いずれの方式も，単純なオン/オフ制御に比べると格段に温度が調整しやすく，使い勝手が良い機器となる。

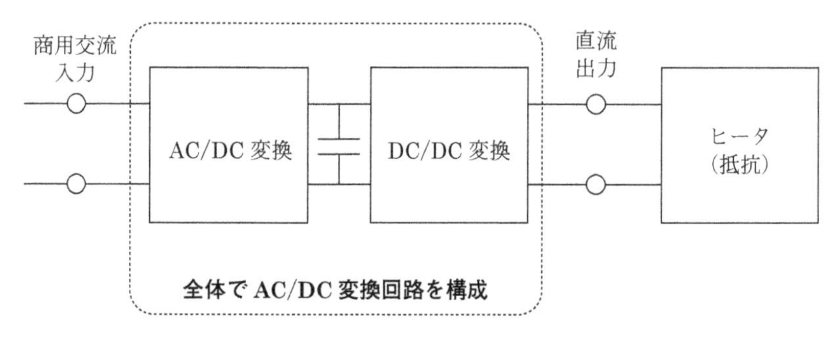

図9.4　ヒータ用の電源回路

9.2.3　照明機器用電源

照明機器にもパワーエレクトロニクス回路が使われており，調光（照明機器の明暗調整）機能を提供している。白熱電球の場合は，前項で取り上げた交流電力調整器が使われていることも多い。本項では蛍光灯照明用と LED 照明用の回路について説明する。

蛍光灯は両端のフィラメント（電極）の間にアーク放電をさせることで照明機器としての機能を発揮する。このため，点灯開始時にはアーク放電の開始に必要な電圧をかける必要があるが，アーク放電開始後は調光用に通電電流の制御を行う。また，蛍光灯の発光効率などを考慮に入れ，20～50 kHz の交流通電を利用して省エネルギー化を図るとともに，ちらつきの軽減機能も提供している。

これらの機能を実現するための回路構成は，図 9.5 に示すようにやや複雑なものとなっている。全体の回路構成は，商用周波数交流から高周波交流を作る AC/AC 変換回路である。AC/DC 変換回路はダイオードブリッジで，DC/DC 変換回路は昇圧チョッパ回路で構成されている。DC/DC 変換回路（昇圧チョッパ回路）には，PFC 機能も付加しており，商用電源からの入力電流波形も低ひずみの波形となっている。蛍光灯のランプに供給する高周波交流は，ハーフブリッジインバータ回路

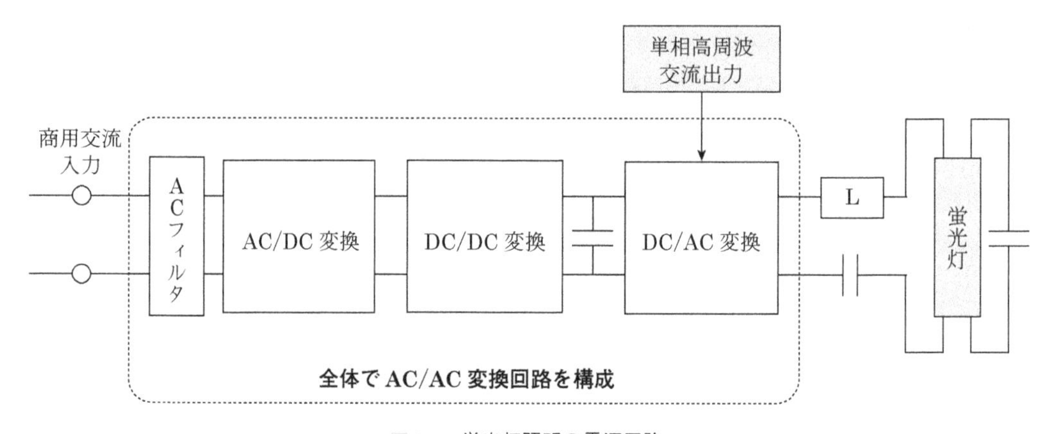

図9.5　蛍光灯照明の電源回路

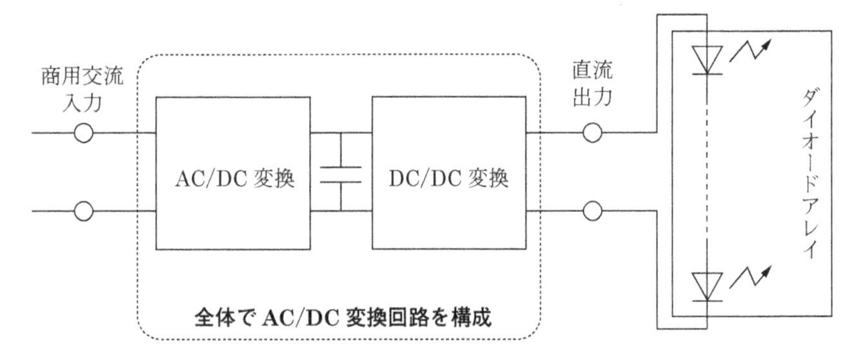

図 9.6　LED 照明用の電源回路

（DC/AC 変換回路）から供給される。なお，ハーフブリッジ回路を用いるのは，素子数が少なく低コスト化に有利なためである。

蛍光灯に対して並列に接続されているコンデンサは，アーク放電を開始できる高電圧をフィラメントに発生させるために必要な素子である。点灯後の DC/AC 変換回路の負荷の力率は，蛍光灯に対して直列に接続されているリアクトルとコンデンサで調整する。調光機能は，DC/AC 変換回路の出力電流制御で対応可能である。

一方，LED 照明では発光ダイオード（light emitting diode, LED）を利用する。個々の発光ダイオード 1 つの電圧は低いため，複数のダイオードを直列に接続したダイオードアレイが使われる。ダイオードアレイへの直流電力供給には，商用周波数交流を直流に変換する AC/DC 変換回路が利用される（図 9.6）。

AC/DC 変換の部分には，ダイオードブリッジが利用される（PFC 機能を付加する場合もある）。DC/DC 変換回路の部分で出力電圧を変えることで，調光機能が実現される。

❖ 章末問題

9.1　身の回りの家電製品には，いろいろな種類のパワーエレクトロニクス機器が使われている。どのようなものがあるか，調べてみよう。

第10章　パワーエレクトロニクスの応用例5：輸送分野

本章では，輸送分野で使われるパワーエレクトロニクス機器に関連する技術について説明する。最近では，かつては電力を利用していなかった自動車において電動化が始まっていたり，航空機や船舶などにも電動化の波が押し寄せたりしている。輸送分野に関しては未確定な部分も多いが，幅広く取り上げて説明する。

10.1　電気鉄道

電気鉄道は，エネルギーの利用効率に優れる輸送手段である。パワーエレクトロニクス技術の導入により，いっそうの効率向上が図られており，今後も輸送手段として重要な役割を果たすものと考えられる。以下では，電気鉄道に使われるパワーエレクトロニクス機器を説明する。

10.1.1　き電設備

電気鉄道においては，車両に電力を送るためのき電設備[*1]が地上設備として必要である。き電には直流方式と交流方式の2種類がある。いずれの場合も，電力系統から供給を受けた電力を鉄道事業者が所有する発電所経由で，き電回路に供給する。

*1　き電設備：変電所から車両に電力を供給する設備のこと。き電は漢字では饋電と書く。英語ではfeeding facilitiesである。

直流き電方式では，商用周波数交流（50 Hz/60 Hz）を直流に変換するAC/DC変換回路（整流回路）が必要である（図10.1）。き電線の直流電圧は0.6～1.5 kVが多い。車両の力行時だけであれば，AC/DC変換回路はダイオード整流器のみで十分である。しかし，最近の車両では回生制

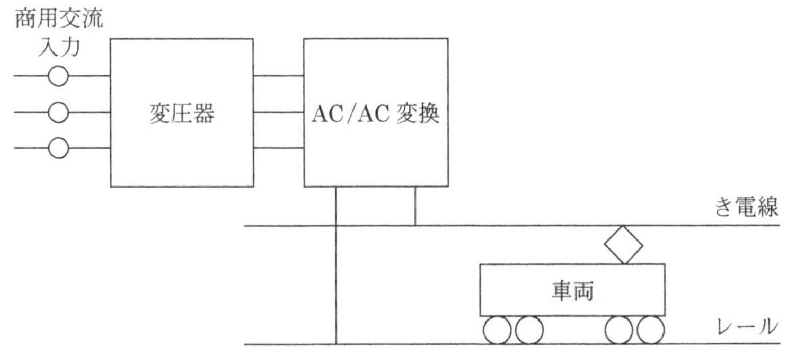

図10.1　直流き電方式

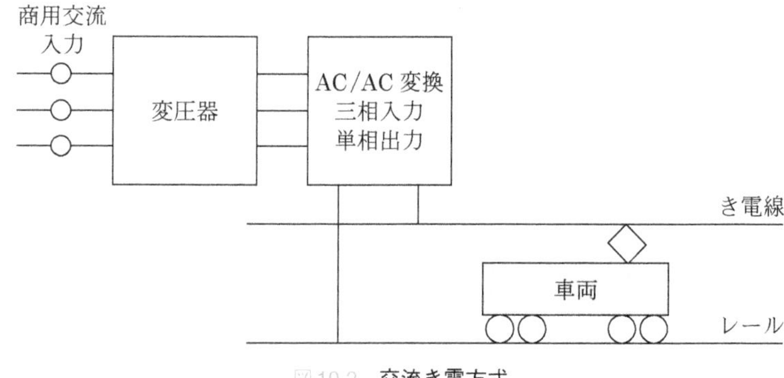

図 10.2　交流き電方式

動*2 を行うため，き電線 → 交流電力系統の向きにも電力を流す必要が生じている。そこで，ダイオード整流器と回生用インバータ(DC/AC 変換回路)の並列構成で，車両の回生電力を確実に電力系統に戻すことができるようにしている。最近では，双方向形の AC/DC 変換回路 1 台で車両の力行・回生の両方に対応する方式も利用されている。

なお，新交通システムなどでは，レールを通電回路として利用せず，2 本のき電線を利用する場合もある。

一方，交流き電方式では，三相交流を単相交流に変換する必要がある。従来はスコット結線変圧器*3 を利用していたが，近年では双方向形の AC/AC 変換回路で三相/単相変換も含めて扱うことができるようになっている(図 10.2)。き電線の交流電圧は，20～25 kV が多く使われている。

ここに示す AC/AC 変換回路の構成は，三相交流を直流に変換する AC/DC 変換回路と，直流を単相交流に変換する DC/AC 変換回路の直列接続となっている。車両からの回生電力を扱う必要があるので，両変換回路とも，双方向形の回路が利用される。

なお，新交通システムなどでは，レールを通電回路として利用せず，3 本のき電線を利用して三相交流を車両に届ける場合もある。この場合は，AC/AC 変換回路は不要となり，車両に商用交流を直接届けることができる。

直流き電も交流き電も，パワーエレクトロニクス機器が出す高調波への対策には注意を払う必要がある。特に，列車制御に用いられている各種信号と高調波の周波数帯が重なると，車両の運行に支障が生じるので，変換器が出すノイズの抑制(PWM 制御のキャリア周波数の選択やフィルタ特性の設計など)が重要である。

10.1.2　車両駆動用設備

車両側にもパワーエレクトロニクス機器が多数導入されている。代表例は，主電動機(車両走行用のモータ)の駆動系である。車両速度とモータ回転数は比例関係にあるので，車両の速度制御はモータの速度制御と

*2　回生制動：モータを発電機として動作させることで車両の運動エネルギーを電気エネルギーに変換することを原理とする電気ブレーキのこと。機械式制動では運動エネルギーが熱エネルギーとして廃棄されてしまうのに対し，回生制動では発電された電力を別の用途に使うことができるため，省エネルギー性に優れる。旧来の車両では回生制動を行わなかったので，電力の流れは交流電力系統 → き電線の一方向に限定され，ダイオード整流器のみによるき電で問題は生じなかった。

*3　三相系統に大容量の単相負荷を接続すると，系統側に三相不平衡を生じるなどの問題を生じる。スコット結線変圧器(Scott-connected transformer)は，こうした悪影響を軽減するための特殊な巻き方の変圧器である。詳細は，電気鉄道工学に関する教科書などを参照されたい。

◆コラム10.1 次世代の電力社会を担うSiC製パワー半導体

エネルギー利用の高効率化と利便性の向上に対する社会的要請を受け，電力変換器への要望も日々増しており，より高性能で小形軽量かつ低損失の電力変換器への要求が各分野で増大している。そのなかでも電気鉄道の分野は省エネルギー化と旅客サービス向上の観点から，電力変換器の高性能化に従来から非常に積極的である。回生制動による運動エネルギーの回収はもちろんのこと，モータ速度の制御性能向上を通じた乗り心地の向上といった面から，現在では新造車両のほぼすべてに電力変換器が使われている状況である。

こうした電力変換器では，これまでシリコン(Si)製のパワー半導体素子が利用されていたが，新しい半導体である炭化ケイ素(SiC)の技術的進展により，2012年頃からは，SiC製のパワー半導体素子を利用した電力変換器が利用され始めるようになった。適用は直流600 Vき電の車両から始まったが，2014年頃からは直流1.5 kVき電の車両にも適用されるようになった。そして2020年頃からは，新幹線(き電は交流25 kVだが，車内では車載変圧器で交流1.5 kVに降圧して使用)でも利用されている。

SiC製のパワー半導体素子の特徴としては，それまで用いられてきたSi製のパワー半導体素子(主としてIBGT)と比べて，(1)導通損失(オン電圧)が小さい，(2)スイッチング損失が小さい(スイッチング動作が速い)，(3) 200℃超の高温動作が可能，(4) 10 kV超の高耐圧素子が実現可能，といった点があげられる。

現状のSiC変換器では，上記(1)の性能と(2)の性能の一部を利用しているにすぎないが，低損失パワー半導体素子の適用によるヒートシンクなどの冷却部品の削減効果で，電力変換器の小形軽量化をもたらしている(新幹線の例では，SiC製パワー半導体素子の適用で体積が約半分に，重量が約7割になった)。加えて，(2)の性能によりモータに供給する電流波形の制御性が大きく向上し，滑らかな加減速や低騒音化，回生制動の適用範囲拡大などに寄与している。回生制動の適用範囲の拡大は，回収エネルギー量の増大を通じた省エネルギー性向上の効果だけでなく，機械ブレーキの消耗軽減を通じたメンテナンス費用の抑制効果もあり，鉄道事業者にとって利点が大きい。

パワー半導体素子以外の周辺回路素子や材料の制約もあって，現状では上記(2)や(3)に関するSiCの性能を生かし切るまでには至っていないが，最新の研究では，1 kV級パワー半導体素子で10ナノ秒以下のスイッチング時間(同耐圧のSi製パワー半導体素子と比べて2桁以上高速)や，250℃級の温度での動作(Si製パワー半導体素子の最大動作温度は175℃)などが確認されている。SiC製パワー半導体素子の性能も，まだ向上の余地をたくさん残しているのが現状である。こうした状況から，SiC製電力変換器の性能は今後も着実に向上すると考えられる。

また，(4)についても，小電流容量ではあるが10 kVを超える高耐圧のパワー半導体素子が種々実現されており，優れた性能が確認されている。今後の技術進展には，高い期待が集まっている。

考えてよい。すなわち，車両の速度はモータに供給する交流電力の周波数による制御である*4。モータの回転速度に応じて，モータに供給する周波数と電圧を調整する可変電圧可変周波数(variable voltage variable frequency, VVVF)方式の制御が広く使われており，乗り心地の良い車両走行を可能としている。

車載の電力機器は，き電線(車両側機器とはパンタグラフを介して接続される)とレール(接地電位側となっており，車両側機器とは車輪を介して接続される)の間に配置されている*5。

モータ駆動部分の回路構成は，き電方式により若干異なる。直流き電方式の場合は，モータに交流電力を供給するDC/AC変換回路だけでよいが，交流き電方式の場合は，変圧器*6とAC/AC変換回路(き電周波数を直流に変換するAC/DC変換回路と，直流をモータに供給する周波数に変換するDC/AC変換回路の直列構成)である(図10.3)。

上で示したとおり，回路構成や力行/回生時に電力の流れる方向につ

*4 近年では，直流モータによる速度制御方式は一部に残るだけとなっており，交流モータの可変速制御による駆動が主流である。直流モータによる速度制御については，直流モータや電気機器に関する教科書などを参照されたい。

*5 新交通システムのように，複数のき電線で車両に電力を供給する場合は，レールを介した接続とはならない。

*6 交流き電方式では，き電回路の抵抗損失を下げるために，き電の電圧を高くしていることが多いので，変圧器によりモータ駆動に適した電圧に降圧する。

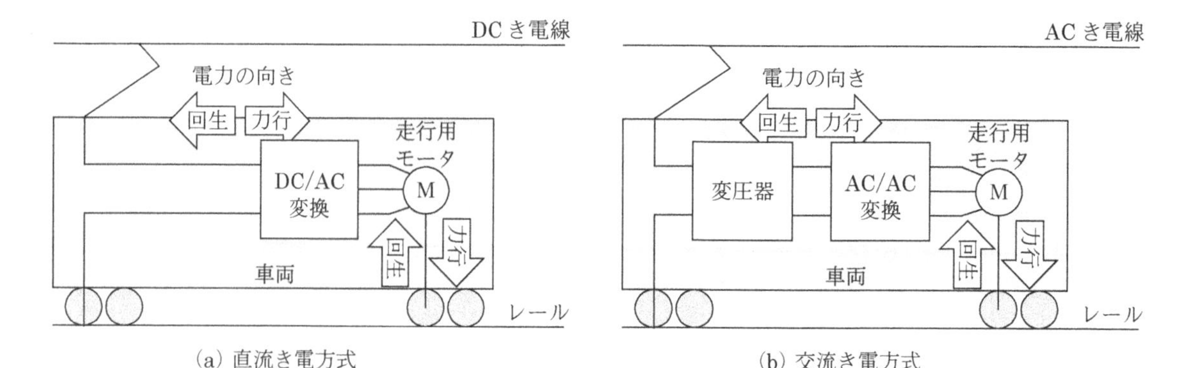

図10.3　主電動機の駆動回路

地下鉄などの一部ではリニア推進方式が採用されている。この場合は，走行用モータの固定子巻線部分のみが車載されていると考えればよい。地上設置のリアクションプレートが誘導電動機（モータ）の回転子に相当する。

いては，産業用機器の場合と同じ考え方である。しかし，鉄道用途の場合，変換器などを車両に搭載する位置（通常は車両の床下部分に搭載される）や重量には制約があるので，産業用機器と比べ小形軽量化への要求は高くなる。

電気鉄道の場合には，パンタグラフがき電線から離線したり，き電線の途中に設置された切り換えセクションを通過したりする際の対応が必要になる点も特徴である。離線や切り換えセクション通過時には，電圧の急変などが起こる（交流き電の場合には，位相急変の可能性もある）ため，制御外れや過電流発生などが生じないように，回路や制御系に工夫が必要となる。このように，産業用機器とは異なる部分設計が要求されるので，回路構成が同じであったとしても，産業用機器向けの設計がそのまま適用できるわけではない点には，注意が必要である。

車載電力変換器の取り付け例（つくばエクスプレスTX-3000系）

車体の斜め下から見上げた写真で，写真の左上の開口部は乗降用ドア部分である。この写真のように，駆動用モータへ可変周波数交流を供給するための電力変換器は，一般に車体の床下部分に取り付けられている。電力変換は，単相交流から直流を介して三相交流を作る構成である。TX-3000系車両では炭化ケイ素（SiC）素子を採用し，消費電力量を削減している。

10.1.3 補機用設備

電気鉄道の運行には，補機と称される車内設備（車両制御装置，通信装置，照明，空調機など）に給電するための電源も必要である。補機用の電源に対しても，前述の駆動系装置と同様に，小形軽量化の要求が大きい。

直流き電方式の旧来車両では，MG セット（モータ駆動の発電機）*7 が使われていたが，最近の車両ではパワーエレクトロニクス機器が利用されている。具体的には，DC/AC 変換回路を使って，三相交流の 440 V や 200 V，単相交流の 100 V などが作られる。交流き電方式では，車両に搭載の変圧器から得た単相交流をもとに，AC/AC 変換回路（AC/DC 変換回路と DC/AC 変換回路の直列接続）で三相交流を作っている。

*7 MG セットとは motor と generator の頭文字から付けられた名前である。モータと発電機とを同一軸で直結した構造となっている。直流モータで交流発電機を回す方式であり，機械式の DC/AC 変換装置といえる。

なお，最近の車両では，補助電源として蓄電池を搭載する例が増えている。この場合，蓄電池は双方向形の DC/DC あるいは DC/AC の変換回路を介して車内設備と接続される。

10.2 自動車

自動車に対しても低環境負荷化の要求が強くなっており，ハイブリッド自動車や電気自動車*8 への転換（車両電動化）が乗用車を中心に進行している。ハイブリッド自動車は，動力源として内燃機関（エンジン）とモータとを組み合わせたものである。内燃機関のみを利用する自動車では，減速時にブレーキの機械的な摩擦によって運動エネルギーを熱エネルギーに変換・廃棄することで減速する。一方，ハイブリッド自動車や電気自動車では，回生制動を行うことが可能である。回生エネルギーを蓄電池に貯めることができるので，エネルギーの有効利用につながり，エネルギー効率が改善できる。

*8 電気自動車の定義としては，大容量蓄電池を搭載して蓄電池の電力のみで走行する自動車だけを指すという考えもあれば，モータを駆動する自動車すべてを含むという考えもある。ここでは前者の定義によるものとする。

これらの自動車ではパワーエレクトロニクス技術の導入が不可欠であり，重要基盤技術となる。また，現在は乗用車が主な対象となっているが，今後はトラックなどの大型車に対してもハイブリッド化を進めていくことが必要とされている*9。

*9 現在の状況では，大型車の電気自動車化は蓄電池の技術の制約から実現が難しいと考えられており，非化石燃料を用いる内燃機関あるいは燃料電池を利用した電動化が検討されている。

10.2.1 駆動用回路

モータの可変速駆動の技術を使うという点では，ハイブリッド自動車も電気自動車も同じである。しかし，ハイブリッド方式は，内燃機関の機械出力の使い方によって，パラレルハイブリッド方式とシリーズハイブリッド方式の 2 種類に大別され，電気回路の構成も若干異なる（図 10.4）。

パラレルハイブリッド方式（図 10.4 (a)）

主に内燃機関（エンジン）の機械出力を走行に使う方式で，発進時や加

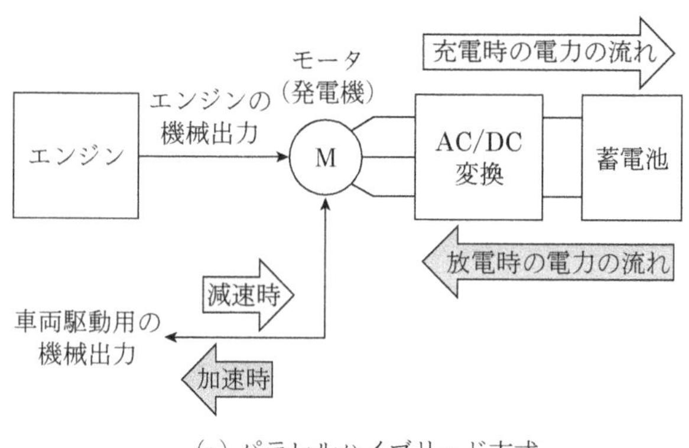

(a) パラレルハイブリッド方式

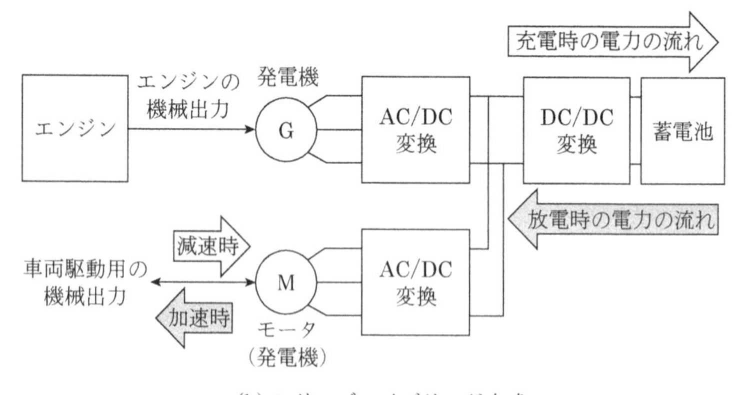

(b) シリーズハイブリッド方式

図10.4　**ハイブリッド自動車における電気回路の構成例**

速時などのエンジン効率の悪い運転条件のときに，モータの出力で援助する。蓄電池の充電は，車両減速時に回生制動で回収したエネルギーを用いるほか，エンジンで発電機を駆動することもできる(この場合，エンジンの機械出力の一部が蓄電池の充電に費やされる)。

シリーズハイブリッド方式(図10.4(b))

内燃機関の出力を発電機駆動のみに使い，走行にはモータ出力のみを用いる。つまり，発電機を搭載した電気自動車と考えることができる。構成はやや複雑になるが，内燃機関の運転を運転効率が良い条件に維持できる特徴がある。燃料電池自動車の場合は，エンジン→発電機→AC/DC変換回路の部分が燃料電池に置き換わったと考えればよい。

一方，電気自動車の場合は，走行用の電気回路と充電用の電気回路が搭載される(図10.5)。この場合は，図10.4(b)の内燃機関と発電機の部分を充電回路に置き換えたものと考えることができる。充電回路に関しては，電気的接点がある接触式(図10.5(a))と，電気的接点がない非接触式(図10.5(b))が考えられている。

接触式の場合，コネクタを通過する電力は直流と交流の2方式が考えられる。どちらの方式であっても，外部から車両への充電回路は商用

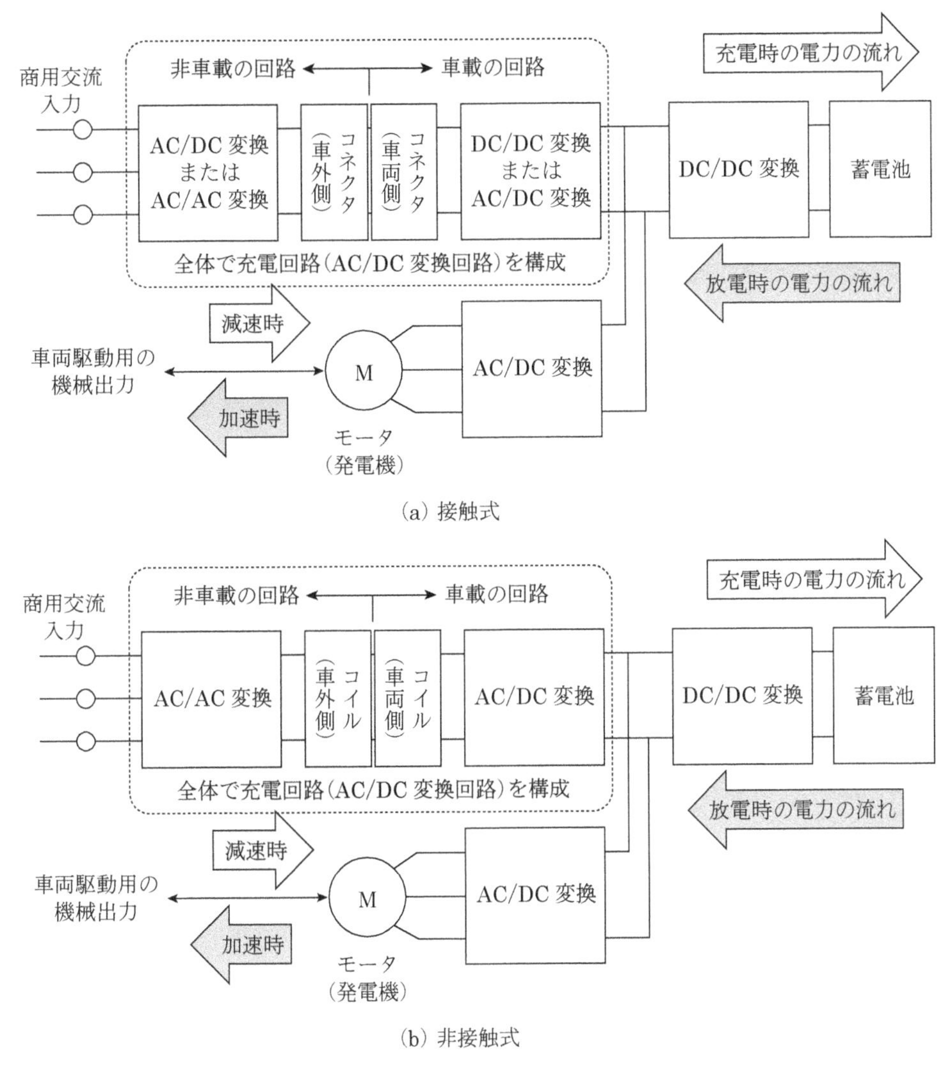

図10.5　電気自動車における電気回路の構成（充電回路の違い）
小容量充電の場合は，商用交流入力は単相の場合もある。

交流を直流に変換するAC/DC変換回路を構成している。コネクタ部分で，車載の回路と非車載の回路（充電ステーション側）に分かれている。一方，非接触式の場合は，無線給電方式の回路（第7章図7.11参照）となっており，車載コイルと非車載コイルの間が高周波の磁気回路を形成している。

接触式・非接触式の両方式とも，電気回路を構成するそれぞれの電力変換器の動作に関しては，これまでの各章で説明してきたとおりである。それぞれの動作に関しては，各章の記述を参照されたい。

現状，ハイブリッド自動車・電気自動車ともに種々の方式が混在している状況である。それぞれの技術に一長一短があるので，使い方を踏まえた選択が必要である。また，今後のモータや蓄電池の技術進展にも影

電気自動車と充電器の例(日産自動車(株)提供)
写真左側の白い筐体が充電器であり，ケーブルとコネクタを通じて車両に接続し，充電する。充電器側も車両側もパワーエレクトロニクス機器が必要である。
車種や国によって充電方法やコネクタ仕様が異なると利便性が悪くなり，普及の阻害要因にもなりかねない。このため，充電の技術仕様に関しては国際規格化を進めることがきわめて重要である。

響されるので，電力変換器の設計に際しては周辺技術との整合を十分に考慮して決定する必要がある。

スプリット方式

パラレルハイブリッド方式とシリーズハイブリッド方式を組み合わせた方式である。エンジンからの機械出力をプラネタリーギアにより車輪駆動用と発電機用とに配分し，走行時にはエンジンとモータの出力を併用する。パラレルハイブリッド方式としても，シリーズハイブリッド方式としても走行が可能であり，通常は両者の中間で最適な配分を行って走行する。

10.2.2　補機用回路

現在の自動車には多数の電装品(ナビゲーションや事故防止のための各種安全装備など)が搭載されるようになっている。また，自動走行に対応するための電装品も，導入が増えると想定される。これら電装品に電力を供給する電源も従来に増して要望が高まっている。自動車の電装品用には，通常，直流の 12 V あるいは 24 V が供給されているので，DC/DC 変換回路が利用されている。自動車用には小形軽量性が要求されるので，回路の高速動作性への要望が大きい。

10.3 エレベータ

エレベータはモータにより，かご(人や荷物を載せる部分)を上下させる装置である。かごの反対側には，重り(通常，定格重量の半分がかごに載った際につりあう重量)が付いている。このため，モータは，かごと重りの差分の重量に対応すればよい。例えば，かごに載っている重量が重りよりも軽い場合，何もしなければ重りが下がり，かごは上がる。そこで，かごを降下させるためにはモータで重りを引き上げる。逆にかごを上昇させるためには，モータで回生制動を行う。このように，かごが上がるときでも回生制動が働いた状態の運転となる場合がある。近年は超高層ビルなども多くなったことから，高速に上下することへの要求も大きくなっている。このため，モータ回転数の制御範囲も大きくなっている。

モータ回転数制御をAC/AC変換回路により行う点は，すでに説明してきた内容と共通しており，回路の構成も基本的に同じである(図10.6)。エレベータの運転で特徴的な点は，起動停止が頻繁である(モータの力行/回生の切り替わりが多い)ことである。このため，商用周波数側のAC/DC変換回路にも双方向形の回路を用いる必要がある。

加えて，停止階での床面の位置制御を精密に行う必要がある。このため，モータの回転数制御とかごの位置制御を併用し，停止階に近づくに従いモータ回転数を下げ，低速で停止位置を微修正する動作が必要である。さらに，停止直後や起動直前に，モータはかごの静止を維持できるだけのトルクを出す運転が必要となる*10ので，短時間ではあるが

*10 エレベータは機械ブレーキを具備しているが，機械ブレーキはかごの停止状態を維持するためだけに用いている。このため，かごが停止して機械ブレーキの動作が完了するまでの期間と，機械ブレーキが解除されてかごが動き出すまでの期間は，短時間ではあるがモータの力だけでかごの停止状態を維持する。この運転を行うことで，基本的に機械ブレーキの摩耗がない運用が可能となり，保守点検の手間が大幅に改善される。

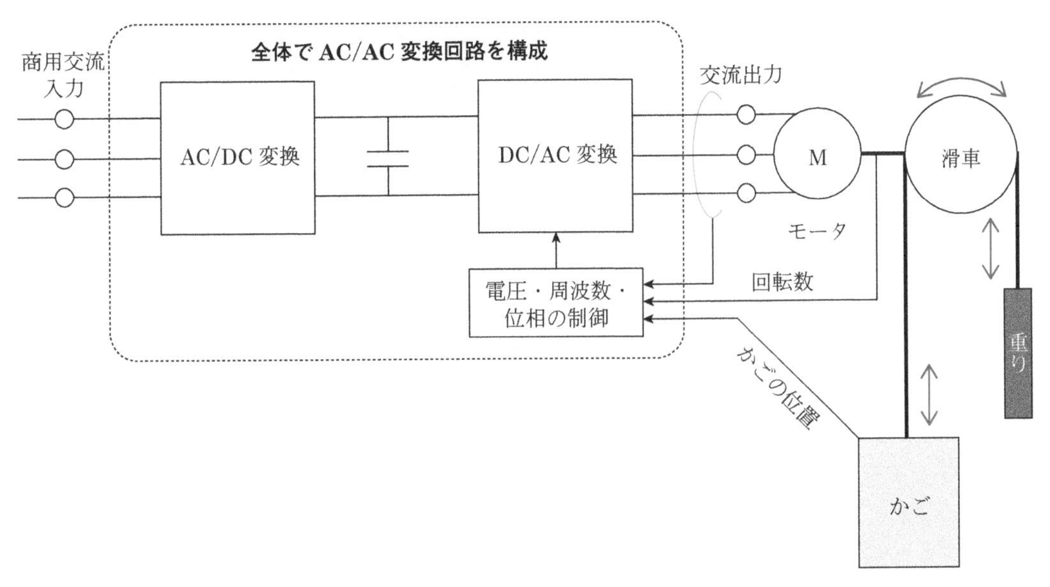

図10.6 エレベータの駆動回路の構成

かごには，重り(通常，定格重量の半分の人や荷物を載せた際につりあう重量)がついている。このため，モータは，かごと重りの差分の重量に対応すればよい。その結果，かごが上がるときでも回生制動が働いた状態での運転となる場合がある。

DC/AC変換回路は大きな電流をモータに供給しなければならない。エレベータ駆動用のAC/AC変換回路の設計に際しては，こうした短時間定格への対応を十分に考慮することが重要である。

短時間定格の考慮は，クレーンの巻上機にも共通する事項である。ただし，クレーンの場合は，エレベータで使われる重りに相当する機構はない。このため，つり上げ重量すべてをモータが負担することとなり，より厳しい性能設計が求められる。

10.4　航空機

10.2節でハイブリッド自動車化・電気自動車化の説明をしたが，航空機に対しても，環境負荷低減の観点から電力の利用割合の増大が検討されている。主に推進用と補機用の設備で電力利用が検討されている。以下では，それぞれの概要を説明する。

10.4.1　推進用設備

推進用の設備では，主として図10.7に示すような4種類の方式が検討されている。いずれの方式においても，推進用のファンのモータを可変速駆動する必要があると考えられており，パワーエレクトロニクス機器が必須である。

現状は，機体の大きさや航続可能距離など，さまざまな条件の下で，各方式の得失が議論されている段階である。いずれの用途/方式においても，機体全体で数百kWから数十MW級の推進力が必要である。しかし，現在の一般的な地上設備向けの変換器では，航空機メーカが要求する小形軽量性を満たすのは難しく，航空機用途向けの新たな技術開発が必要である。また，気圧や外気温が低い環境での使用や，航空機に特有の耐振動性など，これまで大容量のパワーエレクトロニクス機器が経験したことがない条件に対処する必要もあり，今後の開発余地が大きい分野である。

全電動方式

全推進力を蓄電池に蓄えた電力でまかなう方式で，電気回路の構成は基本的に電気自動車と同じである。蓄電池の重量や貯蔵エネルギー量の制約から，近距離飛行の小形機への適用が想定されている。蓄電池とDC/AC変換回路の間にDC/DC変換回路を入れることも考えられるが，重量増となるため，あまり好まれない。

パラレルハイブリッド方式

主に内燃機関(ターボファン)の推進力を利用して運行する方式で，離陸時などの推進力を必要とするときに，モータの出力で援助する。蓄電池の充電時には，発電機をターボファンで駆動する(この場合，ターボ

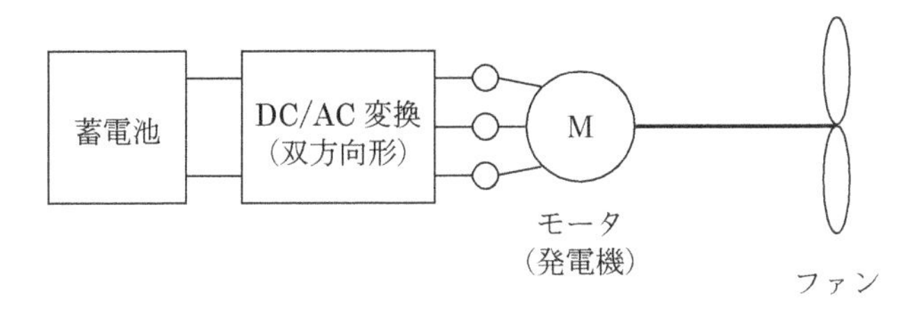

（a）全電動方式

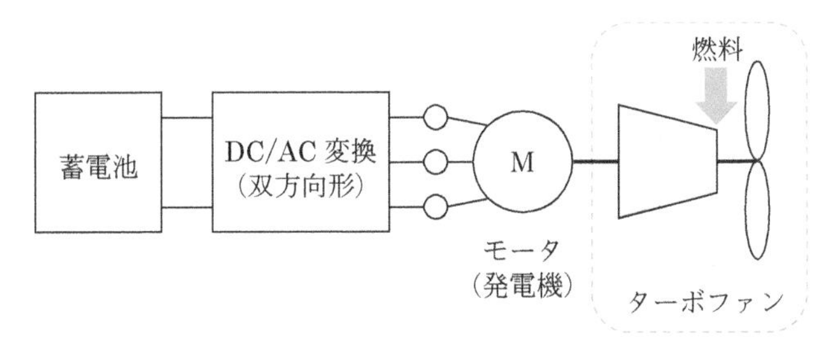

（b）パラレルハイブリッド方式

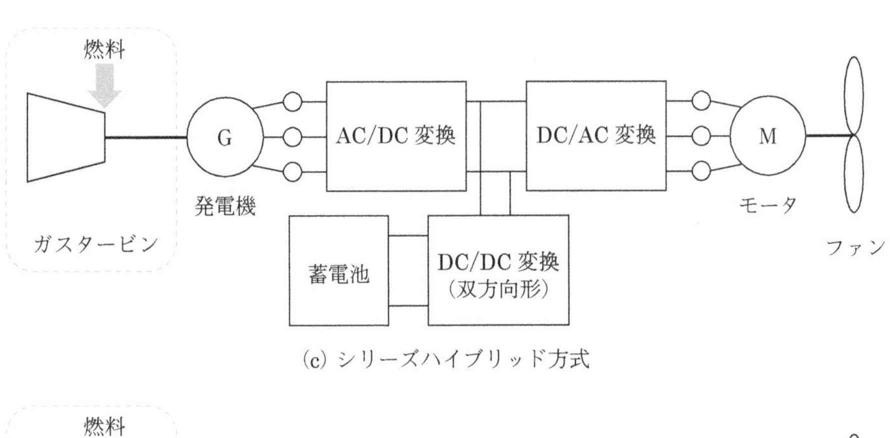

（c）シリーズハイブリッド方式

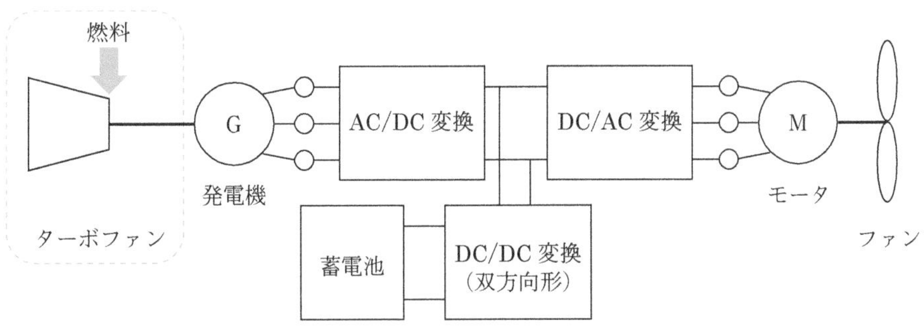

（d）シリーズ/パラレル部分ハイブリッド方式

図 10.7　航空機の推進用に検討されている電動システムの例

ファンの軸出力の一部が蓄電池の充電に費やされる）ことで行う。蓄電池の重量や貯蔵エネルギー量の制約はあるが，比較的単純な構成であり，既存機体技術との整合もとりやすい。

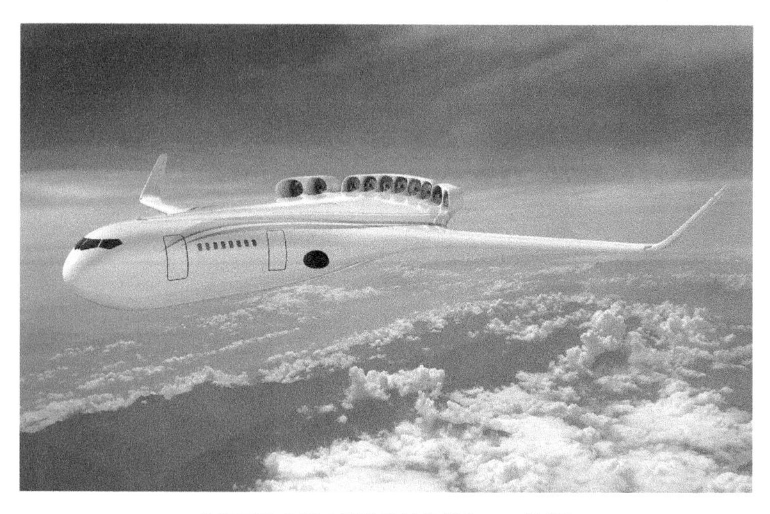

旅客用航空機の電動化検討例（JAXA提供）

航空機の電動化に関しては，機体の大きさ（搭乗人数），航続距離，想定実用化時期などによりさまざまな方式の検討が行われている。写真は，電動化の効果を最大化すべく，現用の機体から設計を大きく変えた例である。機体の尾部に多数の推進用電動ファン（円筒状部分）が配置されている。

シリーズハイブリッド方式

内燃機関（ガスタービン）の出力を発電機駆動のみに使い，推進力にはモータ駆動のファン出力のみを用いる。これは全電動方式にガスタービン発電機を搭載した方式と考えることができる。構成はやや複雑になるが，内燃機関の運転を運転効率が良い条件に維持できる特徴がある。燃料電池の適用など，自動車の場合と同じ考え方である。

なお，軽量化の観点から，蓄電池とDC/DC変換回路を省略する方式もある。

シリーズ/パラレル部分ハイブリッド方式

前述のシリーズハイブリッド方式のガスタービン部分を，ターボファンに置き換えた方式である。構成はやや複雑だが，パラレルハイブリッド方式とシリーズハイブリッド方式の両方の利点が得られる。

自動車の場合と同様に航空機分野でも，現状では種々の方式が混在しており，蓄電池などの技術の進展に大きく左右されそうな情勢である。したがって，電力変換器の設計に際しては周辺技術との整合を十分に考慮する必要がある。

10.4.2　補機用設備

航空機でも推進用以外の電気設備への要望が増している。すでに，オンデマンドエンターテイメントシステムをはじめとする機内電装品の増加を背景に，蓄電池設備の導入が始まっているが，よりいっそうの大容量化が求められている。蓄電池設備には双方向形のDC/AC変換回路（交流給電系と接続する場合）または双方向形のDC/DC変換回路（直流給電系と接続する場合）が必要であり，これら変換回路への要望も大きい状況である。

また，現在は機械式で動作している機内与圧用コンプレッサや油圧制御系の電動化なども検討されている。これらはいずれもモータ駆動によるものであり，こうしたところへのパワーエレクトロニクス機器の適用も進んでいくと想定されている。

いずれの用途においても，従来のパワーエレクトロニクス機器とは設計条件が大きく異なる点が多いので，航空機用のパワーエレクトロニクス機器の開発・設計に際しては，機体メーカとの密な協力が必要とされている。

10.5 船舶

船舶においても，環境負荷低減の観点から，電力利用の拡大が検討されている。主に推進用と補機用の設備での電力利用が検討されている。以下では，それぞれの概要を説明する。

10.5.1 推進用設備

船舶の推進設備としては，推進プロペラをモータ駆動化する方法が実用化されている。モータ駆動は，機械式と比べて回転方向の逆転が容易となり，前進/後退の制御がしやすいという利点がある。また，ポッド形と呼ばれる推進方式ではプロペラシャフトが不要となり，推進プロペラの方向を自在に変えることができ，操船性が大きく向上する。ただし，外洋を一定速度で直進航行する時間の割合が大きい外航船では，電動化の効果が小さい。すなわち，電気推進は内航船での適用のほうが効果が大きい。

設備構成は，前述したシリーズハイブリッド方式のハイブリッド自動車と同じである。しかし，モータの回転数は自動車に比べるとかなり低い。また，内燃機関およびモータの出力は自動車の場合に比べてかなり大きく，必要な変換器の容量はMW級以上となる場合が多いといった特徴がある。

10.5.2 補機用設備

推進用以外では，スラスタ（接岸や離岸時に船体を横方向に動かす際に使用する補助推進機）の電動化が実施されているほか，油圧駆動系や，エンジン駆動式のポンプやコンプレッサ類の電動化も検討されている。

電動化の利点は機器配置の自由度向上や高効率化である。現状では必ずしも普及が進んでいないが，今後の普及が期待されている。

❖ 章末問題

10.1　従来型の内燃機関のみで走る車のエネルギー利用効率（内燃機関が燃料から機械出力を得る効率）は 0.3 ～ 0.4 程度である。車載電池のみで走る車（純電気自動車）のエネルギー利用効率を求め，内燃機関のみで走る車のエネルギー利用効率と比較してみよう。

ただし，発電所が燃料から電力を得る効率を 0.4，電力系統から得た電力を車に搭載の電池に充電する効率を 0.95，電池からパワーエレクトロニクス装置（AC/AC 変換装置）とモータを介して機械出力を得る効率を 0.93 とする。

さらに勉強したい人のために

電気一般に関して

- 森本雅之，交流のしくみ—三相交流からパワーエレクトロニクスまで（ブルーバックス），講談社（2016）
  → 交流について，わかりやすく解説されていて気軽に読むことができる。交流を学んだことのない方は一読することをお勧めする。
- 室岡義広，電気とはなにか（ブルーバックス），講談社（1992）
  → 電気に関する学習事項の基礎を 1 冊にまとめている。どのようなことを学べば良いのかを知ることができる。
- 岩船由美子，暮らしの中のエネルギー—環境にやさしい選択，電気学会（2001）
  → 少し古い書籍であるため，使用しているデータに更新が必要な部分もあるが，エネルギーシステム全体を俯瞰する立場からの議論は参考になる点が多い。

パワーエレクトロニクス全般に関して

- 江間 敏，高橋 勲，パワーエレクトロニクス改訂版，コロナ社（2021）
  → パワーエレクトロニクスに関する学習事項をバランスよく 1 冊にまとめており，全体を俯瞰するのにもよい。必要に応じて他の文献や資料を参照すれば，かなりの知識と理解を得ることができる。
- 大野榮一，小山正人 編，パワーエレクトロニクス入門 改訂 5 版，オーム社（2014）
  → 企業の技術者によって書かれており，パワーモジュールなどパワーエレクトロニクスを用いた工業製品について詳しく紹介されている。応用例も幅広く紹介されている。
- 島村 茂，基礎からくわしい　パワーエレクトロニクス回路 改訂 2 版，オーム社（2015）
  → 本書の第 3 章から第 5 章で解説した電力変換回路の動作に焦点を当てて，詳細に解説してある。動作波形を厳密に確認したい方にお勧めする。
- 西方正司 監修，高木 亮，高見 弘，鳥居 粛，枡川重男 著，基本からわかるパワーエレクトロニクス講義ノート，オーム社（2014）
  → パワーエレクトロニクスの主要事項であるパワー半導体素子と電力変換回路について，ポイントを押さえてていねいに解説している。気軽に読める入門書であり，本書に取り掛かる前に一読するのもよい。

半導体およびパワー半導体素子に関して

- S. M. Sze 著，南日康夫，川辺光央，長谷川文夫 訳，半導体デバイス—基礎理論とプロセス技術 第 2 版，産業図書（2004）
  → 半導体素子について定評のある教科書。本書の第 2 章で解説した事項をより深く学びたい方にお勧めする。英語力に自信のある方は，図書館などで原著を手に取っていただくのもよい。
- 由宇義珍，はじめてのパワーデバイス 第 2 版，森北出版（2011）
  → パワー半導体素子について基礎から解説してある。機会があれば，一度目を通していただきたい。

パワーエレクトロニクスの応用に関して

- 原田耕介 監修，スイッチング電源ハンドブック 第2版，日刊工業新聞社(2000)
  → スイッチング電源の基本事項が詳しく解説されている。
- 合田忠弘，庄山正仁 監修，再生可能エネルギーにおけるコンバータ原理と設計法，科学情報出版(2016)
  → さまざまな再生可能エネルギーと，パワーエレクトロニクス技術の適用例について詳しく解説されている。
- スマートグリッド実現に向けた電力系統技術調査専門委員会 編，スマートグリッドを支える電力システム技術，電気学会(2014)
  → さまざまなパワーエレクトロニクス技術が利用されることが想定されるスマートグリッドの理解を進めたい人に適した専門書。
- 長谷川 淳，斎藤浩海，大山 力，北 裕幸，三谷康範，電力系統工学(電気学会大学講座)，電気学会(2002)
  → 電力系統運用の考え方を理解するのに適した専門教科書。
- 松瀬貢規，電送機制御工学—可変速ドライブの基礎(電気学会大学講座)，電気学会(2007)
  → モータの可変速駆動技術の理解に適した教科書。
- (株)安川電機 編，インバータドライブ技術 第3版，日刊工業新聞社(2009)
  → 各種の産業用機器で利用されているモータドライブについて，基礎から詳しく解説されている。
- 電気鉄道ハンドブック編集委員会 編，改訂 電気鉄道ハンドブック，コロナ社(2021)
  → 電気鉄道技術全般について，詳しく解説されている。

章末問題の解答

［第１章］

省略

［第２章］

2.3　図に示すように，電流増幅率と電流の関係は次のとおりとなる。

$$I_{C1}=\beta_1 I_{B1}$$
$$I_{C2}=\beta_2 I_{B2}$$
$$I_{B1}=I_{C2}+I_{B2}$$

以上から

$$\beta=\beta_1\beta_2+\beta_1+\beta_2$$

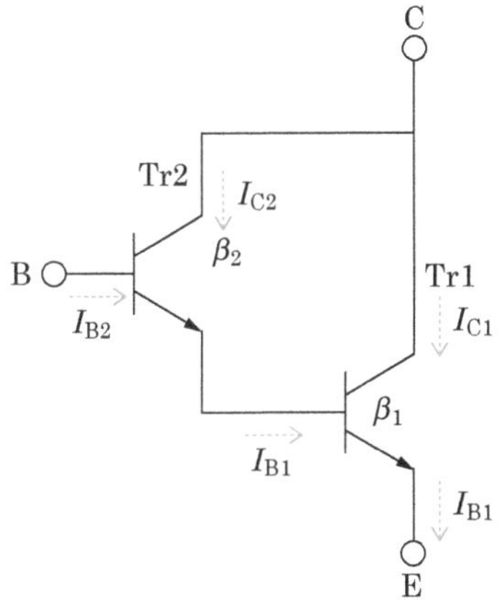

［第３章］

3.1　90 V，9.0 A

3.2　84 V，8.4 A

［第４章］

4.1　電圧形インバータのPWM制御とは，出力電圧波形の基本波１周期の中で，スイッチング素子をオン/オフにする期間の長さ（パルス幅）を順次変えることで，等価的な正弦波状の電圧を出力する制御手法のことである。三角波などのキャリア波と，所望の出力波形である信号波を比較し，その大小関係でオン/オフにする期間の長さ（パルス幅）を，両者の値が等しくなるタイミングでパワー素子のスイッチングのタイミングを決定する。

PWM制御を行うことで，所望の出力電圧が得られるだけでなく，電圧・電流の高調波成分を減らすことができる。

4.2 (i) Q1とQ4がオンのとき，負荷にかかる電圧は正であり，Q2とQ3がオンのとき，負荷にかかる電圧は負である。したがって，出力電圧は次図のようになる。

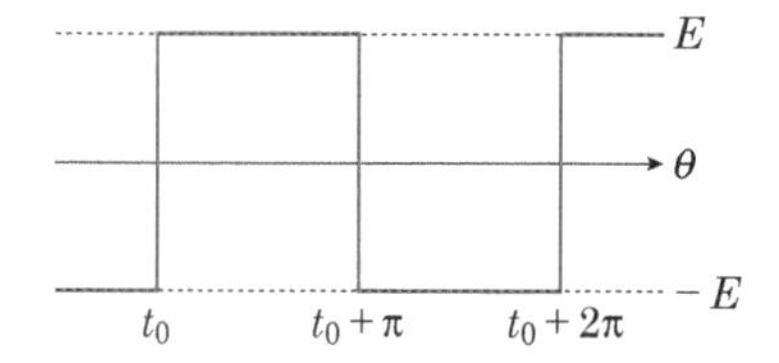

最大値がE[V]の方形波の実効値E_eは

$$\begin{aligned}E_e &= \sqrt{\frac{1}{2\pi}\left\{\int_0^{\pi} E^2 \mathrm{d}(\omega t) + \int_{\pi}^{2\pi} (-E)^2 \mathrm{d}(\omega t)\right\}} \\ &= \sqrt{\frac{E^2}{2\pi}\left\{\int_0^{\pi} \mathrm{d}(\omega t) + \int_{\pi}^{2\pi} \mathrm{d}(\omega t)\right\}} \\ &= \sqrt{\frac{E^2}{2\pi}(\pi - 0 + 2\pi - \pi)} \\ &= \sqrt{E^2} \\ &= E\end{aligned}$$

すなわち，E[V]となる。

(ii) 素子の各状態が変化したときの電流の流れを下図(a)に示す。まず，Q1とQ4がオンとなり，十分時間が経過すると，図(a)のように電流が流れる。次に図(b)のように，Q1とQ4がオフとなりリアクトルに蓄えられているエネルギーが消費され，電流が環流ダイオードを流れて電源に戻るような流れとなる。その後，時間が経過すると，図(c)のようにQ2とQ3がオンになって電流が流れ，負荷に流れる図電流の向きが逆向きになる。その後，Q2とQ3がオフとなり，図(d)のように，リアクトルに蓄えられているエネルギーが消費され，電流が環流ダイオード

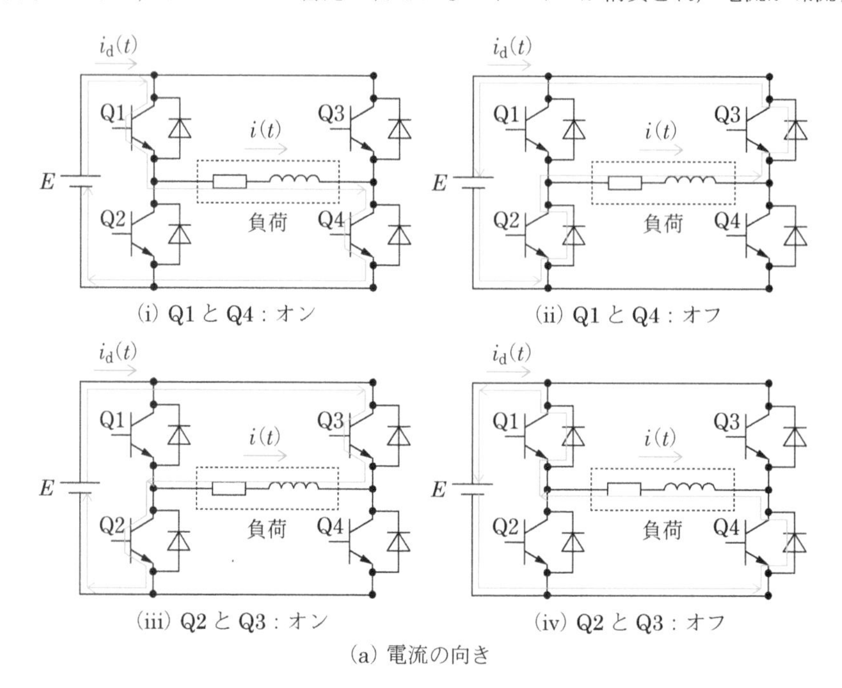

(a) 電流の向き

を流れて電源に戻るような流れとなる。以降，図(a)から繰り返す。これにより，負荷電流 i，直流電流 i_d の波形は図(e)のようになる。

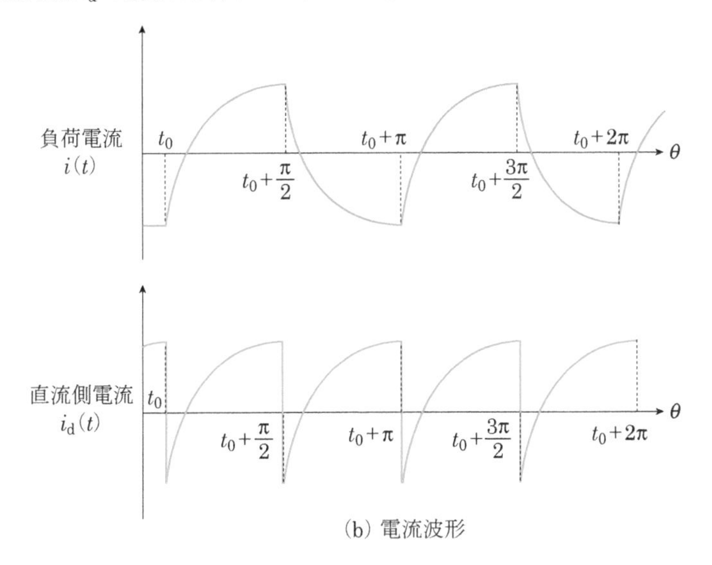

(b) 電流波形

4.3　(ア)インバータ，(イ)オン／オフ制御，(ウ)ダイオード，(エ)波高値，(オ)PWM 制御

[第5章]

省略

[第6章]

6.1　例えば，出力短絡(大きな短絡電流が流れる)による発火事故を防いだり，過負荷による電源回路自身の故障や焼損を防いだりする目的がある。

扱う電力が大きい電源(大容量電源)ほど，発火や焼損を発生した際の被害が大きいので，保護が重要である。(設計においては，故障の条件から部品の選定等が行われることも珍しくない。)

6.2　過電流を遮断するためのヒューズが代表例である。このほかにも，電流センサによる過電流検出，温度センサによる部品の過昇温検出といったセンサ情報を元にした制御で電源を安全に停止させる方法もある。(本文で紹介した垂下特性は，電流センサを用いた保護制御の一例である。)

[第7章]

7.1　例えば，電圧変動，周波数変動などが性能要件として決められている。いずれの要件も，電力系統で発生するさまざまな事象(外乱)に対して，パワーエレクトロニクス機器が安定かつ安全に動作できるようにする側面と，電力系統に接続されるパワーエレクトロニクス機器が電力系統の安定運用の妨げにならないようにする側面の両面から制定されている。

[第8章]

8.1　もっとも多く使われている誘導機の場合，モータに供給する電圧や周波数を制御する方法である V/f 制御やベクトル制御がある。どちらの方式も，モータの同期速度がモータに電力を供給する電源の周波数に比例する性質を利用している。

電源周波数を連続的に変化させることで，モータの回転速度も連続的に変化させることができる。モータの可変速駆動が広く使われるようになったのは，パワーエレクトロニクス技術の進展により可変周波数電源が使いやすくなったためである。

[第9章]

9.1 各種の電源(AC アダプタなど)，電池の充電器，洗濯機や冷蔵庫などのモータ駆動，IH(誘導加熱)式調理家電，調光式の照明器具など，多くの家電製品に利用されている。

あまり意識されないところかもしれないが，現代の生活はパワーエレクトロニクス機器によって成り立っている状況である。

[第10章]

10.1 車載電池のみで走る車の場合，燃料から機械出力を得るまでのエネルギー利用効率は

$$0.4 \times 0.95 \times 0.93 \fallingdotseq 0.35$$

となる。(燃料から電力を得る効率である 0.4 を考慮に入れる点を忘れてはいけない。)

ここで計算されるエネルギー利用効率は，内燃機関の場合と大きな差はない。すなわち，内燃機関のみで走る車も，車載電池のみで走る車もエネルギー利用効率の面では大きな差がない。(損失が発生する場所が異なっている点には，注意が必要である。)

車のエネルギー利用効率を改善しようとする場合，電動化技術だけで達成できる状況ではなく，発電効率(本例では 0.4)の向上をともなう必要がある点には注意が必要である。

索　引

サ

タ

著者紹介

安芸(あき) 裕久(ひろひさ)　博士(工学)

1996年大阪大学大学院工学研究科電気工学専攻博士前期課程修了，2002年横浜国立大学大学院工学研究科電子情報工学専攻博士後期課程修了。三菱重工業株式会社，産業技術総合研究所を経て，現在は筑波大学システム情報系准教授。

山口(やまぐち) 浩(ひろし)　博士(工学)

1994年東京工業大学大学院理工学研究科電気・電子工学専攻博士課程修了。東京工業大学電気・電子工学科助手を経て，現在は産業技術総合研究所先進パワーエレクトロニクス研究センター研究センター長。

平瀬(ひらせ) 祐子(ゆうこ)　博士(工学)

1996年大阪府立大学大学院工学研究科数理工学専攻博士前期課程修了，2016年大阪大学大学院工学研究科電気電子情報工学専攻博士後期課程修了。三菱電機株式会社，日立マクセル株式会社，川重テクノロジー株式会社を経て，現在は東洋大学理工学部電気電子情報工学科准教授。

NDC 549.8　184p　26cm

初歩(しょほ)から学(まな)ぶパワーエレクトロニクス

2022年1月25日　第1刷発行

著　者　安芸裕久(あきひろひさ)・山口 浩(やまぐちひろし)・平瀬祐子(ひらせゆうこ)

発行者　髙橋明男

発行所　株式会社　講談社

〒112-8001　東京都文京区音羽2-12-21

販　売　(03)5395-4415

業　務　(03)5395-3615

KODANSHA

編　集　株式会社　講談社サイエンティフィク

代表　堀越俊一

〒162-0825　東京都新宿区神楽坂2-14　ノービィビル

編　集　(03)3235-3701

本文データ制作 カバー印刷　株式会社双文社印刷

表紙印刷　豊国印刷株式会社

本文印刷・製本　株式会社講談社

ISBN978-4-06-526444-7